零基础学
Python
项目开发

聚慕课教育研发中心 编著

清华大学出版社
北京

内容简介

本书采取"项目基础篇→项目实战篇→项目拓展篇→智能项目篇→项目管理篇"的结构和"由浅入深，由深到精"的学习模式进行讲解。本书共 16 章，首先讲解了设计模式、事件驱动编程、软件数据库架构以及 Python Web 框架等内容；接着深入介绍了"坦克大战"小游戏开发、"贪吃蛇"小游戏开发、画图小工具开发以及"你画我猜"小程序开发等项目；然后详细探讨了爬取查询火车票信息、腾讯动漫数据分析以及可视化股票分析等项目；再重点介绍了车牌自动识别收费系统、人脸识别系统、智能聊天机器人；最后讲解了软件接口设计、软件测试与发布等内容，让读者掌握在实际项目开发过程中采用恰当的方法对项目进行管理。

本书多角度、全方位竭力帮助读者快速掌握软件开发技能，构建从高校到社会的就职桥梁，让有志于从事软件开发行业的读者轻松步入职场。

本书适合学习项目编程的初、中级程序员和希望精通 Python 语言开发技术的程序员阅读，同时还可供大中专院校和社会培训机构的师生以及正在进行软件专业相关毕业设计的学生阅读。

图书在版编目（CIP）数据

零基础学 Python 项目开发 / 聚慕课教育研发中心编著. —北京：清华大学出版社，2021.8

ISBN 978-7-302-58593-0

Ⅰ. ①零⋯　Ⅱ. ①聚⋯　Ⅲ. ①软件工具—程序设计　Ⅳ. ①TP311.56

中国版本图书馆 CIP 数据核字（2021）第 131528 号

责任编辑：张　敏
封面设计：杨玉兰
责任校对：徐俊伟
责任印制：杨　艳

出版发行：清华大学出版社
　　　　　网　　　址：http://www.tup.com.cn, http://www.wqbook.com
　　　　　地　　　址：北京清华大学学研大厦 A 座　　　邮　　　编：100084
　　　　　社 总 机：010-62770175　　　　　　　　邮　　　购：010-83470235
　　　　　投稿与读者服务：010-62776969, c-service@tup.tsinghua.edu.cn
　　　　　质量反馈：010-62772015, zhiliang@tup.tsinghua.edu.cn
印 刷 者：北京富博印刷有限公司
装 订 者：北京市密云县京文制本装订厂
经　　　销：全国新华书店
开　　　本：185mm×260mm　　　印　　　张：19.75　　　字　　　数：522 千字
版　　　次：2021 年 10 月第 1 版　　　印　　　次：2021 年 10 月第 1 次印刷
定　　　价：89.00 元

产品编号：089230-01

本书内容

全书分为 5 篇 16 章。采用"项目基础篇→项目实战篇→项目拓展篇→智能项目篇→项目管理篇"的结构和"由浅入深，由深到精"的学习模式进行讲解。

第 1 篇（第 1～4 章）为项目基础篇，主要讲解设计模式、事件驱动编程、软件数据库架构以及 Python Web 框架等基础内容。读者在学完本篇后将会了解 Python 语言项目开发所必备的基础知识和内容。

第 2 篇（第 5～8 章）为项目实战篇，主要讲解"坦克大战"小游戏、"贪吃蛇"小游戏、画图小工具以及"你画我猜"小程序等项目的开发。通过本篇的学习，读者将对使用 Python 语言开发有更深入的了解，为从事项目开发工作奠定基础。

第 3 篇（第 9～11 章）为项目拓展篇，主要讲解爬取查询火车票信息、腾讯动漫数据分析、可视化股票分析等项目的开发。学完本篇内容，读者将对 Python 语言高级应用的开发有更全面的认识，同时可以进一步提高编程能力。

第 4 篇（第 12～14 章）为智能项目篇，主要介绍了车牌自动识别收费系统、人脸识别系统、智能聊天机器人等项目的开发。学完本篇内容，读者将对 Python 语言在人工智能领域的应用有更全面的认识，同时可以进一步提高编程能力。

第 5 篇（第 15、16 章）为项目管理篇，主要讲解软件接口设计、软件测试与发布。通过本篇的学习，读者将学会项目管理的方法，提高自己的动手能力，为日后从事软件开发工作积累经验。

全书不仅融入了作者丰富的工作经验和多年的使用心得，还提供了大量来自工作现场的实例，具有较强的实战性和可操作性。读者通过系统的学习，可以掌握 Python 语言项目开发的基础知识，拥有全面的编程能力、优良的团队协同技能和丰富的项目实战经验。本书旨在让 Python 语言编程初学者快速成长为一名合格的中级程序员，通过演练积累项目开发经验和团队合作技能，在步入未来的职场时获取一个较高的起点，并能迅速融入软件开发团队中。

本书特色

1. 结构科学，易于自学

本书在内容组织和范例设计中充分考虑到初学者的特点，讲解由浅入深、循序渐进，做到读者无论是否接触过 Python 语言项目开发，都能从本书中找到最佳的起点。

2. 视频讲解，细致透彻

为降低学习难度，提高学习效率，本书录制了同步微视频（模拟培训班模式）。通过观看视频，读者除了能轻松学会专业知识外，还能学习老师的软件开发经验，使学习变得更轻松有效。

3. 超多、实用、专业的范例和实践项目

本书结合实际工作中的应用范例逐一讲解 Python 语言项目开发的各种知识和技术。在项目实战篇、项目拓展篇以及智能项目篇中都以不同领域的项目来总结讲述 Python 语言开发的内容，让读者在实践中掌握知识，轻松拥有项目开发经验。

4. 随时检测自己的学习成果

本书每章首页均设置了"本章概述"和"知识导读"，以指导读者重点学习及学后检查。读者可以随时检测自己的学习成果，做到融会贯通。

5. 专业创作团队和技术支持

本书由聚慕课教育研发中心编著和提供在线服务。读者可加入本书图书读者（技术支持）QQ 群（674741004）进行提问，作者和资深程序员将为您在线答疑。

本书附赠超值王牌资源库

本书附赠了极为丰富超值的王牌资源库，具体内容如下：

（1）王牌资源 1：随赠本书"配套学习与教学"资源库，提升读者的学习效率。

- 本书 316 节同步微视频教学（扫描二维码观看），总时长 15.5 学时。
- 本书中 10 个大型项目案例以及 32 个实例源代码。
- 本书配套上机实训指导手册及本书教学 PPT 课件。

（2）王牌资源 2：随赠"职业成长"资源库，突破读者职业规划与发展瓶颈。

- 求职资源库：100 套求职简历模板、600 套毕业答辩与 80 套学术开题报告 PPT 模板。
- 面试资源库：程序员面试技巧、200 道求职常见面试（笔试）真题与解析。
- 职业资源库：100 套岗位竞聘模板、程序员职业规划手册、开发经验及技巧集、软件工程师技能手册。

（3）王牌资源 3：随赠"软件开发魔典"资源库，拓展读者学习本书的深度和广度。

- 案例资源库：80 套经典案例。
- 软件开发文档模板库：10 套 8 大行业项目开发文档模板。
- 编程水平测试系统：计算机水平测试、编程水平测试、编程逻辑能力测试、编程英语水平测试。
- 软件学习电子书资源库：Python 语言常见面试笔试试题解析、Python 语言常用查询手册、Python 标准库查询手册、Python 关键字查询手册。

上述资源获取及使用

注意：由于本书不配送光盘，书中所用及上述资源均需借助网络下载才能使用。

1. 资源获取

加入本书图书读者服务（技术支持）QQ 群（674741004）后，读者可以打开群"文件"中

对应的 Word 文件，获取资源下载地址和密码。

2. 使用资源

读者可通过计算机端、微信端学习本书微视频的相关资源。

本书适合哪些读者阅读

本书非常适合以下人员阅读。

- 没有任何 Python 语言开发基础的初学者。
- 有一定的 Python 语言开发基础，想精通编程的人员。
- 有一定的 Python 语言开发基础，没有项目开发经验的人员。
- 正在进行软件专业相关毕业设计的学生。
- 大中专院校及培训学校的老师和学生。

创作团队

本书由聚慕课教育研发中心组织编写，张杰任主编，胡小红、罗锐任副主编。其中第 1～7 章由张杰编著，第 8～12 章由胡小红编著，第 13～16 章由罗锐编著。参与本书编写、资料整理以及程序调试工作的人员还有裴垚、陈梦、李良、冯成等。

在编写过程中，我们尽己所能将最好的讲解呈现给读者，但也难免有疏漏和不妥之处，敬请读者不吝指正。

作　者

第 1 篇　项目基础篇

第 2 篇　项目实战篇

第 3 篇　项目拓展篇

第4篇 智能项目篇

第5篇　项目管理篇

第1篇
项目基础篇

　　本篇是 Python 语言零基础核心编程的项目基础篇。从 Python 语言设计模式、事件驱动编程、软件数据库架构以及 Python Web 框架等内容讲起，结合设计模式与事件驱动编程，帮助读者树立一种良好的编程思想。通过软件数据库架构了解数据库的分类以及当前主流的数据库的应用。通过 Python Web 框架对当前主流的框架有一定的了解与认识。

　　项目基础篇的主要内容就是了解设计模式、事件驱动编程、软件数据库架构以及主流的 Python Web 框架等基础内容，为后面更深入地研发 Python 语言项目打下坚实的基础。

- 第 1 章　Python 设计模式
- 第 2 章　事件驱动编程
- 第 3 章　软件数据库架构
- 第 4 章　Python Web 框架

第1章

Python 设计模式

本章概述

　　开发人员在开发项目时会遇到许多问题，其中一些问题是经常遇到的，出现频率较高。例如数据库操作功能，每开发一个项目就实现一次数据库操作功能。这样就会花费大量的时间进行重复代码的书写，极大地降低了工作效率；又或者几个开发者共同开发一个项目，但是每个开发者代码风格都不同，对于项目结构或模块功能的命名也会有所不同，这样在项目功能的整合阶段会有很大的麻烦，不利于项目的有序开发。设计模式就是为了解决这些问题而提供了解决方案。

　　通过本章内容的学习，读者将明白什么是设计模式，设计模式有什么作用，设计模式的分类，并掌握一些常用的设计模式。

知识导读

　　本章要点（已掌握的在方框中打钩）
　　☐ 设计模式的意义与分类
　　☐ 创建类设计模式
　　☐ 结构类设计模式
　　☐ 行为类设计模式

1.1　什么是设计模式

　　设计模式的雏形是开发人员通过长期的经验积累，为了解决开发中经常遇到的问题，提高代码的重用性与一致性，而形成的解决问题的方法。设计模式不局限于某种特定语言，它是一种思想，是帮助人们解决问题的方法。设计模式通过从移植性、封装性、重用性、高效性等角度分析常见问题，抽象和提炼形成具有规范性和结构化的解决问题的方案。使用设计模式开发的项目，代码具有一定的规范性，结构较为合理，便于阅读、移植与维护。

1.2　设计模式的意义

现在社会节奏越来越快，人们的需求也在时刻变化，开发效率变得越来越重要。为了提高开发效率，要减少重复代码的书写，减少开发人员之间的相互影响。设计模式借鉴了前人丰富的开发经验，对经常出现的、复杂的、特定类型的问题进行总结，形成统一的解决方案。后人就可以通过设计模式借助前人的经验快速解决问题，避免"重复造轮子的过程"。

设计模式本质上是基于"高内聚，低耦合"的原则，高内聚使模块的功能更加集中，低耦合使模块间的联系依赖大大减小，由此可以降低软件的维护难度，提高软件的移植性和扩展性。因为设计模式具有一定的规范性，所以采用设计模式编写的代码更具有可读性。

由于设计模式具有高效性、可读性强、扩展性好、便于移植和维护等特点，开发大型项目时往往采用设计模式。使用设计模式可减少不同人员之间的相互影响，每个人协同工作，有助于项目的交接与维护，促进项目开发的有序进行，大大提高软件的开发效率。

1.3　设计模式的分类

设计模式可以分为三个大类：创建类设计模式、结构类设计模式、行为类设计模式。创建类设计模式可以分为单例模式、工厂方法模式、抽象工厂模式、原型模式、建造者模式；结构类设计模式可以分为装饰模式、适配器模式、外观模式、组合模式、代理模式、享元模式、桥接模式；行为类设计模式可以分为策略模式、责任链模式、命令模式、中介者模式、模板模式、迭代器模式、访问者模式、观察者模式、解释器模式、备忘录模式、状态模式。

随着技术的发展、项目规模的扩展，设计模式也衍生出了很多新的种类，不局限于这 23 种，接下来主要针对这 23 种设计模式中的常用的一些设计模式进行深入学习。

1.4　创建类设计模式

创建类设计模式主要是针对对象的创建过程，它将对象的创建与使用进行分离，用来描述怎样创建一个对象。

1.4.1　单例模式

单例模式（Singleton Pattern）简单来说就是一个类只允许生成一个实例化对象，是一种常用的设计模式。

简单来讲，单例模式就是用户无论创建多少次对象，所实例化的对象有且只有一个。创建的实例化对象具有相同的地址、相同的属性、相同的方法。使用该模式可以减少 CPU 或内存等资源的消耗。例如计算机上的回收站，我们只能打开一个回收站进行操作，这是因为从系统运行开始，就有且只有一个实例对象来维护回收站的工作。假设回收站不使用单例模式，当我们同时打开两个回收站时，对其中一个回收中的文件进行删除操作而另一个回收站中的文件还显示存在，这种情况显然是不合理的，所以要使用单例模式。

常用的单例模式有两种类型，分别是懒汉式和饿汉式，下面将分别运用实例进行演示。懒汉式不能通过相应的 obj=类()方式来实例化对象，而要通过 obj=类.方法()方式来实例化对象。单例模式的代码如下所示：

```
单例模式 1（懒汉式,便于理解,相当于自己动手生成了一个实例对象）
import threading                                    #线程模块
import time                                         #时间模块
class Singleton(object):
    _count=0                                        #类变量用来记录实例化对象的个数
    lock=threading.RLock()                          #实例化线程锁对象
    def __init__(self,*args,**kwargs):
        time.sleep(0.2)                             #模拟实例化对象,初始化过程消耗时间
    @classmethod                                    #类方法,不用实例化对象即可通过类.方法()调用
    def instance(cls,*args,**kwargs):
                                                    #利用反射检查判断该类是否有对象
        if not hasattr(Singleton,'_instance'):      #减少线程锁资源消耗,存在不用进入线程锁
            with cls.lock:                          #加锁部分,线程为串行
                if not hasattr(Singleton,'_instance'):  #判断是否存在对象
                    cls._instance=Singleton()       #实例化对象
                    cls._count+=1                   #实例化对象个数加 1
            return cls._instance                    #返回实例化对象
    def get_count(self):
        return self._count
#执行方法
def task():
    obj=Singleton.instance()                        #创建实例化对象
    print('{}\t{}'.format(obj,obj.get_count()))     #格式化输出实例化对象地址与实例化对象个数
#创建线程
for i in range(3):
    t=threading.Thread(target=task)                 #将执行方法加入线程
    t.start()                                       #执行线程
```

运行结果如图 1-1 所示。

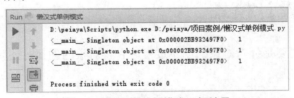

图 1-1　懒汉式单例模式运行结果

提示： 单例模式如果不加进程锁，在实例化对象初始化消耗时间较短时，从输出结果看不出任何问题，输出结果如下所示：

```
<__main__.Singleton object at 0x000001DE9290A278>      1
<__main__.Singleton object at 0x000001DE9290A198>      2
<__main__.Singleton object at 0x000001DE928EC080>      3
```

从上面的输出结果可以看出，并没有实现有且只有一个实例化对象，因此单例模式的实现需要添加进程锁。

饿汉式可以通过 obj=类() 方式直接生成实例化对象，代码如下所示：

```
单例模式 2（采用 __new__ 的饿汉式,建议采用该方式）
```

```python
import time
class Singleton(object):
    _count=0                      #类变量用来记录实例化对象的个数
    def __init__(self,*args,**kwargs):
        time.sleep(0.2)           #模拟实例化对象,初始化过程消耗时间
    def __new__(cls,*args,**kwargs):
        #利用反射检查判断该类是否有对象
        if not hasattr(Singleton,'_instance'):
            #创建实例化对象
            cls._instance=object.__new__(cls)
            cls._count+=1
        return Singleton._instance
    def get_count(self):
        return self._count
#执行方法
def run():
    obj=Singleton()               #创建实例化对象
    print('{}\t{}'.format(obj,obj.get_count()))
#创建线程
for i in range(3):
    t=threading.Thread(target=run)
    t.start()
```

运行结果如图 1-2 所示。

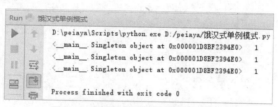

图 1-2　饿汉式单例模式运行结果

提示：饿汉式实例化类时会创建一个单例的实例化对象，但不管现在是否需要这个单例对象它都会创建，在一定程度上节省了创建时间，但要占用资源。懒汉式在需要用到这个单例对象时，通过相应的类方法进行创建，相对节省资源，但进程不安全，要保证进程安全需要加锁，操作相对麻烦。饿汉式采用的是空间转换时间，懒汉式采用的是时间转换空间，相对来说推荐饿汉式，更加安全方便。

1.4.2　工厂模式

　　工厂模式（Factory Pattern）简单来讲就是将一些比较相似的类进行整理与封装，从而向外部开放一个统一的对象接口，不管生成哪一个实例化对象，也不管这个对象的具体创建过程。而是由继承它的子类来具体实现这一个实例化对象，由此来解决创建实例化对象的接口选择问题。

　　简单来讲，在不同的条件下，通过工厂接口让子类创建不同的对象。例如，一个桌子加工厂，生产方桌和圆桌等不同种类的桌子，方桌可以作为一个方桌类，圆桌可以作为一个圆桌类。这样各种桌子的子类通过工厂类以形状为标准加工生产出不同种类的桌子。假设加工厂要新增一种三角形的桌子，我们只需要再创建一个新的三角形桌子类就可以了，不需要对原有的桌子类进行修改。由此可见，采用工厂模式编写的代码，易于扩展，具有可维护性高的特点。

工厂模式包括简单工厂模式、工厂方法模式、抽象工厂模式三种。下面我们分别进行实例演示与讲解。

（1）简单工厂模式。

简单工厂模式结构简单、便于理解，但是不符合设计模式原则的开闭原则（对扩展开放，对修改关闭）。

代码如下所示：

```
工厂模式1（简单工厂模式）
#桌子类（父类）
class Table(object):
    def __init__(self,shape):
        #print("这是一个%s形桌子"%(shape))       #格式化输出%号形式
        print("这是一个{}形桌子".format(shape))   #格式化输出format形式(建议使用)
#方桌（子类）
class Square_table(Table):
    def write(self):                            #创建方桌的方法
    print("用来写字")
#圆桌（子类）
class Rouund_table(Table):
    def eat(self):                              #创建圆桌的方法
        print("用来吃饭")
#工厂类
class Table_factory(object):
    def creat_shape_table(self,shape):
        if shape=="Square":
            return Square_table(shape)          #返回一个方桌的实例化对象
        if shape=="Round":
            return Rouund_table(shape)          #返回一个圆桌的实例化对象
#实例化工厂类
tf=Table_factory()
st=tf.creat_shape_table("Square")
rt=tf.creat_shape_table("Round")
st.write()
rt.eat()
```

运行结果如图 1-3 所示。

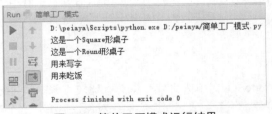

图 1-3　简单工厂模式运行结果

提示：使用简单工厂模式来设计时，每新增一个桌子类型，不仅要新增一个桌子类型的类，还要对工厂类中创建类对象的方法进行修改，将添加新类型桌子的逻辑判断加入其中，对原代码进行了修改，不符合设计模式原则的开闭原则。

（2）工厂方法模式。

工厂方法模式是在简单工厂模式的基础上加以优化而形成的，主要是将工厂类中针对生产产品的类型，改为通过子类来确定生产的产品类型。

代码如下所示：

```python
#工厂模式2（工厂方法模式 符合开闭原则）
from abc import ABCMeta,abstractclassmethod
#Python中没有抽象类、接口的概念,要实现这种功能得用abc.py这个类库
#桌子类（父类）
class Table(metaclass=ABCMeta):       #继承抽象类的一个基类,实现抽象类的效果
    @abstractclassmethod              #抽象方法的修饰器,被该修饰器修饰的方法是抽象方法
    def __init__(self):               #继承该类的子类必须要实现这一个抽象方法,否则会报错
        pass
#方桌类（子类）
class Square_table(Table):
    def __init__(self):               #实现父类的抽象方法
        print("这是一个方形桌子")
    def write(self):                  #自身的类方法
        print("方桌用来写字")
#圆桌类（子类）
class Round_table(Table):
    def __init__(self):               #实现父类的抽象方法
        print("这是一个圆形桌子")
    def eat(self):
        print("圆桌用来吃饭")
#抽象工厂类
class Factory(metaclass=ABCMeta):
    @abstractclassmethod
    def creat_table(self,table_type):
        pass
#具体工厂子类
#方桌工厂子类
class Square_factory(Factory):
    def creat_table(self):            #实现父类抽象工厂的抽象方法
        return Square_table()
#圆桌工厂子类
class Round_factory(Factory):
    def creat_table(self):
        return Round_table()
#实例化工厂子类
sf=Square_factory().creat_table()     #通过方桌工厂子类创建方桌对象
rf=Round_factory().creat_table()      #通过圆桌工厂子类创建圆桌对象
sf.write()
rf.eat()
```

运行结果如图 1-4 所示。

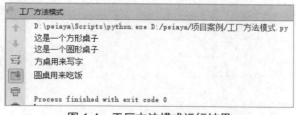

图 1-4　工厂方法模式运行结果

提示：使用工厂方法模式来设计时，解决了简单工厂模式每新增一个类型，还要在工厂类中添加新类型桌子的逻辑判断的问题。符合设计模式原则的开闭原则，但是工厂方法模式的子类工厂只能创建一种实例对象。

（3）抽象工厂模式。

抽象工厂模式相对于工厂方法模式来说，由一个子类工厂只能创建一种实例对象，变为一个子类工厂可以创建多种实例对象。

代码如下所示：

```python
#工厂模式3（抽象工厂模式 符合开闭原则）
from abc import ABCMeta,abstractclassmethod
#创建一个铁质桌子的抽象类
class Iron_table(metaclass=ABCMeta):
    @abstractclassmethod
    def __init__(self):
      pass
#创建一个木质桌子的抽象类
class Wood_table(metaclass=ABCMeta):
    @abstractclassmethod
    def __init__(self):
      pass
#创建铁质方桌类继承铁质桌类
class Square_iron_table(Iron_table):
    def __init__(self):
      print("这是一个铁质的方形桌子")
    def write(self):
      print("方桌子用来写字")
#创建木质方桌类继承木质桌类
class Square_wood_table(Wood_table):
    def __init__(self):
      print("这是一个木质的方形桌子")
    def write(self):
      print("方桌子用来写字")
#创建铁质圆桌类继承铁质桌类
class Round_iron_table(Iron_table):
    def __init__(self):
      print("这是一个铁质的圆形桌子")
    def eat(self):
      print("圆桌子用来吃饭")
#创建木质圆桌类继承木质桌类
class Round_wood_table(Wood_table):
    def __init__(self):
      print("这是一个木质的圆形桌子")
    def eat(self):
      print("圆桌子用来吃饭")
创建抽象工厂类
class Factory(metaclass=ABCMeta):
    @abstractclassmethod
    def creat_iron_table(self):
      pass
    @abstractclassmethod
    def creat_wood_table(self):
```

```
        pass
#创建方桌工厂类继承实现桌子工厂类
class Square_factory(Factory):
    def creat_iron_table(self):
      return Square_iron_table()
    def creat_wood_table(self):
      return Square_wood_table()
#创建圆桌工厂类继承实现桌子工厂类
class Round_factory(Factory):
    def creat_iron_table(self):
      return Round_iron_table()
    def creat_wood_table(self):
      return Round_wood_table()
#实例化工厂类
st1=Square_factory().creat_iron_table() #通过方桌工厂子类创建铁质方桌对象
st2=Square_factory().creat_wood_table() #通过方桌工厂子类创建木质方桌对象
rt1=Round_factory().creat_iron_table()
rt2=Round_factory().creat_wood_table()
st1.write()
st2.write()
rt1.eat()
rt2.eat()
```

运行结果如图 1-5 所示。

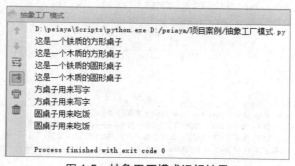

图 1-5　抽象工厂模式运行结果

　　提示：简单工厂方法模式结构简单，使用方便，但不符合开闭原则。工厂方法模式符合开闭原则，但一个子类工厂只能创建一种实例对象。抽象工厂模式符合开闭准则，同时实现了一个子类工厂可以创建多种实例对象，但是结构复杂，需要的类较多。因此，开发项目时要结合需求，选用合适的设计模式。

1.4.3　原型模式

　　原型模式（Prototype Pattern）简单来说就是对一个已经存在的对象创建一个完整的副本，然后在副本的基础上进行修改与扩展。

　　在现实生活中我们也会遇到种种问题，例如，小明在网络上记录了一份学习笔记，朋友小红知道后，想要小明将笔记分享给她。小明需要怎么将笔记分享给小红呢？假设小明将自己笔记的引用分享给小红，相当于小明与小红的笔记地址是一致的，那么小明或小红对笔记进行修改时，两人看到的笔记都会发生改变。事实上我们的需求是小明和小红之间相对独立、互不影响，可以在原有的笔记上添加自己的内容。因此就需要将小明的笔记复制出来一个副本分享给小红。这种情况下就可以使用原型模式解决问题了。

代码如下所示：

```
#原型模式
import copy
#原始笔记（小明的笔记）
class Note(object):
    def __init__(self):              #初始化方法
      self.subject='数学'
      self.knowledge_points=10
      self.wrong_topic=3
    def __str__(self):
      return '科目: {},知识点: {},错题: {}'.format(self.subject,self.knowledge_points,
self.wrong_topic)
    x_m=Note()                       #创建小明的实例化对象
#复制一个小明的副本给小红（深复制）
x_h=copy.deepcopy(x_m)
#a=b                                 #将b的引用给a
#小红修改笔记前
print([str(i) for i in (x_m,x_h)])
x_h.knowledge_points=20
x_h.wrong_topic=8
#小红修改笔记后
print([str(i)for i in(x_m,x_h)])
print([i for i in(x_m,x_h)])
```

运行结果如图 1-6 所示。

图 1-6　原型模式运行结果

1.4.4　建造者模式

建造者模式（Builder Pattern），它将对象的创建与表示分离出来，在同一个过程中会有不同的表现形式，主要由指挥者、抽象建造者、具体建造者几部分构成。在实现过程中，指挥者根据用户需求指挥建造者按照一定的顺序逐步创建出需要的复杂对象。简单情况下可以忽略指挥者和抽象建造者的部分。从原理与表现形式来看，建造者模式和工厂模式比较相似，都不考虑对象的具体创建过程。但建造者模式在实际的开发中应用较少，主要针对复杂对象的创建，简单对象的创建大多使用工厂模式来实现。工厂模式一般经过单次步骤创建对象，而建造者模式往往经过较多的步骤实现对象的创建。工厂模式生成的对象种类比较单一，而建造者模式生成的种类比较丰富、复杂。

建造者模式经过一步一步创建一个复杂的对象，它允许用户精细地控制产品的创建过程。

现实生活中，我们常去的奶茶店就可以很好地体现出建造者模式，消费者将自己购买奶茶的种类、大小告诉收银员，收银员通知负责制作该奶茶的员工，员工按照一定的次序，选择杯子，添加奶茶原料，封口，从而生产出一杯奶茶。下面我们通过购买奶茶这个实例用代码简单实现建造者模式。

代码如下所示：

```python
#建造者模式
#奶茶店产品
import abc                          #导入抽象类模块
#指挥者
class Director(object):
  def __init__(self):
    self.builder=None               #抽象建造者
  def construct_building(self):     #指挥者设置执行顺序
    self.builder.creat_product()
    self.builder.select_size()
    self.builder.add_material()
  def get_building(self):
    return self.builder.product
#抽象建造者
class Builder(metaclass=abc.ABCMeta):
  def __init__(self):
    self.building=None
    @abc.abstractmethod             #创建产品对象抽象方法
  def creat_product(self):
    pass
    @abc.abstractmethod             #选择杯子对象抽象方法
  def select_size(self):
    pass
    @abc.abstractmethod             #添加食材抽象方法
  def add_material(self):
    pass
#具体建造者
class BuilderMilkyTea(Builder):
  def creat_product(self):
    self.product=Product()
    print('创建商品')
  def select_size(self):
    self.product.size='Small'
    print('选择小杯')
  def add_material(self):
    self.product.food='Milky Tea'
    print('添加原料')
class BuilderOolongTea(Builder):
  def creat_product(self):
    self.product=Product()
    print('创建商品')
  def select_size(self):
    self.product.size='Big'
    print('选择大杯')
  def add_material(self):
```

```
        self.product.food='Oolong Tea'
        print('添加原料')
#产品
class Product(object):
    def __init__(self):
self.food=None
self.size = None
def __repr__(self):
return '产品: \nType:{}Size:{}'.format(self.food,self.size)
#客户端
if __name__=="__main__":
director=Director()                         #创建一个指挥者
director.builder=BuilderMilkyTea()          #生产奶茶
director.construct_building()               #指挥者创建产品顺序
producta=director.get_building()            #输出产品
print(producta)
director.builder=BuilderOolongTea()         #生产乌龙茶
director.construct_building()               #指挥者创建产品顺序
productb=director.get_building()
    print(productb)
```

运行结果如图 1-7 所示。

图 1-7　建造者模式运行结果

1.5　结构类设计模式

结构类设计模式，主要是针对类或对象的结构和布局。结构类设计模式是指将类或对象依照某种需求进行组合形成一个新的结构体。

1.5.1　适配器模式

适配器模式也被称为包装器（Wrapper）模式，用来解决接口之间或类之间的兼容问题，通过适配器模式将不兼容的接口或者类转换为所需要的接口，使不兼容的类或接口可以一起工作。这里的接口是指广义的接口，它可以是一个方法或者方法的集合。在日常生活中，手机的充电器、耳机的转换接头、DVI-D 转 HDMI 数据连接线、光纤等都属于硬件方面的适配器。

软件方面随着软件的开发更新，开发人员的命名习惯，新旧版本负责相同功能的函数命名会有所不同。假设一个系统有统计人数的功能，在老版本系统中由 get_people_num 函数进行查询，在新版本系统中由 getPeopleNum 函数进行查询，A 公司使用老版本系统，B 公司使用新版本系统，现在由于业务需求，A 公司与 B 公司需要进行数据交互。下面将用简单代码模拟适配器解决两家公司的兼容问题。

代码如下所示：

```python
#老版本
class Old(object):
    def __init__(self):
        print("这是A公司")
    def get_people_num(self):
        print("A公司有1000人")
#新版本
class New(object):
    def __init__(self):
        print("这是B公司")
    def getPeopleNum(self):
        print("B公司有2000人")
#适配器
class Adapter(object):
    def __init__(self):
        self.obj=Old()
    def getPeopleNum(self):
        self.obj.get_people_num()
#客户端
if __name__=="__main__":
    b=New()
    b.getPeopleNum()              #获取B公司人数
    #通过适配器创建老版本对象
    a=Adapter()
    a.getPeopleNum()             #使用新版本的方法获取A公司人数
```

运行结果如图 1-8 所示。

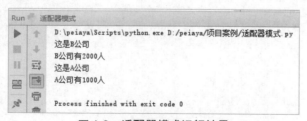

图 1-8　适配器模式运行结果

1.5.2　外观模式

外观模式（Facade Pattern），也被称为"过程模式"，主要是针对系统各种接口之间的调用。它将多个子系统功能进行封装并对外提供一个接口，用户通过该接口可以方便对各个子系统功能进行操作，就如同操作系统一样，用户不用考虑系统的底层功能怎样实现，只需要借助系统提供的可视化界面来使用操作即可，简化了用户对子系统使用的操作步骤与工作量。

代码如下所示：

```
class Api1(object):
    def creat(self):
        print("创建一个 Api1 接口")
    def delet(self):
        print("删除一个 Api1 接口")
class Api2(object):
    def creat(self):
        print("创建一个 Api2 接口")
    def delet(self):
        print("删除一个 Api2 接口")
class Api3(object):
    def creat(self):
        print("创建一个 Api3 接口")
    def delet(self):
        print("删除一个 Api3 接口")
class Facade(object):
    def __init__(self):
        self._api1=Api1()
        self._api2=Api2()
        self._api3=Api3()
    def creat_api1_and_api2(self):
        self._api1.creat()
        self._api2.creat()
    def delet_api1_and_api2(self):
        self._api1.delet()
        self._api2.delet()
    def creat_all(self):
        self._api1.creat()
        self._api2.creat()
        self._api3.creat()
    def delet_all(self):
        self._api1.delet()
        self._api2.delet()
        self._api3.delet()
#客户端
if __name__=="__main__":
    fa=Facade()
    print("------组合形式------")
    fa.creat_api1_and_api2()
    fa.delet_api1_and_api2()
    fa.creat_all()
    fa.delet_all()
```

运行结果如图 1-9 所示。

1.5.3 代理模式

代理模式就是为了避免访问者对某些对象直接访问，从而对这些对象提供的代理服务。访问

图 1-9 外观模式运行结果

者要通过访问类的代理服务来实现对访问类的间接访问。以此为基础，常见的代理模式有远程代理、保护代理、虚拟代理和智能代理等。远程代理主要指服务器等远程物理资源在本地计算机的设置与代理；保护代理是指用户通过代理访问资源时，可以在代理中直接将超出用户权限的访问请求进行拒绝；虚拟代理最典型的应用就是惰性加载，是对一些优先级不高的操作进行的代理，它可以将一些复杂耗时的操作延迟到真正需要的时候执行，从而节省程序开销；智能代理也称为引用代理，是指可以在访问者访问资源时进行一些额外的预操作，例如检查进程安全或者引用计数等操作。

代码如下所示：

```python
#数据库资源类
class DbConnect:
    def __init__(self,dbname):              #初始化方法
        self.dbname=dbname
    def creat_dbconn(self):                 #创建数据库连接方法
        print("Connect db: {} ".format(self.dbname))
    def show_db(self):                      #显示数据库方法
        print("show db:{}".format(self.dbname))
#代理模式类
class Proxy(DbConnect):
    def __init__(self,dbname):
        super().__init__(dbname)            #继承父类初始化方法
        self.is_conn=False                  #连接创建标识
    def creat_dbconn(self):                 #重构父类的创建连接方法
        if self.is_conn==False:
            super().creat_dbconn()          #继承父类初始化方法
        self.is_conn=True
    def show_db(self):                      #继承父类显示数据库方法
        super().show_db()
 #客户端
if __name__=="__main__":
    dbConn=Proxy('db_123456')               #通过代理创建访问类对象
    #数据库连接只加载一次,其他均被代理拦截,达到节省资源的目的
for i in range(0,3):
    dbConn.creat_dbconn()
    dbConn.show_db()
```

运行结果如图 1-10 所示。

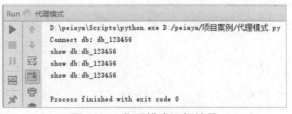

图 1-10　代理模式运行结果

提示：从代码看，代理模式同适配器模式比较相似，但是适配器模式是针对接口之间的兼容问题，主要是将目标接口通过适配器改变为所需求的接口；代理模式不能改变所代理的接口，只能控制访问者访问接口时的操作。

1.6　行为类设计模式

行为类设计模式主要是对类或对象进行职责分配，通过它们彼此之间的协同工作来实现需求，从而解决它们之间任何一个对象都无法独自完成任务的问题。

1.6.1　迭代器模式

迭代器模式提供的是一种按一定顺序访问容器对象的方法，通过该方法可以让使用者访问到容器对象中各个元素，而又不需要向使用者暴露访问对象的内部细节。迭代器模式通过迭代器来实现元素迭代，而不是通过聚合对象实现元素迭代。这样，我们不需要知道聚合对象的内部结构就可以实现聚合对象的迭代。

代码如下所示：

```python
#聚合对象元素列表
aggregate_list=['面包','牛奶','汉堡','沙拉']
#迭代器抽象类
class Iterator(object):
  def First(self):                              #返回第一个元素
    pass
  def Next(self):                               #返回下一个元素
    pass
  def IsIndex(self):                            #判断下标是否越界
    pass
  def CutItem(self):                            #截取下标元素
    pass
#具体迭代器类（正序）
class ConcreteIterator(Iterator):
  def __init__(self,aggregate):
    self.aggregate=aggregate                    #聚合对象
    self.index=0                                #当前的元素下标,默认为第一个元素
  def First(self):                              #第一个元素
    return self.aggregate[0]
  def Next(self):                               #返回下一个元素
    ret = None                                  #元素对象
    self.index+=1                               #元素下标（下一个元素的下标）
    if self.index<len(self.aggregate):          #判断当前下标是否超出聚合对象的元素总个数
      ret=self.aggregate[self.index]            #将改下标对应的元素进行赋值
      return ret                                #返回元素对象
  def IsIndex(self):                            #判断下标是否越界
    return True if self.index+1>=len(self.aggregate) else False
  def CurrItem(self):                           #截取当前下标元素
    return self.aggregate[self.index]
#具体迭代器类（倒序）
class ConcreteIteratorDesc(Iterator):
  def __init__(self,aggregate):
    self.aggregate=aggregate                    #聚合对象的元素列表
    self.index=len(aggregate)-1                 #元素列表中最后一个元素的下标
  def First(self):
    return self.aggregate[-1]                   #返回聚合对象元素列表中的最后一个元素
```

```
        def Next(self):
          ret=None
          self.index-=1
          if self.index>=0:
            ret=self.aggregate[self.index]
            return ret
        def IsIndex(self):
          return True if self.curr-1<0 else False
        def CurrItem(self):
          return self.aggregate[self.index]
    if __name__=="__main__":
        itor=ConcreteIterator(aggregate_list)          #将聚合对象传递给具体迭代器
        print(itor.First())                            #第一个元素
        while not itor.IsIndex():                       #当下标不越界时输出下一个元素
    print (itor.Next())
    print("————倒序————")
    itordesc = ConcreteIteratorDesc(aggregate_list)
    print(itordesc.First())                            #第一个元素
    while not itordesc.IsIndex():
        print(itordesc.Next())
```

运行结果如图 1-11 所示。

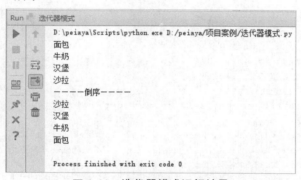

图 1-11　迭代器模式运行结果

1.6.2　观察者模式

　　观察者模式就是为许多对象同某个特定对象提供一对多的依赖关系，当这一个特定对象发生改变时，与该对象相依赖的其他对象都会发生改变。简单来讲，微信上有一个公众号，手机用户关注这个公众号后，每当这个公众号发布新信息时，所有关注该公众号的手机用户都会收到该公众号推送的新消息。

　　观察者模式的常用类型有推模式和拉模式两种，下面对两种类型分别用实例进行实现，首先是拉模式的实例。

　　拉模式代码如下所示：

```
#观察者模式（拉模式）
from abc import ABCMeta,abstractmethod
class Subject(object):                    #主体类
    def __init__(self):
        self._observers=[]                #与主题有依赖关系的观察者对象列表
```

```
        self._news=None                    #消息对象
    def add_list(self,observer):          #将观察者对象添加依赖关系
        self._observers.append(observer)
    def del_last(self):                   #删除观察者对象列表中的最后一个元素
        return self._observers.pop()
    #通知观察者对象调用 update 方法获取消息
    def notifyObservers(self):
        for obs in self._observers:
            obs.update()
    def creatNews(self,news):             #创建新消息
        self._news=news
    def getNews(self):                    #获取消息
        return 'Subject News:'+self._news
class Observer(metaclass=ABCMeta):        #抽象观察者
    @abstractmethod
    def update(self):                     #更新信息方法
        pass
class ConcreteObserver1(Observer):        #具体观察者1
    def __init__(self,subject):
        self.subject=subject              #获取传递的主题对象
        self.subject.add_list(self)       #将该观察者对象添加到主题依赖列表中
    def update(self):                     #获取主题的消息
        print(type(self).__name__,self.subject.getNews())
class ConcreteObserver2(Observer):        #具体观察者2
    def __init__(self,subject):
        self.subject=subject
        self.subject.add_list(self)
    def update(self):
        print(type(self).__name__,self.subject.getNews())
subject=Subject()                         #创建主题对象
for ConcreteObservers in [ConcreteObserver1,ConcreteObserver2]:  #创建观察者对象
    ConcreteObservers(subject)            #将主题对象添加到观察者对象,创建依赖关系
subject.creatNews('HELLO WORLD')          #主题创建新消息
subject.notifyObservers()                 #调用所有的同主题有依赖的观察者对象的 updata 方法
subject.del_last()                        #删除原有观察者列表中的最后一个对象
subject.creatNews('SECOND NEWS')
subject.notifyObservers()
```

运行结果如图 1-12 所示。

图 1-12　观察者模式（拉模式）运行结果

观察者模式的推模式实例，代码如下所示：

```
#观察者模式（推模式）
from abc import ABCMeta,abstractmethod
class Subject(object):                    #主体类
```

```python
    def __init__(self):
        self._observers=[]                    #与主题有依赖关系的观察者对象列表
        self._news=None                       #消息对象
    def add_list(self,observer):              #将观察者对象添加依赖关系
        self._observers.append(observer)
    def del_last(self):                       #删除观察者对象列表中的最后一个元素
        return self._observers.pop()
    #通知观察者对象调用 update 方法获取消息
    def notifyObservers(self):
        for obs in self._observers:
            obs.update(self._news)
    def creatNews(self,news):                 #创建新消息
        self._news=news
    def getNews(self):                        #获取消息
        return 'Subject News:'+self._news
class Observer(metaclass=ABCMeta):  #抽象观察者
    @abstractmethod
    def update(self):                         #更新信息方法
        pass
class ConcreteObserver1(Observer):  #具体观察者1
    def __init__(self,subject):
        self.subject=subject                  #获取传递的主题对象
        self.subject.add_list(self)           #将该观察者对象添加到主题依赖列表中
    def update(self,news):                    #获取主题的消息
        print(type(self).__name__,news)
class ConcreteObserver2(Observer):  #具体观察者2
    def __init__(self,subject):
        self.subject = subject
        self.subject.add_list(self)
    def update(self,news):
        print(type(self).__name__,news)
subject=Subject()                             #创建主题对象
for ConcreteObservers in [ConcreteObserver1,ConcreteObserver2]:  #创建观察者对象
    ConcreteObservers(subject)                #将主题对象添加到观察者对象,创建依赖关系
subject.creatNews('HELLO WORLD')              #主题创建新消息
subject.notifyObservers()                     #调用所有的同主题有依赖的观察者对象的 updata 方法
subject.del_last()                            #删除原有观察者列表中的最后一个对象
subject.creatNews('SECOND NEWS')
subject.notifyObservers()
```

运行结果如图 1-13 所示。

图 1-13　观察者模式（推模式）运行结果

提示：拉模式与推模式的代码区别是主体类中 notifyObserverscase()通知观察者对象获取消息的方法中的 update()是否具有参数，拉模式中没有参数，因此获取主体消息分为两步，第一步

主体类通知观察者对象类，第二步观察者对象类从主体类中获取主题消息；推模式带有参数，因此主体类一次将主题消息传递给观察者对象，推模式可以提高性能，但是会接收到所有的主体消息，会获得自己不需要的主体信息，造成资源浪费。

1.6.3　状态模式

状态模式是指一个对象具有多个变化属性，也就是不同的状态，每种状态都具有相应的行为。随着对象状态的改变，对象的行为也相应改变。状态模式将对象不同的状态进行抽象，形成一个抽象状态类，具体状态类通过继承抽象状态类实现不同状态的行为和状态之间的转换。使用状态模式可以减少判断语句 if…else 的大量使用，使代码变得简洁，但是会增加类和对象的个数，使代码结构变得复杂。下面用最简单的红绿灯为例子进行讲解，红绿灯有红灯和绿灯两种状态，每种状态又有通过和禁止两种行为，当红灯时间用尽会跳转到绿灯，绿灯时间用尽会跳转到红灯。

代码如下所示：

```python
from abc import ABCMeta,abstractmethod
#信号灯的抽象状态类
class SignaState(metaclass=ABCMeta):
  @abstractmethod
  def run(self):                    #通过行为
    pass
  @abstractmethod
  def stop(self):                   #禁止行为
    pass
#具体的状态类
class GreenState(SignaState):
  def run(self):
    print("绿灯:车辆行人请尽快通过路口……")
    return self
  def stop(self):
    print("绿灯:车辆行人通过中……")
    print("绿灯:马上要跳转红灯,请注意……")
    return RedState()               #切换红绿灯状态
 class RedState(SignaState):
  def run(self):
    print("红灯:车辆行人等待中……")
    print("红灯:马上要跳转绿灯,请注意……")
    return GreenState()             #切换红绿灯状态
  def stop(self):
    print("红灯:车辆行人禁止通行……")
    return self
#红绿灯对象(环境类)
class TrafficSignaContext(object):
  signa_state=""                    #对象状态
  def getState(self):               #获取状态
    return self.signa_state
  def setState(self,signa_state):   #设置状态
    self.signa_state=signa_state
  def run(self):                    #通行
```

```
        self.setState(self.signa_state.run())
    def stop(self):                    #禁止
      self.setState(self.signa_state.stop())
if __name__=="__main__":
    ts=TrafficSignaContext()           #创建对象
    ts.setState(RedState())            #设置状态对象
    ts.run()                           #红灯下执行通过方法会切换为绿灯状态
    ts.stop()                          #绿灯下执行停止方法会切换为红灯状态
```

运行结果如图 1-14 所示。

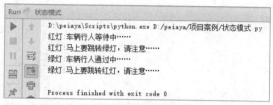

图 1-14　状态模式运行结果

1.7　本章小结

　　本章主要是对设计模式进行学习，针对设计模式的创建类、结构类、行为类分别使用实例进行讲解，通过这些实例让读者可以更好地理解设计模式，明白设计模式的意义与作用。通过设计模式的学习可以帮助读者培养良好的编程思想，规范的代码书写编写风格，为进一步学习Python 奠定坚实的基础。

第2章

事件驱动编程

本章概述

本章将讲解事件驱动编程，这是一种全新的编程思想，它执行事件触发以及事件触发后的相应的方法代码。在日常编程中往往伴随着 I/O 的操作，想要实现不同的效果，就要选用不同的 I/O 模型。除了事件驱动编程以外，为了提高程序的运行效率，还可以采用并发编程，并发编程可以采用多进程或者多线程来实现。通过本章内容的学习可以拓展我们的开发思维，提升程序的执行效率。

知识导读

本章要点（已掌握的在方框中打钩）

☐ 同步 I/O 模型
☐ 异步 I/O 模型
☐ I/O 多路复用
☐ 事件驱动编程
☐ 并发编程

2.1 I/O 模型

I/O 是指计算机内存和输入输出设备之间进行数据交互的过程。在实际的 I/O 操作过程中，应用程序只能直接访问内存中存在的数据，当用户程序需要外部设备的数据时，需要通过操作系统将外部设备的数据复制到内存中。但是数据的复制需要一定时间，在这段时间中应用程序释放占用的 CPU 资源，让其他的应用程序或者进程使用 CPU 资源处理任务；占用的 CPU 资源等到数据复制到内存后再释放 CPU 资源。CPU 是一种公共且有限的资源，理想状态下用户程序需要使用 CPU 去占用 CPU 资源，当等待数据时应释放 CPU 资源交由其他程序或者进程使用。I/O 模型就是用来解决应用程序在等待所需资源时是否释放 CPU 资源的问题。

2.1.1 概念学习

在学习 I/O 模型之前要先明确几个概念，这样有助于对 I/O 模型的理解。

1. 内核空间与用户空间

操作系统内核具有访问底层硬件的所有权限，也能访问受到保护的内存空间。为了操作系统内核的安全性，将系统内存分为内核空间和用户空间两部分，其中内核空间是操作系统内核与系统驱动所用的内存空间；用户空间就是用户程序所用的内存空间，用户空间无法直接对内核空间进行操作，这样应用程序就无法直接操作系统内核访问底层硬件，保证了操作系统内核的安全性。

2. 进程切换

进程切换是指操作系统内核可以将某个正在使用 CPU 资源执行的进程进行挂起释放，将之前某个挂起的进程分配 CPU 资源，然后执行。

3. 进程阻塞

进程阻塞是指某个正在执行的进程，因为没有获得期待的资源，程序自身将进程挂起，直到期待资源的到来，进程继续执行。

4. 文件描述符

文件描述符的本质是一个非负整数，它是内核用来维护进程记录表的索引值。文件描述符的概念适用在 UNIX 或者 Linux 操作系统中，在 Windows 操作系统中并不存在文件描述符的概念。

5. 缓存 I/O

缓存 I/O 也被称为标准 I/O，它是大多数文件系统默认的 I/O 操作。缓存 I/O 实际的操作过程就是应用程序如果要获取外部设备中的数据，操作系统会先将外部设备中的数据复制到内核空间的缓存中，然后再将数据从内核空间的缓存中复制到用户空间的缓存中，应用程序在用户空间的缓存中获取所需数据。缓存 I/O 的实现过程如图 2-1 所示。

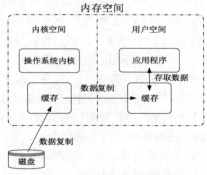

图 2-1 缓存 I/O 的实现过程

2.1.2 阻塞 I/O 模型

阻塞 I/O 模型（Blocking I/O）是指应用程序或者进程缺少所期待的资源，就会占用 CPU 资源，等待所需资源到来后才继续向下执行。应用程序在等待资源时，不能进行其他操作，其他程序或者进程也不能使用该应用程序占用的 CPU 资源。例如，小明需要一杯开水，小明使用水壶烧水，一直盯着水壶，直到开水烧开，将开水倒入杯子中。小明在等待水烧开的过程中，一直没有做其他的事情。这就是阻塞 I/O 模型的体现。阻塞 I/O 模型的实现过程如图 2-2 所示。

图 2-2　阻塞 I/O 模型的实现过程

阻塞 I/O 模型在等待数据阶段和复制数据阶段都是处于阻塞状态，若等待数据阶段消耗的时间较长，就比较浪费时间和 CPU 资源。使用 Python 中的 socket 模块通过代码实现阻塞 I/O 模型。阻塞 I/O 模型的服务器端代码如下所示：

```
import socket                          #导入 socket 模块
sk=socket.socket()                     #创建 socket 对象
sk.bind(('localhost',8801))            #设置监听服务器主机与端口
sk.listen(5)                           #开启 TCP 监听
#等待客户端连接与发送数据
while True:
    conn,addr=sk.accept()              #获取连接的客户端的连接对象与地址
    data=conn.recv(1024)               #接收客户端消息
    print(data.decode('utf-8'))        #输出客户端消息
    conn.send(data)                    #服务器将客户端消息返回给客户端
```

服务器端的执行过程，先创建一个 socket 对象，通过 sk.bind()方法设置监听服务器的主机与端口，然后通过 sk.listen()方法开启 TCP 监听，其中的参数是监听客户端连接的个数，最小设置为 1，一般程序最大设置为 5。注意 sk.listen()方法必须使用，不然客户端发送的请求连接无法被监听到。sk.accept()方法用来获取客户端连接，它有两个返回值，第一个返回值是客户端的 socket 对象，第二个返回值是客户端的地址信息。通过客户端对象 recv(1024)可以获取客户端发送的消息。socket 中传递的消息是 Bytes 类型数据，要通过 decode('utf-8')将数据信息解码后才能正确输出。客户端对象 send()方法向客户端发送的数据也是 Bytes 类型。

在 socket 模块中除了 read()方法不会引发程序阻塞，其他的方法都会引发程序阻塞。在阻塞 I/O 模型中 accept()没有获取到客户端的请求连接时，不会出现错误与异常，而是使程序阻塞在此处，等待客户端请求连接到来，程序才会继续执行；recv()方法没有获取客户端的数据时会使程序阻塞，获取到数据程序后才能继续向下执行。

阻塞 I/O 模型的客户端代码如下所示：

```
import socket
sk=socket.socket()                     #创建 socket 对象
sk.connect(('localhost',8801))         #设置连接服务器的主机与端口
```

```
#等待服务器发送消息
while True:
    inp=input('>>>')                    #用于用户输入消息
    sk.send(inp.encode('utf-8'))        #将消息发送到服务器
    data=sk.recv(1024)                  #获取服务器返回的消息
    print(data.decode('utf-8'))
```

客户端的执行过程，首先创建一个 socket 对象，使用 sk.connect()方法设置连接服务器的主机与端口，然后通过.encode('utf-8')将用户输入的信息编码为 Bytes 类型，使用 send()方法将信息发送到服务器，使用 recv()方法接收服务器端返回的结果。

先运行服务器端文件再运行客户端文件，在客户端中输入 hello，服务器端返回 hello。服务器端运行结果如图 2-3 所示。客户端运行结果如图 2-4 所示。

图 2-3　阻塞 I/O 模型服务器端运行结果　　　　　图 2-4　阻塞 I/O 模型客户端运行结果

从运行结果可以看出，客户端第一次发送 hello，服务器端返回了 hello，第二次发送 hi 时，服务器端的 accept()没有获取到客户端的连接请求，发生阻塞，因此没有向客户端返回 hi。

2.1.3　非阻塞 I/O 模型

非阻塞 I/O 模型（Non-Blocking I/O）是指进程在等待数据阶段不发生阻塞，只在复制数据阶段发生阻塞。在等待数据阶段，进程每隔一定的时间就会向内核发送一次系统调用，询问内核是否获取到数据，如果内核未获取到数据，内核会向进程返回未接收数据的信息，进程就先去执行其他的任务，直到内核获取到数据，向进程发送接收数据请求，进程则进入阻塞状态等待数据的复制。例如小明烧热水，同样使用水壶烧水，但是小明每隔 5 分钟去看一下水是否烧开，其余时间，小明可以打扫卫生，也可以看书等。

非阻塞 I/O 模型的实现过程如图 2-5 所示。

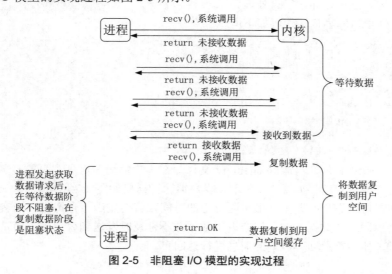

图 2-5　非阻塞 I/O 模型的实现过程

非阻塞 I/O 模型，进程只是在复制数据阶段处于阻塞状态，在等待数据阶段并不阻塞，相对于阻塞 I/O 模型来说比较节省时间与 CPU 资源。有时内核刚返回进程，立即接收到了数据，这时内核不能马上通知进程已经接收到了数据，需要等到进程下次发送查询数据请求时，才能通知进程获取数据的信息。因此非阻塞 I/O 模型不具有及时性。

通过 socket 模块以代码实现非阻塞 I/O 模型，非阻塞 I/O 模型的服务器端代码如下所示：

```python
import time                              #导入时间模块
import socket                            #导入 socket 模块
sk=socket.socket()
sk.bind(('127.0.0.1',8801))
sk.listen(5)                             #开启 TCP 监听
sk.setblocking(False)                    #设置为非阻塞
conns=[]                                 #客户端 socket 对象列表
while True:
  try:                                   #处理客户端没有连接的异常
    conn,address=sk.accept()             #程序不会在此处阻塞停止，但是会抛出错误，要进行异常处理
    conns.append(conn)                   #获取客户端请求连接后，将客户端对象添加到 conns 列表中
  except Exception as e:
    time.sleep(5)                        #设置时间间隔
    print('等待客户端数据......')
    for conn in conns:
      try:                               #处理客户端不发送数据时的异常
        data=conn.recv(1024)             #没有数据,发生阻塞,会抛出错误异常
        print(data.decode('utf-8'))
        conn.send(data.upper())
      except BlockingIOError:            #未获取数据发生阻塞时的异常处理
        pass
      except ConnectionResetError:       #客户端断开连接的错误异常
        pass
```

非阻塞 I/O 模型的服务器端代码中，要通过 sk.setblocking(False)将程序设置为非阻塞，程序设置为非阻塞后，socket 中能引发程序阻塞的方法，会报出错误或者异常，因此服务器端要对accept()与 recv()方法进行异常错误处理。

非阻塞 I/O 模型的客户端代码如下所示：

```python
import socket
sk=socket.socket()
sk.connect(('localhost',8801))
while True:
  inp=input('>>>')
  sk.send(inp.encode('utf-8'))
  data=sk.recv(1024)
  print(data.decode('utf-8'))
```

先运行 sever.py 文件，再运行 client.py 文件。在客户端输入消息，服务器端也会返回相应的消息。服务器端运行结果如图 2-6 所示。客户端运行结果如图 2-7 所示。

从运行结果可以看出，服务器端每隔特定的时间，就会发送一个询问，当客户端发送消息后，服务器会返回一个数据，但是这个返回数据并不是及时发送到客户端，而是每当服务器时间间隔结束时，才会将返回客户端的消息进行返回。

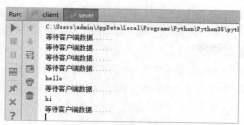

图 2-6 非阻塞 I/O 模型服务器端运行结果

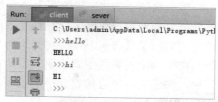

图 2-7 非阻塞 I/O 模型客户端运行结果

2.1.4 I/O 复路模型

I/O 复路模型（I/O Multiplexing）是指进程在等待数据阶段时，将查询数据请求交由特定的方法进行管理，内核对特定的方法进行监测，管理方法对管理的进程进行轮询。当某个进程获取到所需的数据时，内核会告知管理方法，管理方法向这个进程发送获取到的数据信息，然后向进程发送请求，等待数据复制。以现实实例来理解，小明去家具店购买一台电视，但是要买的型号没货了，小明给售货员留下定金与电话。电视有货时，售货员打电话告知小明，小明前往家具店取货。以 Select 方法为例，I/O 复路模型的实现过程如图 2-8 所示。

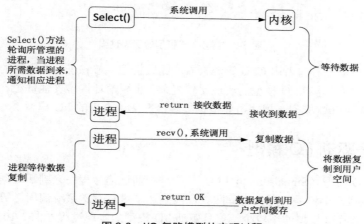

图 2-8 I/O 复路模型的实现过程

I/O 复路模型中进程在等待数据阶段，交由 Select()方法管理，此时进程处于阻塞状态；在复制数据阶段，进程也处于阻塞状态。从表现形式上来看，I/O 复路模型同阻塞 I/O 模型比较相似，甚至比阻塞 I/O 模型的效果好，但是 I/O 复路模型在等待数据过程中，可以通过 Select()方法，在一个执行过程中完成对多个进程的管理。因此，I/O 复路模型不适用于单个进程的 I/O 模型，适合多个进程的 I/O 模型。

2.1.5 异步 I/O 模型

在学习异步 I/O 模型之前，要先明确同步与异步的概念。

同步是指在从 I/O 操作开始，直到 I/O 操作任务完成，发起请求的进程会发生阻塞。

异步是指在从 I/O 操作开始，直到 I/O 操作任务完成，发起请求的进程不会发生阻塞。

异步 I/O 模型（Asynchronous I/O）进程不会在等待数据阶段与复制数据阶段发生阻塞，进程发送获取数据请求后，进程就不再关注数据是否到达、数据是否复制，内核等待数据到达后，自行将数据复制到用户空间中，复制完成后通知进程使用数据。

借助小明去家具店买电视的实例来加深对异步 I/O 模型的理解，小明前往家具店购买电视，所需购买型号的电视缺货了。小明交了电视费用并且留下了住址信息和联系电话，当家具店有货后，通过快递将电视直接寄到小明家中，并且打电话告知小明电视已经寄到小明家中。异步 I/O 模型的实现过程如图 2-9 所示。

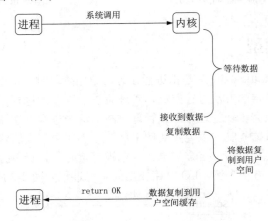

图 2-9　异步 I/O 模型的实现过程

异步 I/O 模型从耗时与占用 CPU 资源来看，比较合理，节省了等待数据的时间，也减少了对 CPU 的占用。但是异步 I/O 模型的实现比较复杂，也要消耗许多其他资源。因此不是所有的 I/O 操作都适合异步 I/O 模型，程序员要根据实际情况选用合适的 I/O 模型。

2.1.6　信号驱动 I/O 模型

信号驱动 I/O 模型（Signal-driven I/O）是指进程通过信号程序来判断数据是否到达内核，数据到达后会生成一个信号，通知进程数据已经到达。进程发送系统调用，等待数据复制到用户空间。信号驱动 I/O 模型使用较少，信号驱动 I/O 模型的实现过程如图 2-10 所示。

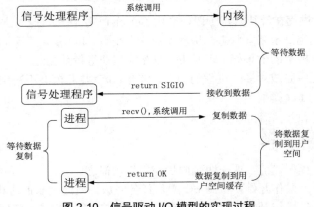

图 2-10　信号驱动 I/O 模型的实现过程

异步与同步判断的区别在于 I/O 操作过程中进程是否发生了阻塞。由此可见，异步 I/O 模型属于异步，阻塞 I/O 模型、非阻塞 I/O 模型、I/O 复路模型、信号驱动 I/O 模型都属于同步。这四种同步只有第一阶段等待数据的处理方式有所不同，而第二阶段等待数据复制都是一致的。

2.2 I/O 多路复用技术

I/O 复路模型是 Python 中 I/O 操作应用最多的解决方案。I/O 复路模型通常有 Select、Poll、Epoll 三种实现方式。下面对这三种方式进行讲解。

（1）Select 方式。

Select 方式是 I/O 复路模型最初的解决方案，它的实现机制较为简单，可以同时监听多个文件描述符，但是当某个进程所期待的数据到来时，Select 不知道这个数据是属于哪个进程的，需要通过对监听文件描述符的轮询，确定数据所属的进程。同时 Select 对于文件描述符的监听个数也是有限制的。它所能监听的文件描述符的最大个数为 1024 个。例如，在一个商城中，有三家店铺都安装了简单的警报装置，当店铺出现异常状况后，按下警报装置的按钮，保安室的警报灯会亮起，保安人员对三家店铺进行询问，找出是哪家店铺出现了异常，然后保安前往出事的店铺处理问题。在这个实例中保安室就相当于 Select，三个店铺就是被 Select 监听的进程，店内的警报装置就是进程所需的数据信息。

（2）Poll 方式。

Poll 方式属于 I/O 复路模型发展过程中的过渡阶段，Poll 方式的实现效果与实现方式同 Select 方式基本一致，只是在 Select 方式的基础上对监听文件描述符的个数进行了优化，使得监听文件描述符的个数在理论上是无限的。

（3）Epoll 方式。

Epoll 方式可以说是 I/O 复路模型中最完善的解决方案，它不仅没有监听文件描述符最大个数的限制，也解决 Select 方式随着监听文件描述符个数的增多导致轮询效率逐渐降低的问题。它通过 epoll_ctl() 提前注册一个文件描述符，当内核获取到数据时，内核会通过回调机制激活这个文件描述符，进程就可以通过 epoll_wait() 来查询是否获取到所需的数据，获取到数据后，进程就激活，继续向下执行任务。

I/O 模型的触发方式有两种，一种是水平触发，另一种是边缘触发。水平触发是基于状态的触发，也就是达到某种状态时才会执行。边缘触发是基于变化的触发，只有状态发生改变才会触发。以计算机的电信号为例进行理解，计算机电信号分为低电位和高电位两种，假设：高电位为获得数据，低电位为移除数据。水平触发是只要获得数据，处于高电位，就会一直触发，除非使用了数据变为低电位，触发才结束，因此水平触发是一次触发，多次执行的方式；边缘触发并不是处于高电位就会触发，只有它从低电位转化为高电位，或从高电位转化为低电位才会触发，因此边缘触发是一次触发一次执行的方式。

三种方式的触发方式与使用范围都有所不同。Select 方式采用水平触发方式，而且其跨平台性能较好，支持 Windows、Linux、Mac 等几乎所有的平台的操作系统；Poll 方式使用水平触发方式，支持 Linux、Mac 平台的操作系统；Epoll 方式既采用水平触发方式也采用边缘触发方式，目前仅支持 Linux 平台的操作系统。

使用 Python 中的 socket 模块通过 Select 方式完成一个简单的并发聊天功能，实现 I/O 复路模型的应用。I/O 复路模型的服务器端代码如下所示：

```
import socket
import select                          #导入 select 模块,select 是水平触发方式
sk=socket.socket()                     #创建 socket 对象
sk.bind(('localhost',8801))            #设置服务器监听主机与端口
sk.listen(5)                           #开启 TCP 监听
socket_list=[sk,]                      #socket 对象列表
#等待客户端连接与发送数据
while True:
    r,w,x=select.select(socket_list,[],[])    #使用 select 监听文件描述符
    for obj in r:
        #判断 obj 是服务器端对象还是客户端对象
        if obj==sk:                           #obj 是服务器端对象
            #获取客户端信息
            conn,addr=obj.accept()            #获取客户端连接
            socket_list.append(conn)          #将客户端对象添加到 socket 对象列表中
        else:                                 #obj 是客户端对象
            data=obj.recv(1024)               #获取客户端数据
            print('客户端{}>>>{}'.format(socket_list.index(obj),data.decode('utf-8')))
            #向客户端回复信息
            sever_inp=input('回复%s>>>'%socket_list.index(obj)) #回复对应客户端的消息
            obj.send(sever_inp.encode('utf-8'))
```

在服务器端，需要导入 select 模块，然后通过 r,w,x=select.select(rlist,wlist,xlist,timeout=None)方法进行监听，该方法有四个参数，前三个参数是列表格式，rlist 是用来监测可读的文件描述符列表；wlist 是用来监测可写的文件描述符列表；xlist 是用来监听异常的文件描述符列表。第四个参数是超时时间，用来设置 select 监听的时长，默认为空。当只需要一个条件进行监听时，其他参数列表可以传递为空。三个返回值 r、w、x 是与前三个参数列表相对应的元组，r 中是可读的 list，也就是服务器或者客户端的 socket 对象，w 中是可写的 list，x 中用来存储错误信息。若是参数中的列表为空，与参数列表相对应的返回值中也是空。

I/O 复路模型的客户端代码如下所示：

```
import socket
sk=socket.socket()                     #创建 socket 对象
sk.connect(('localhost',8801))         #设置连接服务器的端口与主机
#等待服务器信息
while True:
    inp=input('>>>')                   #用于客户端输入消息
    sk.send(inp.encode('utf-8'))
    data=sk.recv(1024)
    print(data.decode('utf-8'))
```

先运行 sever.py 文件打开服务器端，再运行两次 client.py 文件打开两个客户端，在第一个客户端输入 hello，在第二个客户端输入 hi，然后在服务器回复信息。服务器端运行结果如图 2-11 所示。第一个客户端运行结果如图 2-12 所示。第二个客户端运行结果如图 2-13 所示。

图 2-11　I/O 复路模型服务器端运行结果

 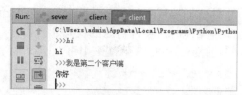

图 2-12 I/O 复路模型第一个客户端运行结果　　图 2-13 I/O 复路模型第二个客户端运行结果

　　从运行结果可以看出，第一个客户端与第二个客户端可以并发执行，分别与服务器端进行通信，获取各自的信息。服务器端在回复信息时会按照接收客户端信息的先后顺序返回客户端信息。但是当服务器端没有返回客户端的信息时，这个客户端就处于等待状态，需要服务器端返回信息后，才能再次发送消息。因此 I/O 复路模型实现的是一种伪异步，其本质是一种同步方式。

2.3　事件驱动与并发编程

　　传统的编程思想是线性结构，而事件驱动编程是通过事件触发来执行代码实现并发效果，而并发编程是通过多线程或多进程实现的并发效果。

2.3.1　事件驱动编程

　　传统的编程思想是一种顺序执行的线性结构，代码按照自上而下的顺序逐句执行。无论是分支语句、循环语句还是函数调用，它们实质是将所用代码加载到内存中，执行代码时再按照从上到下的顺序逐句解释执行。其执行过程如图 2-14 所示。

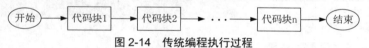

图 2-14　传统编程执行过程

　　事件驱动编程是一种全新的编程思想，它执行事件触发以及事件触发后的相应的方法代码。在未触发事件之前，代码不会加载到内存中执行，因此在事件不触发的状态下，不会占用 CPU 资源，可以减少对资源的消耗。事件驱动编程的执行过程如图 2-15 所示。

事件列表

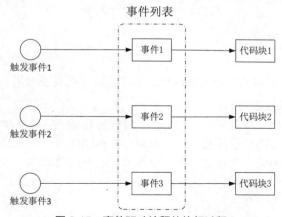

图 2-15　事件驱动编程的执行过程

事件驱动编程中的事件彼此之间相互独立，互不影响。事件的执行没有特定的先后顺序，只有事件触发时，事件对应的代码才会执行，事件执行的先后顺序就是事件触发的先后顺序。在 Web 前端使用的 JS 就是采用事件驱动编程思想设计的。JS 实现事件触发的代码如下所示：

```html
<!DOCTYPE html>
<html lang="en">
<head>
  <meta charset="UTF-8">
  <title>事件驱动</title>
</head>
<body>
  <input type="button" id="btu1" onclick="fun1()" value="按钮 1">
  <input type="button" id="btu2" onclick="fun2()" value="按钮 2">
  <script type="text/javascript">
    function fun1() {
      alert('你好,我是第一个按钮')
    }
    function fun2() {
      alert('你好,我是第二个按钮')
    }
  </script>
</body>
</html>
```

创建一个 HTML 文件，编写上面的代码，创建两个按钮，并分别为这两个按钮设置事件方法。使用浏览器打开该 HTML 文件，单击按钮 1 或者按钮 2，会触发相对应事件方法，具体运行结果如图 2-16 所示。

图 2-16　JS 事件驱动编程

2.3.2　并发编程

并发编程是指 Python 语言中通过多线程或多进程实现的并发效果。

1. 程序、进程和线程之间的联系

在计算机中，程序是一组有序的指令集合；进程是具有一定独立功能的程序，是关于某个数据集合上的一次运行活动，它是系统进行资源分配和调度的一个独立单位；线程是比进程更小的能独立运行的基本单位，它是进程的一个实体。线程自己基本上不拥有系统资源，只具有一些用于运行的必不可少的资源。

2. 并发与并行

在进程中实现并发效果有两种途径，分别是并发与并行，并发与并行在用户看来都是同时

执行，但是其本质是有所区别的。

在宏观层面上，并发是指多个任务在同一时间段内完成，并行是指多个任务在同一时间点完成。因此并发不强调同时性，而并行强调同时性。

在微观层面上，并发通常是多个任务交由一个 CPU 进行处理，CPU 将任务进行处理的时间划分为非常细小的间隔，CPU 不断地轮询这些任务，每个任务每次执行一个时间间隔，因此看起来这些任务是在同时处理。并行是指多个任务交由多个 CPU 进行处理，每个任务单独使用一个 CPU，彼此之间相互独立、互不影响，可以同时进行处理。

通过一个例子来解释并发与并行，有 A、B、C 三个人要填表格，现在只有一支笔，A、B、C 三人使用这支笔每人写一行，这种方式就属于并发。同样是 A、B、C 三个人填写表格，三个人每人都有一支笔，它们同时进行填写，这种方式属于并行。从宏观上看并发是同时进行的，但是其本质是串行的，因此并发是一种伪并行。

3. 多进程与多线程的实现

在 Python 中进程的创建需要使用 Process，线程的创建需要使用 Thread。多进程与多线程的代码如下所示：

```python
import time
from multiprocessing import Process          #进程模块
from threading import Thread                  #线程模块
#任务方法
def task(name):
    print('%s running'%name)
    time.sleep(3)
    print('%s run end'%name)
#主程序,主进程
if __name__=='__main__':
    p_list=[]                                 #进程列表
    t_list=[]                                 #线程列表
    #创建进程
    for i in range(1,3):
        p=Process(target=task,args=('Process %s'%i,))    #创建进程
        p_list.append(p)
    #运行进程
    for p in p_list:
        p.start()                             #运行进程
    #创建线程
    for i in range(1,3):
        t=Thread(target=task,args=('Thread %s'%i,))      #创建线程
        t_list.append(t)
    #运行线程
    for t in t_list:
        t.start()                             #运行线程
        print('主进程')
```

运行结果如图 2-17 所示。

从运行结果可以看出，创建线程要比创建进程消耗的时间少。这是因为进程往往比线程更大，而且进程具有独立的内存空间；线程相对进程来说更小，一个进程中可以包含多个线程，而且线程不具有独立的内存空间，它们共同访问同一个地址空间，用于数据共享等。

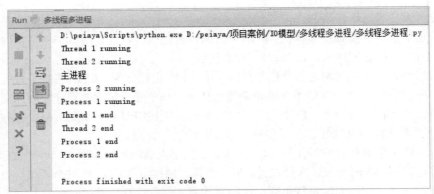

图 2-17 多线程与多进程代码运行结果

在系统运行过程中，主进程同子进程或者子线程之间存在两种情况。

（1）主进程需要等待子进程或者子线程执行完毕再继续执行。这种形式需要使用 join() 方法来实现，通过子进程或子线程的.join() 方法，当所有的子进程或者子线程执行完毕，主进程才能继续执行。

（2）主进程执行完毕后，所有的子进程或者子线程无论是否执行完毕都会随主进程的结束而结束。这就要将子进程或者子线程设置为守护进程或者守护线程，创建完子进程或者子线程后，通过子进程或子线程 setDaemon(True) 方法可将子进程或子线程设置为守护进程或守护线程。

4. 互斥锁

在进程中，每个进程具有独立的地址空间，因此进程之间的数据是相对安全的。进程之中使用互斥锁是经过加锁进程以串行的方式执行，独享资源，避免了进程因争夺资源引发的死锁问题。虽然降低了效率，但保证了进程的安全执行。

在线程中，每个线程不具有独立的内存空间，同一进程中的线程，访问的是同一地址空间内的共享数据。因此在多线程中对共享数据进行操作是要使用互斥锁，一个线程完成对数据的操作后，其他的线程才能去访问共享数据，每次只能由一个线程对数据进行操作，从而保证线程对数据访问的安全性。

多线程互斥锁的代码如下所示：

```
from threading import Thread,Lock
import time
n=3                          #进程地址空间的数据
def task():
    global n                 #将进程地址空间的数据复制到线程共享地址空间
    mutex.acquire()          #开始加锁
    time.sleep(0.1)          #未加锁之前,3 个线程都停留在这并且获取数据都等于 3
    n=n-1
    print(n)
    mutex.release()          #解锁
if __name__=='__main__':
    mutex=Lock()             #创建互斥锁
    t_list=[]                #线程列表
    #创建线程并应用
    for i in range(3):
        t=Thread(target=task)
        t_list.append(t)
```

```
    t.start()
#等待所有线程执行完毕
for t in t_list:
    t.join()
    print('主进程',n)
```

运行结果如图 2-18 所示。

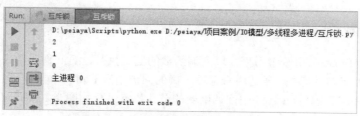

图 2-18　多线程互斥锁代码运行结果

Python 中大部分的解释器都采用 GIL 全局解释器锁来设计，GIL 锁是指在同一个进程中同一时刻只能由一个线程执行，从而保证多线程访问数据的安全性。因此在 Python 中，多线程一般是通过并发方式来实现的。

在 Python 中经过大量的实验证明，在处理计算密集型的操作时，多进程比多线程消耗的时间少，而在处理 I/O 密集型的操作时，多线程比多进程消耗的时间少。因此多进程适用于计算密集型的操作，多线程适用于 I/O 密集型的操作。

2.4　Twisted

Twisted 是一个 Python 第三方库，用来进行事件驱动编程的网络引擎。Twisted 的作者 Glyph 开发一个基于文本方式的多人在线游戏，这个游戏用到了事件驱动编程的思想，但是当时没有完善的事件驱动编程框架可以实现他的游戏。他就通过 Python 中 select 模块实现了游戏服务器端与客户端的编写，经过后期的改进与完善形成了 Twisted 的雏形。

2.4.1　Reactor

Reactor 是 Twisted 中基于 Select 方式、Poll 方式或者 Epoll 方式实现事件循环的核心组件，它监听 socket 列表中的 socket 对象，并且循环地去查看 socket 对象的状态，当 socket 对象状态发生改变时，就会通过回调函数 Callback 调用相应组件或者方法执行事件。Reactor 的执行过程如图 2-19 所示。

2.4.2　Factory 和 Protocol

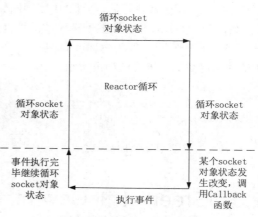

图 2-19　Reactor 执行过程

在 Twisted 引擎中，Factory 与 Protocol 都是用来处理底层业务中协议的配置信息。例如 socket 之间的连接设置、数据发送格式的配置等。Factory 一般为多个 socket 提供可共享的通用配置，其设置是持久的；Protocol 通常为单个 socket 提供特定的配置，其设置是具有时效性的。

当 Reactor 监听到客户端发送的 socket 请求后，通过 Factory 创建一个 Protocol 实例，客户端 socket 请求断开时，Protocol 实例也会被销毁。因此 Protocol 的设置是有时效性的。

在 Twisted 引擎中可以存在多个 Factory，可以为 socket 对象提供通用配置，每个 Factory 可以创建多个 Protocol 实例为 socket 对象提供特定配置。

2.4.3　Deferred

Deferred 是 Twisted 引擎中用来实现回调函数的链式执行，对回调函数进行管理的组件。Deferred 中具有两条链，其中一条链用来存储正确的回调函数 Callback，另一条链用来存储错误异常的回调函数 Errback。Deferred 中回调函数的链式执行过程如图 2-20 所示。

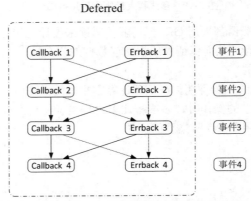

图 2-20　Deferred 中回调函数的链式执行过程

在 Deferred 中每个事件的回调函数都是成对存在的，一个是 Callback 函数，事件正确触发的回调函数；另一个是 Errback 函数，事件触发错误或者异常时执行的回调函数。在图 2-20 中，实线表示回调函数正确触发的执行路线，虚线表示回调函数出现错误或者异常时执行的路线。事件 1 中的回调函数执行后，事件 2 中回调函数出现异常时，会跳过 Callback 2 函数，执行 Errback 2 函数，然后事件 3、事件 4 的回调函数都正确执行。这种情况下回调函数执行的顺序为 Callback 1—Errback 2—Callback 3—Callback 4，这就是 Deferred 中回调函数的一种执行顺序。Deferred 中的回调函数的设置方法如下所示：

```
d=Deferred()                    #创建一个 Deferred 对象
d.addCallbacks(callback,errback) #相当于 d.addCallback(callback)和 d.addErrback(errback)
d.addCallback(callback)
            #Deferred 默认加入 d.addErrback(errback),但 Errback 什么也不做,相当于 Pass
d.addBoth(callback)             #相当于 d.addCallbacks(callback,callback)
```

2.5　Greenlet 和 Gevent

Greenlet 和 Gevent 是 Python 中的第三方库，为协程的运行提供了扩展与支持，其中 Gevent 库对协程功能的支撑是通过 Greenlet 来实现的。Gevent 库目前只能在 UNIX/Linux 操作系统平台下运行。

　　协程是为了解决单线程下的并发执行，协程属于一种微线程，是一种特殊的函数，它不被操作系统管理，而是由用户程序完全控制，而且它几乎不存在开销，因此也称为"绿色线程"。在一个线程中可以创建多个协程，因为多线程是在线程中并发执行，所以在一个线程中，同一时刻只有一个协程执行，并发执行的过程只是在不同协程之间进行挂起执行操作。

　　Greenlet 库对于协程的简单应用，代码如下所示：

```
from greenlet import greenlet
def test1():
    print(11)
    gr2.switch()        #切换到 gr2 协程
print(22)
gr2.switch()
def test2():
    print(33)
    gr1.switch()        #切换到 gr1 协程
    print(44)
gr1=greenlet(test1)     #创建一个协程
gr2=greenlet(test2)
gr1.switch()            #运行 gr1 协程
```

运行结果如图 2-21 所示。

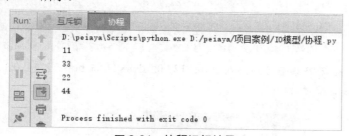

图 2-21　协程运行结果

　　程序的运行结果并不是按照协程创建的先后顺序来执行的，而是通过协程 switch()方法由用户程序自身来决定协程的执行与挂起，实现单线程下的并发效果。

2.6　Eventlet

　　Eventlet 库是一个 Python 第三方库，它具有 WSGI 支持的异步框架，可以用来进行网络相关的处理，也可进行协程的应用。Eventlet 库的应用依赖于 Greenlet、Select 和 Epoll 库。Greenlet 库是 Eventlet 实现并发的基础，Select 和 Epoll 则是为 Eventlet 提供用于网络相关处理的网络模型。

　　WSGI 是 Python 语言定义的 Web 应用服务器和应用程序框架之间的一种简单而通用的接口，但其本质是一种服务器同应用程序之间的协议或标准，使用这种协议的应用程序在其他的服务器上也可以良好运行，具有移植性。

　　Eventlet 使用协程实现并发的 WSGI 服务器，代码如下所示：

```
import eventlet
from eventlet import wsgi
```

```
from eventlet import greenpool
#事件处理方法
def hello_world(env, start_response):
    start_response('200 OK',[('Content-Type','text/plain')])
    return ['Hello,World!']
def test(env, start_response):
    start_response('200 OK',[('Content-Type','text/plain')])
    return ['Hello,Test!']
#协程任务方法
def run_hello(listen_fd):
    try:
        #通过 WSGI 服务建立 URL 请求与处理方法的映射关系
        eventlet.wsgi.server(listen_fd,site=hello_world)
    except Exception:
        print('Error starting Greenthread.')
def run_test(listen_fd):
    try:
        eventlet.wsgi.server(listen_fd,site=test)
        except Exception:
            print('Error starting Greenthread.')
pool=greenpool.GreenPool(10)                              #创建一个协程池
listen_fd_1=eventlet.listen(('localhost',8888))          #设置监听主机与端口
listen_fd_2=eventlet.listen(('localhost',8889))
pool.spawn_n(run_hello,listen_fd_1)                       #创建协程
pool.spawn_n(run_test,listen_fd_2)
pool.waitall()                                           #并发运行协程池中的协程
```

运行该文件，在浏览器中分别输入 http://127.0.0.1:8888/ 与 http://127.0.0.1:8889/，并发服务器的运行结果如图 2-22 所示。

图 2-22　WSGI 并发服务器的运行结果

2.7　本章小结

本章讲解了一种全新的编程思想——事件驱动编程。相对于传统的线性结构编程，事件驱动编程可在一定程度上减少程序对系统资源的消耗，提高程序的执行效率。

本章学习了五种 I/O 模型，其中阻塞 I/O 模型、非阻塞 I/O 模型、I/O 复路模型、信号驱动 I/O 模型都属于同步，只有异步 I/O 属于异步。

　　并发编程是通过多进程与多线程实现的，多进程适用于计算密集型的操作，多线程适用于 I/O 密集型的操作。单线程的并发是通过协程来实现的。

　　程序、进程、线程和协程之间的区别与联系：

　　（1）程序是一组有序指令的集合。

　　（2）进程是一段正在运行的程序，包括内存空间和资源。进程具有独立的内存空间，彼此之间相互独立。

　　（3）线程不具有独立内存空间，仅有一些维持进程运行的资源。在一个进程中可以创建多个线程，这些线程共用一个地址空间来共享数据。

　　（4）协程是一种微线程，基本不具有开销，也被称为"绿色线程"。在一个线程中可以创建多个协程，同一个线程、同一时刻只有一个协程执行。

第 3 章

软件数据库架构

　　本章学习数据库架构，首先明确数据库是一个存储数据的仓库。数据库分为关系型数据库与非关系型数据库两种类型，其中关系型数据库的设计要经过需求分析、概念结构设计、逻辑结构设计、物理结构设计、数据库实施和数据库运行与维护六个阶段，还要经过两次抽象，将现实世界中的事物与事物之间的联系转化为数据库中应用的数据模型。

　　本章要点（已掌握的在方框中打钩）
　　☐ 数据库发展历程
　　☐ 数据库的分类
　　☐ 数据库的性质
　　☐ 概念结构设计
　　☐ 逻辑结构设计

3.1　数据库与数据库管理系统概述

　　数据库简单来讲就是一个用来存储数据的"仓库"。在数据库中数据以一定的结构存储在数据表中，数据库是由多个存储数据的数据表形成的数据集合。数据库具有便于管理、可供多个用户共享访问、数据冗余度低等优点。

　　数据库管理系统 DBMS 是一种用来操作或者管理数据的软件，主要用来建立、使用和维护数据库。数据库管理系统对数据库的操作主要分为数据定义与数据操作两部分，其中数据定义部分由数据定义语言（Data Definition Language，DDL）实现，用来进行数据库或者数据表的创建，是针对数据库结构或者数据表结构的层次的应用。数据操作部分由数据操作语言（Data Manipulation Language，DML）实现，用于对数据表内数据进行查询、修改、添加、删除等操作。

3.1.1　数据管理的发展

数据的存储、维护与管理一直以来都是一个重点与难点问题，从计算机功能的不完善和数据存储设备没有普及到如今，数据管理发展大致经历了人工管理阶段、文件系统管理阶段和数据库系统管理阶段。

（1）人工管理阶段。在 20 世纪 50 年代，计算机还不具有操作系统的功能，只是用来进行复杂数据的计算。数据需要使用外部的磁带或者卡带通过人工进行存储，该阶段对于数据的存储与管理比较麻烦，对数据的使用比较困难，效率很低。

（2）文件系统管理阶段。在这个阶段出现了操作系统和磁盘，可以通过操作系统中专门进行数据处理的文件管理功能进行文件读写操作，实现了简单的数据管理功能，简化了数据管理的操作。此阶段的数据独立性较差、数据冗余度也较高。

（3）数据库系统管理阶段。从 20 世纪 60 年代后期至今，出现了一种全新的数据管理方式，即数据库系统。这种方式采用特定的数据模型进行数据存储，因此数据具有良好的独立性和共享性，而且数据的冗余性也相对较低。为了方便用户使用数据管理，不仅给用户提供了用户接口，并且进行了统一的数据控制。

3.1.2　数据库的分类

数据库的发展经历了三次改变。1968 年美国 IBM 公司，提出了层次模型；1969 年美国 CODASYL（Conference On Data System Language）组织，提出了网状模型；1970 年美国 IBM 公司的 E. F. Codd，提出了关系模型。

目前数据库可以划分为两大类，一是关系型数据库；二是非关系型数据数，也称为 NoSQL。

关系型数据库是采用关系模式设计的，关系模式通常是指二维表格模型，在关系型数据库中数据是以表格的形式存储的，表格中的一行是一条记录也称为元组。表格中的列是记录中的一个属性，也称为字段。因此，一个数据表一旦创建，其结构也就确定了。关系型数据库存储的是具有特定结构的数据。关系型数据库具备 ACID 特性，ACID 是指 Atomic（原子性）、Consistency（一致性）、Isolation（隔离性）和 Durability（持久性）。常见的关系型数据库有 MySQL、SQL Server、Oracle、DB2 等。

非关系型数据库，是通过键值对的形式来存储数据，其存储结构可以跟随数据需求的改变而发生变动，因此它存储的是非特定结构的数据，而且非关系型数据库不具有 ACID 特性。常见的非关系型数据库有 MongoDB、Cloudant、Redis、HBase 等。

3.2　常见的关系型数据库

关系型数据库具备完善的事务管理功能，可以很好地保证数据的一致性。因为对数据一致性的强调，所以关系型数据库对于数据的读写效率较低，面对海量数据的存取比较耗时。即便关系型数据库对于海量数据的存取效率较低，但是其依然是目前使用最多、应用最广的数据库类型。

3.2.1 MySQL 数据库

MySQL 数据库是由瑞典 MySQL AB 公司开发的，目前属于 Oracle 公司。它是一种开源性的关系型数据库，因为开源性，它可以免费使用，也可以通过用户的个性化配置与开发，设置用户个性化的数据库。MySQL 可以在多个操作系统平台上运行，并且为多种开发语言提供了使用接口，具有良好的移植性和扩展性。MySQL 使用标准的 SQL 数据语言对数据库内的数据进行操作，它是一种可以支持上千万条记录的大型数据库。

在 Python 中，用来连接 MySQL 数据库和操作数据库内数据的模块有 MySQLdb 和 PyMySQL 两种。只是 MySQLdb 模块只支持到 Python 3.4 版本，而之后的版本都由 PyMySQL 模块提供支持。MySQLdb 与 PyMySQL 模块的安装方法如下所示：

```
pip install MySQLdb                          #安装 MySQLdb 模块
pip install PyMySQL                          #安装 PyMySQL 模块
```

Python 连接 MySQL 数据库，操作数据库数据的方法如下所示：

```
#连接数据库
import MySQLdb                               #导入 MySQLdb 模块
#创建数据库连接对象
db=MySQLdb.connect("主机IP","用户名","密码","数据库名",charset='utf8')
cursor=db.cursor()                           #创建操作数据库光标对象
import pymysql                               #导入 PyMySQL 模块
conn=pymysql.connect(host="主机地址",user="用户名",password="密码",database="数据库名",
    charset="utf8")
cursor=conn.cursor()
#操作数据库中的数据
i_sql='insert into 数据表名(字段名1,字段名2,...) values(%s,%s,...)'  #插入数据 SQL 语句
s_sql="select * from 数据表名 where 字段名=%s"        #查询单条数据 SQL 语句
#更新数据 SQL 语句
u_sql="update 数据表名 set 修改字段名1=%s,修改字段名2=%s where 条件字段名=条件字段值"
d_sql="delete from 数据表名 where 条件字段名=%s"       #删除数据 SQL 语句
cursor.execute(s_sql,(条件字段值))                    #执行查询数据
data=cursor.fetchone()                               #或查询的返回值
try:
    cursor.execute(i_sql,(字段值1,字段值2,...))      #插入数据
    conn.commit()            #事务提交,不进行事务提交,数据表中的数据不会发生改变
except:
    conn.rollback()          #事务回滚,执行 SQL 语句出错时,回滚到执行出错前的地方
try:
    cursor.execute(u_sql,(修改字段值1,修改字段值2))   #修改数据
    conn.commit()                                    #事务提交
except:
    conn.rollback()                                  #事务回滚
try:
    cursor.execute(d_sql,(条件字段值))               #删除数据
    conn.commit()                                    #事务提交
except:
    conn.rollback()                                  #事务回滚
conn.close()                                         #关闭数据库连接
```

Python 查询数据表中的数据有三种方式,分别是 fetchone()方法、fetchall()方法和 rowcount()
方法,其中 fetchone()方法返回值满足条件的第一条记录;fetchall()方法返回值满足条件的所有
记录;而 rowcount()方法返回值满足条件记录的个数。因为 MySQL 是关系型数据库,具有保证
数据一致性的事务管理,所以在对数据库进行插入、修改、删除等变更数据表中数据的操作时,
需要进行事务处理,通过 commit()方法将变更的数据更新到数据库中,不使用该方法变更的数
据不会更新到数据库中;rollback()方法是当 SQL 语句执行出错时,将数据库恢复到 SQL 语句
执行出错前的地方。事务管理可以很好地保证数据库中数据的一致性与安全性。

3.2.2 SQL Server 数据库

SQL Server 数据库最初是由 Microsoft、Sybase 和 Ashton-Tate 共同开发的,在 Windows NT
操作系统推出后,Microsoft 专注于开发推广 Windows NT 操作系统上 SQL Server 的开发与应用。
Sybase 专注于 UNIX 操作系统上 SQL Server 的开发与应用。目前使用的 SQL Server 主要是
Microsoft 开发的版本,它支持 Windows 的图形化管理工具,也可以在本地或者远程的系统进行
配置与管理。

Python 通过 pymssql 模块来连接 SQL Server 数据库,对数据库中的数据进行操作。pymssql
模块的安装方法如下所示:

```
pip install pymssql                                          #安装 pymssql 模块
```

Python 使用 pymssql 模块操作 SQL Server 数据库的具体方法如下所示:

```
#使用 SQL Server 数据库
import pymssql                                               #导入 pymssql 模块
conn=pymssql.connect('主机IP','用户名','用户密码','数据库名')    #创建数据库连接
cursor=conn.cursor()                                         #创建数据库操作游标
cursor.execute(sql)                                          #执行 SQL 语句
conn.commit()                                                #事务提交
conn.rollback()                                              #事务回滚
conn.close()                                                 #关闭数据库连接
```

3.2.3 Oracle 数据库

Oracle 数据库是美国 ORACLE(甲骨文)公司提供的以分布式数据库为核心的软件产品,
它具有安全性高、稳定性强、存储数据量大等优点。Oracle 数据库存在四个版本,分别是企业
版、标准版、简易版和 Oracle Lite 移动端。其中除了简易版提供了 Windows 和 Linux 操作系统平
台的免费版本,其他版本都需要支付昂贵的费用,其中企业版的费用最多,但是功能最为全面。

Python 通过 cx-Oracle 模块进行 Oracle 数据库的连接与使用,cx-Oracle 模块的安装方法如
下所示:

```
pip install cx-Oracle
```

Python 使用 cx-Oracle 模块操作 Oracle 数据库的具体方法如下所示:

```
#使用 Oracle 数据库
import cx_Oracle
#创建数据库连接
#方式一 用户名、密码、监听、数据名写在一起
conn=cx_Oracle.connect('用户名/密码@主机IP:端口/数据库名称')
#方式二 用户名、密码、监听、数据名分开写
```

```
conn=cx_Oracle.connect('用户名','密码','主机IP:端口/数据库名称')
#方式三 用户名、密码、监听、数据名通过配置方式实现
msn=cx_Oracle.makedsn('主机IP',端口号,'数据名')    #进行监听与数据库名的配置
conn=cx_Oracle.connect('用户名','密码',msn)
#创建数据库操作游标
cursor=conn.cursor()
#操作数据库
cursor=conn.cursor()                                #创建数据库操作游标
cursor.execute(sql)                                 #执行 SQL 语句
conn.commit()                                       #事务提交
conn.rollback()                                     #事务回滚
conn.close()                                        #关闭数据库连接
```

3.2.4 DB2 数据库

DB2 是 IBM 公司开发的一种关系型数据库管理系统，它有工作组版、企业版和个人版三种版本，个人版是单机版本，只能用于本地主机数据库的访问。工作组版与企业版都提供了对本地主机或者远程主机数据库进行访问的功能。

Python 通过 ibm_db 模块进行 DB2 数据库的连接与操作，ibm_db 模块的安装方法如下所示：

```
pip install ibm_db
```

代码如下所示：

```
import ibm_db                                       #导入 ibm_db 模块
#创建数据库连接
conn=ibm_db.connect("DATABASE=数据库名;
    HOSTNAME=主机IP;
    PORT=端口号;
    PROTOCOL=TCPIP;
    UID=用户名;
    PWD=密码;","","")
#操作数据库
stmt=ibm_db.exec_immediate(db_connect,sql)          #执行 SQL 语句，并获取 SQL 语句的结果集
ibm_db.commit(conn)                                 #事务提交
ibm_db.rollback(conn)                               #事务回滚
ibm_db.close(conn)                                  #关闭数据库连接
```

在 DB2 数据库中常用的方法如表 3-1 所示。

表 3-1 DB2 数据库中常用的方法

方　　法	说　　明
ibm_db.fetch_tuple()	获取一条记录，返回值是一个元组，列值通过 result[0]索引来获取
ibm_db.fetch_assoc()	获取一条记录，返回值是一个字典，列值通过 result["列名"]来获取
ibm_db.fetch_both()	获取一条记录，返回值是一个字典，列值通过 result[0]索引或者 result["列名"]来获取
ibm_db.fetch_row()	将结果集指针设置为下一行或所请求的行。以迭代方式从结果集中取值，列值通过 ibm_db.result(SQL 执行返回值, 0)方法索引取值或者通过 ibm_db.result(SQL 执行返回值,"列名")方法取值

在 DB2 数据库中每次只能获取一条记录，对于多条记录的使用要通过循环来逐条获取记录。

3.3　软件项目数据库架构特性

数据库是用来进行数据存储的数据仓库，它具有很多特性，可以方便管理人员对数据进行使用与管理。

1. 实现数据库共享

数据库共享是指不同的用户或者不同的应用程序，可以通过不同的访问方式或者接口，同时进行数据库访问，对数据库中的数据进行操作。

2. 减少数据的冗余度

数据冗余度是指数据库中相同数据的重复率。在同一个数据库中重复的数据越多，数据重复率就越高，相应的数据冗余度也就越高。数据冗余度高会增加数据库管理数据的难度，也会造成存储资源的浪费。

因为数据库实现了共享，多个用户共同访问一个数据库，对于共享的数据，只需存储一份即可，不需要因访问用户的不同而进行多次存储，大大减少了重复数据的出现，降低了数据的冗余度，保证了数据的一致性。

3. 数据的独立性

数据的独立性包括数据逻辑独立性与数据物理独立性。数据逻辑独立性是指应用程序的数据逻辑结构和数据库的数据逻辑结构彼此之间相互独立、互不影响，当数据库中的数据结构发生改变时，不会影响到应用程序中数据结构的使用。数据物理独立性是指应用程序中使用的数据和存储设备中数据库中的数据相互独立，当存储设备中数据库中的数据发生改变时，不影响应用程序的运行。

4. 数据的集中控制

在文件管理方式中，数据存储比较分散，不同的用户或同一用户在对数据进行不同处理时，使用的文件也比较杂乱而且彼此之间毫无联系，管理起来比较麻烦。数据库通过数据模型的方式将各种数据的组织以及数据间的联系进行了整理，实现了对数据的集中控制和管理。

5. 数据的一致性和可维护性

数据的一致性和可维护性是为了实现数据的安全性控制、完整性控制、并发控制等需求，在同一时间间隔中，既可以对数据进行多路存取，又能防止用户的不正常数据操作对数据库中数据的影响，保证数据的一致性。

6. 数据的故障恢复

数据的故障恢复是由数据库管理系统提供一套方法，在数据库系统运行阶段由于物理上或是逻辑上的错误引发故障时，及时修复数据库出现的故障，防止数据损坏，维持数据库的正常运行。

3.4　软件项目数据库的设计

在软件项目开发周期中，数据库的设计与实现是非常重要的一环。一个设计良好的数据库，不仅可以提高程序的运行效率与性能，而且在后续的开发阶段可以避免许多问题，缩短软件的开发周期。

3.4.1　需求分析

需求分析是数据库设计中最耗时的阶段,在这个阶段,主要是对用户需求进行全面的收集与整理。通过全面的用户需求,确定系统的功能模块,进行功能模块中用于数据交互的数据结构设计。在进行数据结构设计时,不仅要考虑现有的功能模块,还需要考虑未来可能出现的功能与需求,为未来可能出现的功能提供支持。

3.4.2　概念结构设计

在数据库设计中有"三个世界"的概念,分别是现实世界、信息世界和计算机世界。现实世界是指客观存在的世界,主要用来描述某一个事物同其他事物之间的联系。信息世界是对现实世界中客观事物的抽象概述,通过对现实世界的分析、抽象与总结形成的信息,这种信息具有一定的格式。计算机世界是指将信息世界中的信息再次抽象,进一步信息化,存储在计算机中。

数据库中现实世界、信息世界和计算机世界之间的联系如图 3-1 所示。

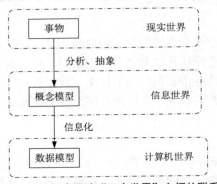

图 3-1　数据库设计"三个世界"之间的联系

概念结构设计也称为概念模型(E-R 图),它将现实生活中事物与事物之间的联系经过分析与抽象后以 E-R 图的形式展示出来。其中,现实世界中的事物被称为实体,用矩形表示;事物的性质被称为属性,用椭圆表示;事物之间的联系被称为联系或者关系,用菱形表示。

实体之间的对应关系有三种,分别是一对一、一对多和多对多。一对一关系是指一个实体同另一个实体存在一一对应关系。例如,学校是一个实体对象,校长也是一个实体对象,一个学校只能由一个校长负责管理,一个校长也只能管理一个学校,因此学校实体与校长实体之间具有一对一的关系。一对多关系是指一个实体可以同多个实体存在联系,但是同该实体存在联系的多个实体对象只能与一个实体产生联系。例如,学生是一个实体对象,班级也是一个实体对象,一个学生只有一个班级,一个班级可以有多名学生,因此班级同学生之间具有一对多的联系。多对多关系是指一个实体可以与多个实体产生联系,而与这个实体产生联系的每个实体都能同多个实体产生联系。例如,课程是一个实体对象,学生是一个实体对象,一门课程可以有多名学生选择,一名学生也可选择多门课程,学生与课程之间存在多对多关系。

以班级、学生、课程三个实体为例进行 E-R 图的设计与实现。在班级实体中包含编号、班级名等属性,在学生实体中包含编号、姓名、性别、年龄等属性,在课程实体中包含编号、课程名、课时、学分等属性。图 3-2 为表示学生、班级和课程三者之间关系的 E-R 图。

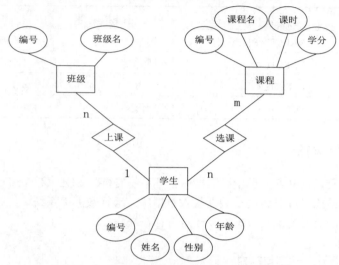

图 3-2 学生、班级和课程三者之间的关系

3.4.3 逻辑结构设计

逻辑结构设计是将概念结构设计阶段创建的 E-R 图转化为等价的关系结构模型，然后将关系结构模型转换为数据库管理系统支持的数据模型。

将图 3-2 的学生、班级和课程三者之间关系的 E-R 图转化为等价的关系结构模型。

学生（编号、姓名、性别、年龄）

班级（编号、班级名）

课程（编号、课程名、课时、学分）

以课程实体为例，转化为数据库管理系统支持的数据模型，其数据模型如表 3-2 所示。

表 3-2 课程实体转化的数据模型

实 体	属 性	描 述	字段类型/长度/约束
课程	编号	课程的 id，用来标示课程	字符型/25 位/主键
	课程名	课程名称	字符型/30 位/不能为空
	课时	课程时长	整型/15 位/不能为空
	学分	课程分数	整型/10 位/不能为空

3.4.4 物理结构设计

物理结构设计是将逻辑结构设计阶段生成的数据模型，根据具体的数据库方法和数据类型格式进行优化与设置。

将课程数据模型转化为 MySQL 数据库中使用的数据表，如表 3-3 所示。

表 3-3　MySQL 数据库中课程表结构

字　段　名	字　段　类　型	字　段　约　束	说　　　明
编号	VARCHAR(25)	主键	课程的 id，用来标示课程
课程名	VARCHAR(30)	不能为空	课程名称
课时	INTEGER	不能为空	课程时长
学分	INTEGER	不能为空	课程分数

3.4.5　数据库实施

数据库实施阶段是指开发人员使用数据库管理系统支持的 SQL（DDL/DML）创建所需的数据库或者数据表结构，并且将测试数据录入数据库。运行数据库系统，经过软件功能测试，查看数据库中数据的交互情况及数据库设计是否存在缺陷。

3.4.6　数据库运行与维护

数据库运行与维护是指在程序运行过程中，通过用户的使用反馈，不断地对数据库结构进行优化与拓展，提高系统效率与速度，更好地实现用户需求。

3.5　本章小结

本章讲解了数据库架构。数据库设计是应用开发过程中非常重要的一环，一个设计良好的数据库可以提高应用系统的运行效率与速度，缩短软件的开发周期。

目前主流的数据库分为关系型数据库和非关系型数据库两类，关系型数据库以关系二维表的形式进行数据存储，具有固定的结构和事务管理；非关系型数据库以键值对进行存储，其数据结构不固定。

在数据库设计与实现过程中，需要经过六个阶段、两次抽象，将现实世界中的事物或者事物之间的联系，转换为计算机世界中数据库系统可以应用的数据表结构。

第 4 章

Python Web 框架

本章概述

　　本章将讲解 Python 的 Web 框架，首先介绍基础的 Web 框架 MVC，通过 MVC 的学习可以让读者对 Web 框架有一定的认识与了解。然后再对 Python 使用最广泛的两种 Web 框架——Django 与 Flask 进行讲解。

　　通过本章的学习，读者将会明白什么是 Web 框架、Web 框架的作用，并掌握 Django 与 Flask 的使用方法。

知识导读

　　本章要点（已掌握的在方框中打钩）
　　☐ MVC 框架
　　☐ Django 框架的安装与创建
　　☐ Django 框架的路由系统
　　☐ Django 框架中 Cookie 与 Session 的使用
　　☐ Django 框架中 ORM 操作
　　☐ Django 框架的 From 组件
　　☐ Flask 框架的安装与创建
　　☐ Flask 框架的简单使用

4.1　MVC

　　在学习 MVC 之前，我们要明确一件事情，Web 框架是什么？

　　Web 框架可以简单地理解为是一个软件。但是这个软件并不是完善的软件，它只是一个半成品，它只提供了一个框架，不提供具体的内容，我们可以根据项目需求，在它的基础上进行开发与完善，使之成为一个完善的软件。开发人员为了简化 Web 开发流程提高开发效率，将非业务逻辑的内容进行了整理，提供出一套通用方法用来实现业务逻辑，这就是 Web 框架。在 Web 框架中，像数据缓存、数据库访问、数据安全校验等非业务逻辑的功能不需要自己去实现，使用框架提供的功能就可以。开发只需要实现具体的业务逻辑，并与 Web 框架相结合，从而完成 Web 项目的开发工作。

MVC 是最基础的 Web 框架，许多的 Web 框架都是在 MVC 的基础上改进与发展而形成。既然 MVC 是最基础的 Web 框架，那么 MVC 的结构是什么？

MVC 由三部分组成，分别是 Model（模型）、Controller（控制器）、View（视图）。Model 包括数据库模型对象，主要对数据库数据进行存取操作；Controller 主要进行业务的逻辑处理，接受用户的请求，根据用户请求进行相应处理，并将处理结果返回给用户或者发送到用户指定的地方；View 主要负责界面的显示，将一些数据或内容通过视图的渲染以可视化界面的方式呈现给用户，在 Python 中通常使用 HTML 页面作为视图文件。MVC 结构示意图如图 4-1 所示。

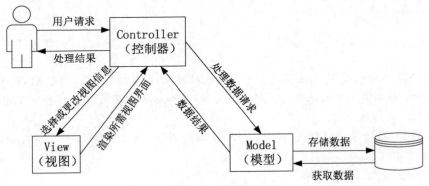

图 4-1 MVC 结构示意图

借助一个实例来加深对 MVC 结构的理解。假设现在有一个学生选课系统，学生通过账号密码登录系统后，单击界面上的选课按钮，发送一条选课的请求，这条请求会被服务器端的 Controller 拦截，然后进行处理，通过 Model 中的课程模型来查询数据库中的课程信息，将查询到的数据返回到 Controller 中。Controller 将获取的数据传递给指定视图，经由浏览器渲染显示给学生所需要的选课界面。

4.2 重量级框架 Django

Django 最开始是新闻出版社的程序员为提高开发新闻站点创建的，开源后经过 Python 社区许多人的维护与扩展，成为现在社区中使用最多，功能最全的 Web 框架。

4.2.1 Django 简介

Django 是目前 Python 社区中使用最多、功能最全的 Web 框架，包括 ORM 数据库操作组件、URL 路由映射、数据处理、后台管理系统等一整套功能。Django 采用 MVC 思想设计，在 MVC 的基础上进行了改进，结构由 Model、View、Template 三部分组成，因此也称为 MTV。其结构示意图如图 4-2 所示。

其中，Model 和 MVC 中的 Model 职能一样，都是用来处理数据库的业务逻辑，对数据库进行增、删、改、查等操作；View 同 MVC 中的 View 有所区别，Django 中的 View 在接受 URL

分发的请求后要进行业务处理，操作 Model 实现对数据库信息的存取，选择 Template 模板返回给用户，或者将用户指定数据更新到 Template 模板中；Template 同 MVC 中 View 功能相似，都是提供用于显示的界面模板。

用户请求
URL
分发
View
数据库
处理数据
存储
获取
返回HTML页面
传递数据
返回数据
Template
Model

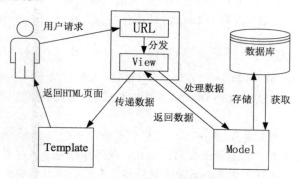

图 4-2 Django-MTV 结构示意图

4.2.2 Django 安装

本节主要讲解 Windows 系统下的 Django 安装方法。在安装 Django 之前读者需要确定已经安装 Python 的开发环境，并配置好环境变量，Python 安装与配置过程不再叙述。

1. 使用 pip 命令安装 Django

若读者已经安装好 pip，直接使用 pip 的命令即可安装，否则读者需要下载 pip 的压缩包，进行解压安装，再进行相应设置即可。

使用快捷键 Ctrl+R 输入 cmd，打开命令行窗口，输入以下命令进行 Django 安装。

代码如下所示：

```
pip install Django==版本号
```

关于 Django 的版本问题，使用安装命令时不添加版本号，会默认安装当前最新版本的 Django，若是要安装指定版本的 Django，则需要将命令后边的版本号改成自己需要的版本号。建议使用最新版本之前的几个版本，因为最新版本兼容性不太好，容易出现问题。本书使用 1.8.2 版本，对于其他版本也会有所介绍。

检验 Django 是否安装成功，打开命令行窗口，执行操作命令，出现 Django 的版本号说明安装成功。检验 Django 版本示意图如图 4-3 所示。

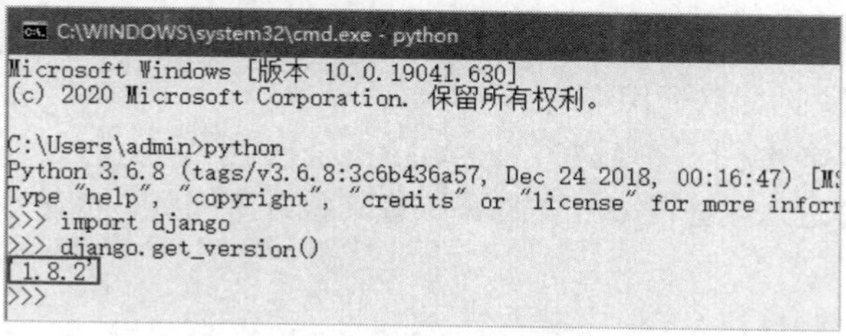

C:\WINDOWS\system32\cmd.exe - python
Microsoft Windows [版本 10.0.19041.630]
(c) 2020 Microsoft Corporation. 保留所有权利。
C:\Users\admin>python
Python 3.6.8 (tags/v3.6.8:3c6b436a57, Dec 24 2018, 00:16:47) [M
Type "help", "copyright", "credits" or "license" for more infor
>>> import django
>>> django.get_version()
'1.8.2'
>>>

图 4-3 检验 Django 的安装版本

安装成功后，需要将 Django 配置到系统环境变量中，将自己计算机上 Django 的安装路径添加到系统环境变量的 Path 中，示例路径：C:\Python37\Lib\site-packages\django；若是在虚拟环境中安装 Django，只需将上述路径改为自己虚拟环境中安装的路径。安装在虚拟环境中的示例路径：D:\evn\djangoevn\Lib\site-packages\django。

2. 使用 Django 压缩包方式安装

首先打开 Django 官方下载页面，根据自己的需求下载相应版本，将 Django 解压到要存放的位置。然后打开命令行窗口，并进入 Django 解压包路径下执行下面命令进行 Django 的安装。

代码如下所示：

```
python setup.py install
```

等待安装完成后，会自动将 Django 安装到 Python 的 Lib 目录下 site-packages 文件夹中，然后使用图 4-3 所示的检验方法，检验 Django 是否安装成功，安装成功后就将 Django 配置到系统的环境变量中。

提示：使用 pip 命令会在安装 Django 的过程中自动将一些 Django 依赖模块进行安装，而且 pip 的安装命令比较简单，推荐读者使用此方式。使用压缩包方式安装，有时压缩包中会缺少相关的依赖，导致安装出错，需要下载缺少的依赖，先进行依赖的安装再进行 Django 安装。此方式相对 pip 安装方式来说，操作比较麻烦，但是当网络质量较差、pip 无法正常安装时，可以使用此方法。

4.2.3 创建 Django 项目

创建 Django 项目首先需要创建虚拟环境，然后使用命令行方式或使用 PyCharm 方式创建 Django 项目。

1. 创建虚拟环境

Python 项目的开发与测试，一般都要在虚拟环境中进行。因为项目的 Python 版本或者所需要依赖的文件都不相同，可以为每一个项目创建一个虚拟环境，然后在虚拟环境中设置 Python 版本，安装第三方库，为项目提供依赖。虚拟环境彼此之间都是相对独立、互不影响的，它可以为项目提供一个相对稳定的环境。虚拟环境如果出错，则会影响系统中安装的 Python 环境。Python 3.3 以上版本都内置了 venv 模块，它可以用在虚拟环境中。Python 2 及 Python 3.3 以下的版本需要安装 virtualenv 模块，才能创建虚拟环境。

使用 venv 模块创建虚拟环境，首先在 D 盘根目录下创建一个 evn 文件夹（可自由设置）用来存放虚拟环境，然后打开命令行窗口，进入创建的 evn 文件夹路径下，执行下面代码创建虚拟环境。

代码如下所示：

```
Python -m venv 虚拟环境名
```

安装 virtualenv 模块执行以下代码：

```
pip install virtualenv
```

打开命令行窗口并进入创建的 evn 文件夹路径，执行下面代码创建虚拟环境：

```
virtualenv 虚拟环境名
```

虚拟环境常用的一些操作命令：

```
cd Scripts    #这是启动虚拟环境的相关文件夹,项目相关模块也保存在此文件夹
activate      #启动虚拟环境
deactivate    #关闭虚拟环境
```

2. 使用命令行方式创建 Django 项目

启动虚拟环境，在虚拟环境中使用 pip 命令安装 Django 模块，安装成功后使用下面命令创建 Django 项目。代码如下所示：

```
django-admin.py startproject 项目名称        #创建 Django 项目
```

进入创建的 Django 项目路径并使用下面命令，启动 Django 项目，代码如下所示：

```
Python manage.py runserver                   #启动 Django 项目
```

项目启动完成后，打开浏览器输入 http://172.0.0.1:8000/，若 Django 项目创建完成，并且访问成功，其界面如图 4-4 所示。

图 4-4　Django 项目访问成功界面

3. 使用 PyCharm 方式创建 Django 项目

PyCharm 是一款功能强大的 Python 编译器，它封装了许多功能，可以简化用户创建项目时的操作，提高开发人员的工作效率，对于新手开发者来说比较友好。使用 PyCharm 创建 Django 项目，首先需要打开 PyCharm，然后按照 File→New Project→Django 操作，弹出界面如图 4-5 所示。

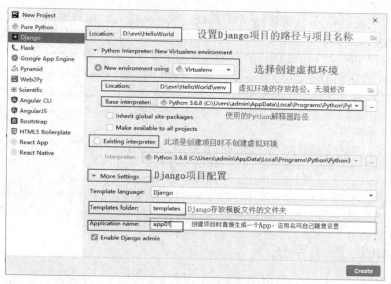

图 4-5　Django 项目创建界面

首先在 Location 中设置项目的路径与项目名，如果创建项目的同时需要创建虚拟环境，需要选择 New environment using 选项，系统中安装有多个版本的 Python 时，可以在 Base interpreter 中根据需求设置相应版本的 Python；不需要创建虚拟环境时可以选择 Existing interpreter 选项。如果创建项目的同时需要创建一个 App，可以在 Application name 中添加要创建的 App 名称。配置完成后单击 Create 按钮，等待项目创建完成即可。

4. Django 项目结构介绍

通过命令行方式或者 PyCharm 方式创建一个 Django 项目，其目录结构如图 4-6 所示。

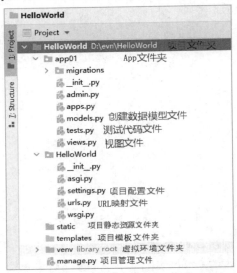

图 4-6　Django 项目目录结构

其中，HelloWorld\app01 文件夹是 Django 创建的一个 App，App 简单来说相当于 Django 项目的一个功能模块，一个项目中有许多功能，将每个功能以 App 的形式呈现，使得每个功能之间彼此独立，可以方便对项目功能的维护与保存；models.py 是创建数据库模型用来进行数据库操作的文件；views.py 是用来接收从 URL 分发的请求并根据请求进行相应业务逻辑处理的文件；HelloWorld\HelloWorld 文件夹是 Django 的项目配置文件夹，其中的 settings.py 用来进行项目的静态资源、数据库连接、模板文件资源等的配置；urls.py 文件将浏览器发送来的请求，经过其中的路由列表筛选后分发到相应的视图的业务逻辑处理方法中；manage.py 文件是 Django 项目的管理文件，在 PyCharm 的终端中通过指令使用这个文件可以对 Django 项目进行操作，其常用的操作指令如下所示：

```
python manage.py runserver          #启动 Python 项目
python manage.py startapp           #创建 App 程序
python manage.py makemigrations     #模型变化迁移,告诉数据库模型发生改变
python manage.py migrate      #将创建的数据库模型应用到数据库（在数据库创建对应模型的数据表）
python manage.py createsuperuser    #admin 创建管理员用户
```

4.2.4　Django 路由系统

Django 的路由系统实质上是 URL 请求处理业务逻辑视图之间的映射关系，使得每一条 URL

请求都能在视图中找到相应的处理方法。路由系统将浏览器发送来的请求进行拦截，将拦截的 URL 请求与映射关系进行匹配，匹配成功后将请求转发给视图中的处理方法，处理完成后将处理结果返回给用户。

1. 路由分发

一个 Django 项目中通常具有多个功能模块，每个功能模块就是一个 App，这些 App 的视图中可能会有相同名称的类或方法，若是将所有 App 的视图与 URL 的映射关系都保存在一个 urls.py 路由文件中，会存在一些问题且不便于路由的管理。

假设有 App1 和 App2 两个应用，这两个应用中都有一个 upData()方法，用来向数据库更新数据。用户通过浏览器发送一个更新数据的请求，路由系统拦截请求后，在映射关系中查询到两个更新数据的映射，但是要将请求转发给 App1 视图中的 upData()方法，还是转发到 App2 视图中的 upData()方法？

路由分发就能很好解决这一问题，路由分发将 URL 与 App 视图映射过程分为两步进行，第一步从 URL 请求链接判断该请求属于哪个 App，将请求转发给该 App；第二步在这个 App 中再进行一次路由映射，将请求发送到视图方法中。

以 HelloWorld 项目为例，实现路由分发的操作。

（1）在 App 中，新建一个 urls.py 文件用于存储 App 内的映射关系，其文件路径为 HelloWorld\app01\urls.py，其映射关系代码如下所示：

```
from django.conf.urls import url          #导入 Django 的路径配置模块
rom app01 import views                     #导入 App01 应用的视图
#配置 URL 与视图映射关系
urlpatterns=[
    url('^index/',views.index),           #普通路径
]
```

（2）在项目同名文件夹中的 urls.py 文件中进行 App 配置，这个文件就是 Django 项目主要的路由映射关系文件，该文件路径为 HelloWorld\HelloWorld\urls.py，其映射关系代码如下所示：

```
from django.conf.urls import include,url   #app 应用 URL 配置
#配置 App 应用映射
urlpatterns=[
    url('app01/',include('app01.urls')),
]
```

（3）在 App 中的 views.py 文件中进行视图方法或者视图类的创建，这个文件就是每个 App 业务逻辑处理模块。该文件路径为 HelloWorld\app01\views.py，视图方法的创建过程如下所示：

```
from django.shortcuts import HttpResponse
#视图方法
def index(request):
    if request.method=="GET":
        #业务逻辑代码
        return HttpResponse("HelloWorld这是 GET 方法")
    if request.method=="POST":
        #业务逻辑代码
        return HttpResponse("HelloWorld这是 POST 方法")
```

运行 Django 项目，在浏览器中访问 http://127.0.0.1:8000/app01/index，结果如图 4-7 所示。

图 4-7　路由分发

在 urls.py 文件中配置路由映射关系的方法在不同版本中有所不同，在 Django 2.x.x 版本之前使用 url()方法进行配置映射关系，之后版本将 url()方法的功能进行了拆分，对普通路径进行匹配使用 path()方法进行配置，对正则路径进行匹配使用 repath()方法进行配置。不同版本的使用方法如下所示：

```
#Django 1.x.x 版本
from django.conf.urls import url,include              #导入 url()方法
from app01 import views                               #导入 App01 应用的视图
#配置 URL 与视图映射关系
urlpatterns=[
    #普通路径
    url(r'^index/$',views.index),                     #视图方法映射 FBV
    url(r'^login/$',views.Login.as_view()),           #视图类映射 CBV
    #正则路径
    url(r'^index/(?P<year>[0-9]{4})/(?P<month>[0-9]{2})$',views.index),
    #无名分组 FBV 获取参数需要按照顺序获取
    url(r'^login/([0-9]{4})/([0-9]{2})$',views.Login.as_view()),      #无名分组 CBV
    url(r'^index/(?P<year>[0-9]{4})/(?P<month>[0-9]{2})$',views.index),
    #有名分组 FBV 获取参数不需按照顺序获取
    url(r'^login/(?P<year>[0-9]{4})/(?P<month>[0-9]{2})$',views.Login.as_view()),
                                                      #有名分组 CBV

]
#Django 2.x.x 以上版本
from django.urls import path,re_path                  #导入 path()与 re_path()方法
from django.conf.urls import include
from app01 import views                               #导入 App01 应用的视图
#配置 URL 与视图映射关系
urlpatterns=[
    #普通路径
    path('index/',views.index),                       #视图方法映射 FBV
    path('login',views.Login.as_view()),              #视图类映射 CBV
    #正则路径
    re_path(r'^index/([0-9]{4})/([0-9]{2})$',views.index),            #无名分组 FBV
    re_path(r'^login/([0-9]{4})/([0-9]{2})$',views.Login.as_view()),#无名分组 CBV
    re_path(r'^index/(?P<year>[0-9]{4})/(?P<month>[0-9]{2})$',views.index),
                                                      #有名分组 FBV
    re_path(r'^login/(?P<year>[0-9]{4})/(?P<month>[0-9]{2})$',views.Login.as_view()),
                                                      #有名分组 CBV
]
```

2. 反向解析

反向解析是指在视图文件或者模板文件中使用特定的方法解析请求的 URL 路径，反向解析主要应用于视图文件或者模板文件中重定向与页面链接。这样在之后的项目开发或者维护中，不用因为 URL 映射的更改，而去修改视图或者模板文件中相关 URL 路径，从而提高了项目开

发效率，降低了维护项目的难度。

以 HelloWorld 项目为例，实现反向解析的步骤如下：

（1）在 HelloWorld\HelloWorld\urls.py 文件中，对 App 配置添加命名空间。

代码如下所示：

```
Django 1.x.x 版本
from django.conf.urls import include,url
urlpatterns=[
   url('^app01/',include('app01.urls',namespace='app01')),
]
Django 2.x.x 版本
from django.urls import include
urlpatterns=[
   path('app01/',include(('app01.urls','app01'))),
   #include 方法的参数是一个元组,元组中分别是 App 的 urls.py 配置文件和 App 名称
]
```

（2）在 HelloWorld\app01\urls.py 文件中，对 App 映射关系添加路由名称。

代码如下所示：

```
Django 1.x.x 版本
from django.conf.urls import url
urlpatterns=[
   url('^login/',views.Login.as_view(),name='login'),
   #第 1 参数是匹配的 URL 字段,第 2 个参数是映射的视图方法或视图类,第 3 个参数是路由别名
   url('^index/',views.index,name='index'),
]
Django 2.x.x 版本
from django.urls import path,re_path          #导入 django 的路径配置模块
from app01 import views                       #导入 App01 应用的视图
urlpatterns=[
   path('login/',views.Login.as_view(),name='login'),
   #第 1 参数是匹配的 URL 字段,第 2 个参数是映射的视图方法或视图类,第 3 个参数是路由别名
   path('index/',views.index,name='index'),
]
```

（3）在 HelloWorld\app01\views.py 视图文件中通过 reverse("命名空间:路由别名", kwargs={"分组名":符合正则匹配的参数})方法使用反向解析。

代码如下所示：

```
from django.shortcuts import HttpResponse          #用于返回字符串
from django.urls import reverse                     #用来进行 URL 反向解析
from django.views.generic.base import View          #Django1.x.x 版本导入 Views 模块方法
#from django.views import View                       #Django2.x.x 版本导入 Views 模块方法
from django.shortcuts import render,redirect        #打开 HTML 页面与重定向
#视图类
class Login(View):
   def get(self,request):
      return render(request,'login.html')          #打开模板文件夹中的登录页面
   def post(self,request):
      return redirect(reverse("app01:index"))       #跳转到主页
#视图方法
def index(request):
```

```
    if request.method=="GET":
      return HttpResponse("这是 index 视图方法的 POST 方法")
    if request.method == "POST":
      return HttpResponse("这是 index 视图方法的 POST 方法")
```

（4）在 HelloWorld\templates\login.html 模板文件中通过{% url "命名空间:路由别名"分组名=符合正则匹配的参数 %}方式进行 URL 反向解析与传参。

代码如下所示：

```
<!DOCTYPE html>
<html lang="en">
 <head>
   <meta charset="UTF-8">
   <title>login</title>
 </head>
 <body>
   <form action="{% url 'app01:login' %}" method="post">{#通过反向解析进行设置跳转 url#}
    {% csrf_token %}
    {#创建一个隐藏的 input 标签传递 csrf 的 token 值,防止被 django 的 csrf 中间件拦截出错#}
    <input type="submit" name="登录">
   </form>
 </body>
</html>
```

运行项目，输入 http://127.0.0.1:8000/app01/login，然后单击页面的登录按钮，会经过反向解析跳转到 index 视图方法中，结果如图 4-8 所示。

图 4-8　反向解析跳转页面

4.2.5　Django 框架中 Cookie 与 Session 的使用

在 Web 开发中，Cookie 与 Session 是非常重要的功能，用户使用浏览器和应用服务器进行交互主要是由 HTTP 服务提供，但是 HTTP 是一种无协议的服务，每次访问服务器都会生成新的独立的请求连接，对于之前的请求记录都无法保存。

Session 就是用来维护用户浏览器同服务器之间的会话。Session 是在服务器运行阶段，为每个用户浏览器创建一个独立唯一的 Session 对象，当用户访问服务器时，会将用户的一些信息存储到用户的 Session 中，用户再去访问其他资源时，会先从用户的 Session 中获取用户信息，然后为用户提供服务。

Session 是依赖于 Cookie 实现的，Session 保存在服务器端，当用户首次访问服务器时，会将用户信息保存到用户独享的 Session 对象中，然后将 Session ID 返回给用户浏览器，用户浏览器使用这个 Session ID 作为 Cookie 保存浏览器与服务的会话记录，保存在用户客户端，用户再次发送请求会携带该 Cookie，用来识别服务器用户的 Session。当 Session 会话结束时，其对应的 Cookie 就失效了。

　　通过用户登录过程演示 Cookie 与 Session 的使用，示意图如图 4-9 所示。

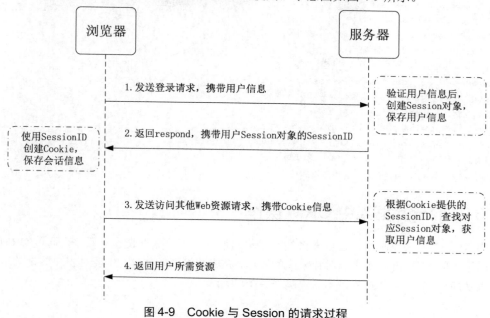

图 4-9　Cookie 与 Session 的请求过程

　　Django 中 Cookie 与 Session 的一些常用操作与设置如下所示：

```
#Cookie 操作
#设置 Cookie
rep=HttpResponse()或 rep=render(request,...)或者 repredirect(reverse('命名空间:路由别
名'))
rep.set_cookie(key,value)                      #key 与 value 是一对键值对
rep.set_signed_cookie(key,value,salt='加密盐')  #加密方式设置 Cookie
#获取 Cookie
request.COOKIES.get(key)                        #获取不加密的 Cookie
request.get_signed_cookie(key,default=RAISE_ERROR,salt='',max_age=None)
                                                #获取加密的 Cookie
#删除 Cookie
rep=HttpResponse||render||redirect
rep.delete_cookie(key)                          #根据键删除对应的 Cookie 值
#Session 操作
#设置 Session
request.session['k1'] = 123
request.session['k1'] = 123
request.session.setdefault('k1',123)            #存在则不设置
#获取 Session 中数据
request.session['k1']
request.session.get('k1',None)
#所有键、值、键值对
request.session.keys()
request.session.values()
request.session.items()
```

```
#删除 Session 中的数据
del request.session['k1']
#会话 Session 的 key
request.session.session_key
#将所有 Session 失效日期小于当前日期的数据删除
request.session.clear_expired()
#检查会话 Session 的 key 在数据库中是否存在
request.session.exists("session_key")
#删除当前会话的所有 Session 数据
request.session.delete()
#删除当前的会话数据并删除会话的 Cookie
request.session.flush()
#设置会话 Session 和 Cookie 的超时时间
request.session.set_expiry(value)
```

4.2.6 Django 框架中 ORM 操作

ORM 是对象关系映射，它负责将类或对象同数据库中的数据表建立联系。通过 ORM 可以不使用原生的 SQL 语句来实现对数据库的操作，完成数据表的创建，实现对表中数据的增、删、改、查功能，ORM 同数据库映射关系如图 4-10 所示。

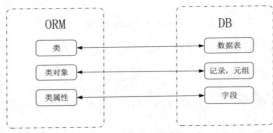

图 4-10 ORM 映射关系

在一个 Web 项目中，为了项目的安全性，一般会有一个登录界面，只有用户登录后才能访问到存有私密信息的界面，用户没有登录则无法查看。Cookie 与 Session 可以实现用户是否登录的验证，而且可以在用户登录后提供一个有效时间，当用户在有效时间内再次访问私密界面不需要重新进行登录。

以 Hello World 项目为例，通过 Cookie、Session、ORM 和 MySQL 数据库简单实现用户登录功能，主要步骤如下。

（1）项目配置。首先创建一个名为 Hello World 的空数据库。由于 Django 的默认数据库是内置的 sqlite3 数据库，使用 MySQL 数据库要先通过 pip install PyMySQL 命令安装 pyMySQL 模块，然后在 HelloWorld__init__.py 文件中设置 pyMySQL 驱动。

代码如下所示：

```
#设置 MySQL 驱动 Python3 中还没有内置 MySQL 模块,需要通过 pyMySQL 模式来操作 MySQL 数据库
import pyMySQL
pyMySQL.install_as_MySQLdb()
```

最后在 HelloWorld\settings.py 文件中进行 MySQL 数据库的相应配置。

代码如下所示：

```
#MySQL 数据库配置
DATABASES={
    'default':{
        'ENGINE': 'django.db.backends.MySQL',      #数据库驱动名称
        'NAME':'helloworld',                        #需要连接的数据库名称
        'USER':'root',                              #数据库用户名
        'PASSWORD':'123456',                        #数据库应用密码
        'HOST':'localhost',                         #数据库所在主机 IP
        'PORT':'3306',                              #数据库端口号
    }
}
```

（2）创建模型，生成数据表，在 HelloWorld\app01\models.py 文件中创建数据模型。
代码如下所示：

```
#MySQL 数据库配置
from django.db import models
#用户表模型
class User(models.Model):
    username=models.CharField(max_length=24,unique=True)
    #设置字段长度,字段值不能重复,字段默认不能为空,设置可以为空,添加 null = True
    password=models.CharField(max_length=48)
```

在 PyCharm 终端使用命令，创建数据表，代码如下所示：

```
python manage.py makemigrations      #查看表结构是否改变(出现新表,表字段增多或减少)
python manage.py migrate             #在数据库中创建数据表
```

通过数据库可视化工具打开数据表，并添加一条用户记录，如图 4-11 所示。

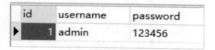

图 4-11　添加用户记录

（3）在 HelloWorld\app01\views.py 文件中创建视图类与视图方法，实现 Cookie 与 Session
验证用户登录的功能。
代码如下所示：

```
from django.core.urlresolvers import reverse      #反向解析 URL
from django.shortcuts import render,HttpResponse,redirect
                                                   #打开 HTML 文件,返回字符串,重定向
from app01 import models                           #导入模型文件
from django.views.generic.base import View        #导入视图方法
import datetime
#视图类方式
class Login(View):
    def get(self,request):
        return render(request,'login.html')        #返回登录页面
    def post(self,request):
        #获取用户提交的信息
        username=request.POST.get('user')
        password=request.POST.get('psw')
        #根据用户的用户名与密码去数据库用户表中查找用户
```

```
            user=models.User.objects.filter(username=username,password=password).first()
            if user:                                      #用户存在说明登录成功,跳转到home页面
                #设置Cookie方式验证
                res=redirect(reverse('app01:home'))
                res.set_cookie("is_login",True)            #在Cookie中设置登录成功标志
                return res
                #设置Session方式验证
                #request.session['is_login']=True          #在Session中设置登录成功标志
                #return redirect(reverse('app01:home'))
            else:
                return redirect(reverse('app01:login'))
#视图方法方式
def home(request):
    if request.method=="GET":
        is_login=request.COOKIES.get('is_login')          #使用Cookie获取登录标志
        #is_login=request.session.get('is_login')         #使用Session获取登录标志
        if is_login:
            return render(request,'home.html')             #已登录,跳转到home界面
        else:
            return redirect(reverse('app01:login'))        #未登录,跳转到login界面
    if request.method=="POST":
        return HttpResponse("POST index")
```

在 templates 文件夹中创建用户登录界面 login.html 和显示用户私密信息界面 hom.htmly,运行项目访问 http://127.0.0.1:8000/app01/home/会跳转到登录的 login.html 页面,当用户登录成功后,不关闭浏览器,直接关闭当前页,当重新访问 http://127.0.0.1:8000/app01/home/页面时,不需要重新登录即可访问。注意,关闭浏览器 Cookie 就会失效,Session 不设置失效时间,也是默认关闭浏览器失效。

4.3 轻量级框架 Flask

Flask 是 Python 中另一个常用的 Web 框架,它是一个轻量级的框架,结构可以依据自己需求进行组织。相比 Django 将各种功能封装到自身框架中,Flask 本身并不具有诸多功能,但它为 ORM 操作、表单验证、文件上传等功能提供了扩展接口。Flask 通过安装第三方库进行接口配置,基本上能实现与 Django 一样的功能,但比较麻烦。可以使用 Flask 开发一些小型的 Web 项目,根据需求安装相应的第三方库实现对 Web 项目的个性化定制。

4.3.1 安装 Flask

安装 Flask 框架可以使用 pip 命令进行安装。
代码如下所示:

```
pip install Flask
```

安装完成后,在命令行窗口中输入下面命令,查看 Flask 版本。
代码如下所示:

```
python
```

```
import Flask
Flask.__version__
```

如果 Flask 安装成功，其结果如图 4-12 所示。

```
C:\WINDOWS\system32\cmd.exe - python
Microsoft Windows [版本 10.0.19041.630]
(c) 2020 Microsoft Corporation. 保留所有权利。

C:\Users\admin>python
Python 3.6.8 (tags/v3.6.8:3c6b436a57, Dec 24 2018, 00:16:47) [MSC
Type "help", "copyright", "credits" or "license" for more informa
>>> import flask
>>> flask.__version__
1.1.1
>>>
```

图 4-12　Flask 安装成功

4.3.2　创建简单的 Flask 项目

Flask 框架的项目结构可以根据自己的需求进行构建。使用最简单的代码完成一个 Flask 项目，首先需要创建一个名为 Flask 的文件夹，在文件夹中创建一个 Flask.py 文件，在文件中写入下面代码。

代码如下所示：

```
from Flask import Flask                  #导入 Flask 模块
app=Flask(__name__)                      #实例化一个 Flask 对象
@app.route('/')                          #装饰器,用于 Flask 框架的路由映射
def hello_world():                       #视图方法
    return 'Hello World!'
#程序主入口
if __name__=='__main__':
    app.run()                            #运行 Flask 项目
    #app.run(host,port,debug,options)    #可以设置的参数
    #默认值: host=127.0.0.1,port=5000,debug=false
```

运行 Flask.py 文件，在浏览器输入 http://127.0.0.1:5000，项目运行结果如图 4-13 所示。

```
⊕ 127.0.0.1:5000          ✕    +
← → C ⌂   ⓘ 127.0.0.1:5000
⠿ 应用  ♨ 百度一下，你就知道
Hello World!
```

图 4-13　Flask 运行结果

4.3.3　使用 Flask 实现学生信息管理系统

通过对 Flask 框架的简单了解，我们使用 Flask+MySQL+Flask-SQLAlchemy 实现一个简单的学生信息管理系统。通过项目实现，我们将会对 Flask 框架的功能与使用有更深的理解与掌握。

1. 分析学生信息管理系统的功能模块

学生信息管理系统主要功能就是管理员通过该系统对学生信息进行记录、修改学生记录、

删除学生记录、查询学生记录等操作。该系统的功能模块如图 4-14 所示。

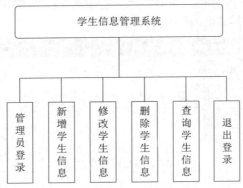

图 4-14　学生信息管理系统功能模块

2. 数据库模块分析

从系统功能分析可知，数据库需要两张表来存储数据信息，一张 User 表存储管理员信息，该表用于登录系统；一张 Student 表存储学生信息，该表用于管理员用户对学生信息进行增、删、改、查操作。

管理员用户信息表的表结构如表 4-1 所示。

表 4-1　管理员用户信息表

字 段 名	字 段 类 型	字 段 约 束	说　明
id	INTEGER	主键、不能为空、自增	管理员用户 id
username	VARCHAR(50)	不能为空，不能重复	管理员用户名
password	VARCHAR(100)	不能为空	管理员用户密码

学生信息表的表结构如表 4-2 所示。

表 4-2　学生信息表

字 段 名	字 段 类 型	字 段 约 束	说　明
id	INTEGER	主键、不能为空、自增	学生用户 id
sno	VARCHAR(50)	不能为空，不能重复	学生学号
username	VARCHAR(50)	不能为空	学生姓名
sex	VARCHAR(10)	不能为空	学生性别
grades	VARCHAR(20)	不能为空	学生班级
address	VARCHAR(200)	可以为空	学生家庭住址
tel	VARCHAR(20)	可以为空	学生联系电话
creat_time	DATETIME	不能为空	创建时间

3. 组织项目结构与项目初始化配置

完成项目功能分析，下面就分析一下项目的实现，要使用 Flask 实现学生信息管理系统，需要安装 Flask-SQLAlchemy 模块和 Flask-WTF 模块，分别用来对 Flask 项目的 ORM 操作和

CSRM 伪造跨域请求管理。安装方式如下所示：

```
pip install Flask_SQLAlchemy
pip install Flask_WTF
```

项目所需环境安装完成后，需要进行项目的创建，根据项目的功能进行划分，学生信息管理系统的项目结构如图 4-15 所示。

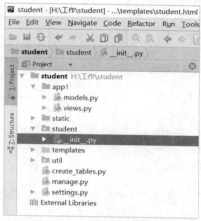

图 4-15　学生信息管理系统的项目结构

其中，app1 是 Flask 的蓝图，相当于 Django 的 App，是项目中的功能模块和数据模型所在位置；static 文件是静态资源文件夹，用来存放项目所需的静态资源文件，包括图片、JS 文件、CSS 文件等；templates 文件夹是项目的模板文件夹，用来存放项目所需的 HTML 页面文件；util 文件夹用来存放自定义的工具类或方法，本项目主要保存自定义的 Session 方法；create_tables.py 用于离线保存数据库数据表；manage.py 是项目的主程序入口；settings.py 是项目的配置文件。

首先在 settings.py 文件进行数据库的配置，配置内容如下所示：

```
#基础环境配置,以类方式进行配置
class BaseConfig(object):
    DEBUG=False
    TESTING=False
    DIALECT='MySQL'
    DRIVER='pyMySQL'
    USERNAME='root'                          #数据库用户名
    PASSWORD='123456'                        #数据库用户密码
    HOST='127.0.0.1'                         #数据库所在主机 IP
    PORT='3306'                              #数据库端口号
    DATABASE='student'                       #数据库名称
    #数据库连接
    SQLALCHEMY_DATABASE_URI='{}+{}://{}:{}@{}:{}/{}?charset=utf8'.format(
        DIALECT,DRIVER,USERNAME,PASSWORD,HOST,PORT,DATABASE)
    SQLALCHEMY_COMMIT_ON_TEARDOWN=False      #每次请求完是否自动提交
    SQLALCHEMY_TRACK_MODIFICATIONS=True      #在控制台生成原生的 SQL 语句
    SQLALCHEMY_POOL_SIZE=10                  #连接池数量
    SQLALCHEMY_MAX_OVERFLOW=5                #最多能超出最大连接量 5 条
```

数据库配置主要是对数据库名、用户名、密码、主机地址、端口号等进行配置。数据库配置完成后，需要对 Flask 项目进行初始化配置，在项目同名的 __int__.py 文件中进行项目的初始化设置。

代码如下所示：

```
import os
from datetime import timedelta
from Flask_sqlalchemy import SQLAlchemy
from Flask import Flask
from Flask_wtf.csrf import CSRFProtect
db = SQLAlchemy()                    #生成 sqlalchemy 操作数据库对象
from app1.models import *            #导入数据库模板（注意要在数据库对象生成以后导入）
from app1 import views               #导入蓝图
def create_app():
  app=Flask(__name__,
        #设置模板文件与静态资源
        template_folder='../templates',
        static_folder='../static',
        static_url_path='/static')
        #读取配置文件
        app.config.from_object('settings.BaseConfig')#使用 python 类或类的路径（推荐使用）
        db=SQLAlchemy()
        db.init_app(app)                    #数据库初始化
        csrf=CSRFProtect()
        csrf.init_app(app)                  #csrf 初始化
        app.config['SECRET_KEY']=os.urandom(24)      #设置一个随机的 24 为 Session 密钥
        #app.config['PERMANENT_SESSION_LIFETIME']=timedelta(hours=2)
                                            #设置 Session 的有效时间

        #注册蓝图
        app.register_blueprint(views.app1,url_prefix='/app1')#绑定蓝图,并为蓝图设置名称
        return app
```

在该文件中主要是进行 Flask 项目的初始化、数据库初始化、Session 初始化、蓝图注册等项目运行的相关设置，其中数据库模板文件的导入一定要在数据库对象之后。

create_tables.py 文件使用离线方式，不需要运行项目就可以在创建完数据库模型文件后，通过运行该文件，在数据库中创建出相应数据模型的数据表。

代码如下所示：

```
from student import db                #导入数据库对象
from student import create_app        #导入 app 对象创建方法
app=create_app()                      #生成 app 对象
app_ctx=app.app_context()             #Flask 上下文使用
with app_ctx:
  db.create_all()                     #创建数据表
```

在 app1/models.py 文件中进行数据模型创建。通过项目分析，需要两张数据表，一张 User 表，一张 Student 表，因此就需要创建两个数据模型 User 与 Student，创建过程如下所示：

```
from student import db                #导入数据库对象
from datetime import datetime         #导入时间模块
#管理员用户表
class User(db.Model):
  __tablename__='user'                #数据表名
```

```
id=db.Column(db.Integer,nullable=False,primary_key=True,autoincrement=True)
#整数,不为空,主键,自增
username=db.Column(db.String(50),unique=True,nullable=False)#管理员用户名,不能重复
password=db.Column(db.String(100),nullable=False)              #管理员用户密码
#学生信息表
class Student(db.Model):
    __tablename__='student'
    id=db.Column(db.Integer,nullable=False,primary_key=True,autoincrement=True)#主键
    sno=db.Column(db.String(50),unique=True,nullable=False)       #学生学号
    username=db.Column(db.String(50),nullable=False)              #学生姓名
    sex=db.Column(db.String(10),nullable=False)                   #学生性别
    grades=db.Column(db.String(20),nullable=False)                #学生班级
    address=db.Column(db.String(200),nullable=False)             #学生家庭住址
    tel=db.Column(db.String(20),nullable=False)                   #学生联系电话
    creat_time=db.Column(db.DateTime,index=True,default=datetime.now) #创建时间
```

根据分析的数据表创建完成相应的数据模型后，运行 create_tables.py 文件，在数据库中创建相应的数据表。

4. 登录功能的实现

完成项目的基础工作后就要实现项目的业务逻辑，项目的功能分为管理员登录、学生信息添加、学生信息查询、学生信息修改、学生信息删除以及退出系统。下面对学生信息管理系统的功能实现进行讲解。

登录功能的实现，首先创建一个登录界面，在 templates 夹中创建一个 login.html，然后编写提交用户登录信息的 Form 表单，表单内容如下所示：

```
<form action="/app1/login" method="post">
    <h2>用户登录</h2>
    <input type="hidden" name="csrf_token" value="{{csrf_token()}}"/>
    <p>用户名: <input type="text" name="user" placeholder="请输入用户名"></p>
    <p>密　码: <input type="password" name="psw" placeholder="请输入密码"></p>
    <input type="checkbox" name="rmb" value="1"/>记住密码<input type="submit" value="登录">
</form>
```

通过表单可以将管理员的登录信息传递到后台，交由相应的业务逻辑进行处理。Form 表单的 Action 属性是提交请求的路径，Method 属性是提交请求的方式，包括 GET 请求与 POST 请求，表提交一般使用 POST 请求，可以在一定程度上保证用户信息安全。涉及表单提交请求方式，都要添加第三行代码，为请求添加一个 CSRFtoken，不然会被 Flask-WTF 模块拦截造成请求失败。

在 Flask 蓝图 app1 中创建一个 views.py，用来编写业务逻辑代码，登录功能的具体实现代码如下所示：

```
from Flask import request,redirect,session
from Flask import Blueprint                     #导入蓝图模块
from Flask import render_template               #用于打开模板
import json
from util.check_log import session_log_ck      #导入自定义的 session 装饰器,用于登录验证
from student import db                          #导入数据库对象
from app1.models import *                       #导入数据库模板文件
app1=Blueprint('app1',__name__)                #设置蓝图路由前级
#登录方法
@app1.route('/login',methods=['GET','POST'])
```

```
def login():
    #GET 请求打开登录界面
    if request.method=='GET':
    return render_template('login.html')
if request.method=='POST':
    username=request.form.get('user')
    password=request.form.get('psw')
    try:
        user=User.query.filter_by(username=username, password=password).first()
    except:
        user=None
    if user:
        #设置 Session
        session['username'] = username
        session['is_login'] = True
        if request.form.get('rmb'):
            #设置 Session 有效期
            session.permanent = True        #Session 有效期是 31 天
        return redirect('/app1/home')
    return render_template('login.html')
```

用户在浏览器中输入 http://127.0.0.1:5000/app1/login，以 GET 请求的方式发送，经过 login() 方法对 GET 请求进行处理后返回登录界面，用户在登录界面输入用户信息后提交，以 POST 请求发送 login()方法。比对数据库信息和用户输入信息，若正确，在 Session 中设置用户信息，并跳转到 Home 界面；若不正确，则返回到登录界面，让管理员重新输入信息进行登录。项目中除了 login()方法，其余的方法都要使用@session_log_ck 装饰器来检验用户是否登录系统，从而保证系统的安全性。在查询数据库信息时要进行异常处理，以避免查询过程出错影响程序运行。

5. 添加用户功能的实现

在 views.py 文件中创建 add_student()方法，用来实现添加学生信息的业务逻辑，具体实现代码如下：

```
#性别列表
sexlist=[{'id':'0','name':'男'},
        {'id':'1','name':'女'}]
#班级列表
grouplist=[{'id':'0','name':'一班'},
        {'id':'1','name':'二班'},
        {'id':'2','name':'三班'}]
#添加学生用户信息
@app1.route('/add_student',methods=['GET','POST'])
@session_log_ck
def add_student():
    if request.method=='GET':
        return render_template('add_student.html',sexlist=sexlist,grouplist=grouplist)
    if request.method=='POST':
        ret={'status':True,'error_message':None,'data':None,'data_msg':None}
        sno=request.form.get('sno')
        username=request.form.get('name')
        sex=request.form.get('sex_list')
        grades=request.form.get('group_list')
        address=request.form.get('address')
        tel=request.form.get('tel')
```

```
     if len(sno)==0or len(username)==0or len(address)==0or len(tel)==0:
       ret['status']=False
       ret['data']='信息未填写完整'
       ret['data_msg']='信息未填写完整'
     elif len(tel)!=11:
       ret['status']=False
       ret['error_message']='手机号格式错误'
     else:
       #通过学号查询是否存在用户信息
       st=Student.query.filter_by(sno=sno).first()
   if not st:
       #学生用户信息添加到数据库中的学生信息表中
       student=Student()#创建学生对象
       student.sno=sno
       student.username=username
       student.sex=sex
       student.grades=grades
       student.address=address
       student.tel=tel
       db.session.add(student)
       #将数据库会话中的变动提交到数据库中,如果不提交,数据库中是没有改动的
       db.session.commit()
       db.session.close()
       ret['data_msg']='学生信息保存成功'
     else:
       ret['status']=False
       ret['data_msg']='该学生信息已经存在'
 return json.dumps(ret)
```

　　管理员在 Home 界面单击"添加学生信息"按钮,打开 add_student 界面,管理员输入学生信息后单击"提交"按钮,信息以表单的方式提交到 add_student()方法并使用 POST 请求处理,对学生信息进行检验,信息符合要求并且数据库中不存在该名学生信息,就会将学生信息存储到数据库。将数据存储到数据库要注意在 db.session.add(数据对象)后使用 db.session.commit(),否则数据库信息不会发生更改。添加学生信息页面如图 4-16 所示。

图 4-16　添加学生信息

6. 查询功能与编辑功能的实现

对学生信息的修改与删除功能的实现要借助查询学生信息功能。只有查询出学生信息后才能对学生信息进行修改或者删除操作。查询学生信息功能的具体代码如下所示:

```
#查询学生用户信息
@app1.route('/student',methods=['GET','POST'])
@session_log_ck
def student():
  if request.method=='GET':
    return render_template('student.html',userlist=[])
  if request.method=='POST':
    sno=request.form.get('sno')
    sex=['男','女']
    grades=['一班','二班','三班']
    try:
      st=Student.query.filter_by(sno=sno).first()
      sex=sex[int(st.sex)]
      grades = grades[int(st.grades)]
    except:
      st=None
      sex=None
      grades=None
    else:
      sex=sex
      grades=grades
    if st:
      return render_template('student.html',student=st,sex=sex,grades=grades,
      sexlist=sexlist,grouplist=grouplist)
      return redirect('/app1/student')
```

管理员用户单击 Home 界面的"查询学生信息"按钮后,GET 请求发送到 student()方法,经由 GET 请求处理后返回 Student 界面,在输入框输入学生学号,单击"查询"按钮,经学号 POST 请求发送到 student()方法,在 POST 请求处理中通过学号查询数据中相应的学生信息。对数据库查询操作要进行异常处理,查询出现错误时返回空值。查询到学生信息后,将学生信息以表格的形式显示在 Student 界面下方,并为学生信息添加"删除"与"编辑"按钮。

在 views.py 文件中添加编辑用户信息的功能,通过编辑功能对已经存在的学生信息进行修改,其中学号字段是不能修改的,其他学生信息可以进行修改,具体实现代码如下所示:

```
#编辑学生信息
@app1.route('/edit_student',methods=['POST'])
@session_log_ck
def edit_student():
  if request.method=='POST':
    ret={'status':True,'error_message':None,'data':None,'data_msg':None}
    sno=request.form.get('nid')
    student=Student.query.filter_by(sno=sno).first()
    student.username=request.form.get('name')
    student.sex=request.form.get('sex_list')
    student.grades=request.form.get('group_list')
    student.address=request.form.get('address')
    student.tel=request.form.get('tel')
```

```
db.session.add(student)
db.session.commit()
db.session.close()
return ret
```

管理员单击"编辑"按钮后，通过 JS 将编辑学生信息弹窗的隐藏样式去除，使弹窗显示出来，并将学生学号的值设置为弹窗中隐藏的输入框。管理员在弹窗中输入要修改的内容，单击"提交"按钮，以 Ajax 异步方式提交 POST 请求，edit_student()通过学号查询数据库获得一个 Student 对象，然后根据请求中要修改的数据，更改 Student 对象中的信息，最后将更改的 Student 对象更新到数据库。编辑学生信息页面如图 4-17 所示。

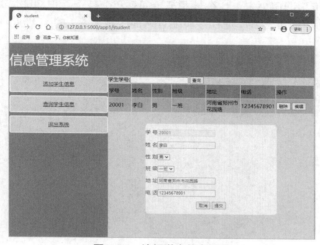

图 4-17　编辑学生信息页面

删除学生信息同编辑学生信息相似，只是对数据库的操作有所不同，这里不再叙述详细的实现过程。

7. 退出系统功能的实现

在 views.py 文件中添加退出系统功能。退出系统主要是将用户登录时设置的 Session 进行删除，使得用户再次访问系统时要重新进行登录，可以保证用户账号的安全性，具体实现代码如下所示：

```
@app1.route('/logout',methods=['GET','POST'])
@session_log_ck
def logout():
    if request.method=='GET':
    session.pop('username', None)
    session.pop('is_login', None)
    return redirect('/app1/login')
```

4.4 本章小结

本章讲解了什么是 Web 框架、Web 框架的作用，从而对 MVC 的三层划分有了深入的了解，并且掌握了 Python 中使用率最高的两种框架的使用方法，为之后 Web 开发的学习打下了坚实的基础，并且懂得了要根据项目的需求与规模选择合适的 Web 框架。

通过 Django 与 Flask 的学习，我们掌握了两种框架的安装与使用方法。对 Django 的路由系统有了深入体会，明白路由分发与 URL 反向解析的意义与作用。借助路由分发和 URL 反向解析，可以减少在开发与维护过程中更改 URL 同视图的映射后需要修改相关文件中 URL 路径的工作量，极大提高了开发和维护的效率。

Django 是一个大而全的框架，它能满足一般大型项目所需的所有功能，但是面对小型项目时并不太适合，它的项目体积较大，内部封装较多功能，许多功能小型项目都使用不到，会造成一些资源的浪费。

Flask 是一个轻量型的微框架，它本身非常精简，并不具备各种功能，但它提供了众多的接口，通过安装所需功能的第三方库进行接口配置从而实现所需功能。因此 Flask 非常适合小型项目的个性化设置。

第2篇
项目实战篇

在学习了项目基础篇后，读者已经对研发项目有了一定的了解，可以尝试进行一些程序或者项目的编写。在本篇将学习"坦克大战"小游戏开发、"贪吃蛇"小游戏开发、画图小工具开发和"你画我猜"小程序开发这四个项目。通过对本篇内容的学习，读者将对 Python 项目有深刻的理解以及深入的学习，读者的编程能力会有进一步的提高。

第5章

"坦克大战"小游戏开发

本章概述

本章学习"坦克大战"小游戏的开发,游戏项目主要通过 Pygame 模块实现。游戏项目的开发需要先进行游戏的需求分析,再进行游戏的功能设计,然后实现游戏功能。整个游戏主要存在坦克、子弹、墙体(障碍物)三个游戏对象。其中坦克可以分为敌方坦克与玩家坦克两种,这些游戏对象可以通过游戏精灵与游戏精灵组来实现。

知识导读

本章要点(已掌握的在方框中打钩)
- [ ] "坦克大战"小游戏需求分析
- [ ] "坦克大战"小游戏功能设计
- [ ] 子弹精灵类的设计与实现
- [ ] 坦克精灵类与其派生精灵子类的设计与实现
- [ ] 事件监听
- [ ] 碰撞检测

5.1 项目开发背景

随着社会的进步、科技的发展,越来越多的人通过游戏释放压力。小游戏的火爆使得许多经典的游戏重新走进人们的生活中。"坦克大战"是其中非常经典而且人气很高的一款游戏,它是一代人的童年记忆。下面通过 Python 中的 Pygame 模块来实现一个简单版本的"坦克大战"小游戏。

5.2 系统开发环境及工具

操作环境:Windows 7 及以上操作系统。

开发工具：PyCharm2019。

开发语言：Python 3.6。

开发所需模块：Pygame、sys、random、datatime。

5.3 系统功能设计

首先进行"坦克大战"小游戏的需求分析，然后完成"坦克大战"小游戏的功能模块分析与业务流程设计。

5.3.1 需求分析

"坦克大战"小游戏的需求主要有以下几点：

（1）游戏中分为玩家坦克与敌方坦克两个阵营。

（2）每关都有固定数量的敌方坦克，玩家操纵玩家坦克，击杀所有的敌方坦克后会进入下一关，玩家坦克血量耗尽则游戏结束，进入游戏结束界面。保存与显示成绩最好的纪录，每通过一关，敌方坦克数量增加一个，玩家坦克当前生命值会增加一点。

（3）玩家通过上、下、左、右方向键或 W、A、S、D 按键控制坦克的移动，通过空格键控制子弹的发射。

（4）敌方坦克有三种类型，每种类型的颜色都不同，其生命值分别为 1、2、3，所具有的积分也分别为 1、2、3。敌方坦克被创建后，会随机进行移动并且可以自动发射子弹。

（5）玩家击杀敌方坦克会获取相应积分，玩家初始血量为 3，血量耗尽游戏结束，游戏结束会保存与显示成绩最好的纪录，而且可以通过单击"重新开始"按钮，重新运行游戏。

（6）游戏场景中存在墙体，敌方坦克与玩家的坦克不可穿越墙体，它们发射的子弹触碰到墙体时会消失。

（7）敌方坦克彼此之间发生碰撞时，不会停留到原地。

（8）敌方坦克与玩家坦克发生碰撞时，双方会停留在原地。

（9）敌方坦克与玩家坦克的子弹发生碰撞时会相互抵消。

（10）敌方坦克与敌方坦克的子弹发生碰撞时不会相互抵消。

（11）在游戏界面显示玩家积分、玩家坦克生命值、当前关卡信息。

（12）在游戏结束界面显示玩家最高纪录和"再来一次"游戏按钮。

5.3.2 功能模块分析

"坦克大战"小游戏中主要有坦克、子弹、墙体三个游戏对象，坦克又可以分为地方坦克和玩家坦克两个对象。

其中，墙体对象用来创建游戏关卡中的障碍物，阻止敌方坦克与玩家坦克的通过；敌方坦克对象用来创建不同类型的敌方坦克，控制敌方坦克的移动与子弹发射；玩家坦克对象用来创建玩家坦克，玩家通过上、下、左、右方向键或 W、A、S、D 按键控制坦克的移动，通过空格键控制坦克发射子弹。"坦克大战"小游戏的功能模块如图 5-1 所示。

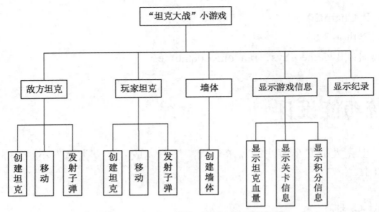

图 5-1 "坦克大战"小游戏的功能模块

5.3.3 业务流程设计

完成"坦克大战"小游戏的需求分析与功能模块分析后，要进行业务流程设计。

（1）运行游戏后，生成玩家坦克与敌方坦克，在游戏界面显示玩家积分、关卡数、玩家坦克生命值等信息。

（2）玩家操作坦克进行移动，发射子弹消灭全部敌方坦克后通过当前关卡，进入下一关卡，玩家坦克生命值增加，系统重新生成墙体与敌方坦克。

（3）玩家坦克生命值为 0 时，游戏结束，进入游戏结束界面。

（4）在游戏结束界面会显示玩家分数的最高纪录，玩家也可以使用鼠标单击"再来一次"按钮，重新进行游戏。

其主体业务流程设计如图 5-2 所示。

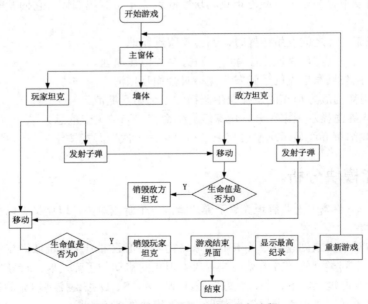

图 5-2 "坦克大战"小游戏业务流程

5.3.4 运行效果预览

"坦克大战"小游戏运行后,在游戏界面中会生成玩家坦克、障碍物(墙体)、敌方坦克。其中,玩家坦克在游戏屏幕下方显示,敌方坦克在游戏屏幕上方显示,墙体在游戏屏幕中间部分分布。玩家积分、关卡数、玩家坦克生命值等信息在游戏屏幕的最上方显示。

当玩家坦克生命值耗尽后会进入游戏结束界面,该界面会显示玩家分数的最高纪录,玩家也可以单击"再来一次"按钮重新进行游戏。

"坦克大战"小游戏运行界面如图 5-3 所示。

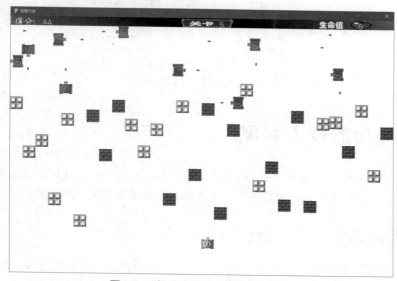

图 5-3 "坦克大战"小游戏运行界面

"坦克大战"小游戏结束界面如图 5-4 所示。

图 5-4 "坦克大战"小游戏结束界面

5.3.5 项目结构

在"坦克大战"小游戏项目中主要有 resources（项目资源文件夹）、images（项目图片资源文件夹）、game_record.text（玩家最高纪录文件）、main.py（项目主程序文件）、setting.py（项目配置文件）、tank_sprite.py（项目精灵类文件）、util.py（项目工具方法文件），具体的项目结构如图 5-5 所示。

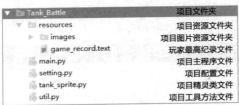

图 5-5 "坦克大战"小游戏项目结构

5.4 系统功能技术实现

通过对"坦克大战"小游戏的需求分析，完成了该项目的功能模块图与业务流程图。下面进入功能模块的实现阶段，对功能模块代码进行编写，完成整个项目的开发。

5.4.1 "坦克大战"小游戏窗口的创建

对"坦克大战"小游戏进行开发，首先要创建一个游戏窗口，游戏窗口的创建需要使用 Pygame 模块。Pygame 模块的安装方法如下所示：

```
pip install pygame
```

安装好 Pygame 模块，就可以进行游戏窗口的创建。具体步骤如下：

（1）创建一个名为 Tank_Battle 的文件夹，该文件夹用来保存"坦克大战"小游戏的项目文件，在该文件夹中创建一个名为 resources 的文件夹，用于存放项目所需资源文件。在 resources 文件夹中创建一个名为 images 的文件夹，用来存放项目中使用的图片资源。

（2）在 resources 文件夹中创建 setting.py 文件，设置游戏窗口宽度为 1200 像素，高度为 830 像素。其代码如下所示：

```
#设置游戏窗口
WINDOW_WIDTH=1200        #游戏窗口宽度
WINDOW_HEIGHT=830        #游戏窗口高度
```

（3）在 resources 文件夹中创建 main.py 文件，导入配置文件与 Pygame 模块，创建一个 TankGame()游戏类，通过游戏类的初始化方法进行游戏窗口的设置，其代码如下所示：

```
import pygame               #导入 Pygame 模块
from setting import *       #导入配置文件
#坦克大战游戏类
class TankGame():
    def __init__(self):
        '''游戏初始化方法
        进行 Pygame 模块初始化
```

```
    设置游戏窗口大小、游戏名称、游戏时钟、
    游戏是否运行的标志变量,玩家积分变量初始值为 0,关卡值变量初始值为 1
    初始化游戏精灵与精灵组'''
    pygame.init()                                    #初始化 Pygame 模块
    #设置游戏窗口大小,并保存返回的游戏窗口对象
    self.screen=pygame.display.set_mode([WINDOW_WIDTH,WINDOW_HEIGHT])
    pygame.display.set_caption('坦克大战')            #设置游戏窗口名称
    self.font=pygame.font.SysFont('方正舒体',30)      #设置游戏字体
    self.game_integral=0                             #游戏积分
    self.number=1                                    #关卡初始值
    self.gameOver=False                              #游戏是否运行的标志
    self.clock=pygame.time.Clock()#创建游戏的时钟,用来设置游戏刷新频率的对象
```

（4）在 TankGame()游戏类中创建 start_game()方法，用于运行游戏，在该方法中创建一个游戏循环。游戏逻辑的编写，通过 pygame.display.update()方法在游戏刷新时将游戏界面进行更新，其代码如下所示：

```
#开始游戏方法
def start_game(self):
    '''运行游戏方法
    创建游戏循环
    在游戏循环中,进行游戏逻辑的实现'''
    while True:                                      #游戏循环
        self.screen.fill([255,255,255])             #窗口填充为黑色
        #设置游戏刷新频率
        self.clock.tick(60)
        #游戏逻辑编写
        #更新显示,游戏每次刷新时将游戏界面进行更新
        pygame.display.update()
```

（5）游戏入口，在 main.py 文件的主程序入口中，创建一个 TankGame()游戏类实例化对象，并通过游戏类的 start_game()方法，执行"坦克大战"小游戏。其代码如下所示：

```
#游戏主程序入口
if __name__=='__main__':
    g=TankGame()                                     #创建坦克大战游戏类实例化对象
    g.start_game()                                   #运行游戏
```

5.4.2 退出游戏方法与事件监听方法的实现

游戏窗口创建后，可以通过游戏类的实例化对象，执行 start_game()方法运行项目。只是目前还未实现游戏逻辑，所以运行项目只能显示出一个黑色背景的窗口。游戏循环本质上是一个死循环，当没有实现事件监听与退出游戏方法时，无法正常退出游戏，只能通过杀死程序的方式结束游戏运行。

在 TankGame()游戏类中创建一个 over()方法，用来退出游戏，结束游戏运行。其代码如下所示：

```
#退出游戏方法
def over(self):
    pygame.display.quit()                            #退出 pygame
    sys.exit()                                       #关闭游戏窗口
```

事件监听方法是在游戏运行阶段，检测用户的操作。例如退出游戏，当使用鼠标单击关闭游戏窗口的按钮时，事件监听方法监听到这个用户操作后，会执行相应的退出游戏方法。在 Pygame 模块中提供了很多的用户操作事件，其中最常用的是 pygame.KEYDOWN 键盘按键事件与 pygame.MOUSEBUTTONDOWN 鼠标按键事件。

在 TankGame()游戏类中创建一个 __event_handler()方法来检测用户事件。事件监听方法通过 pygame.event.get()方法获取所有的用户操作事件，通过 for 循环将用户操作事件进行遍历，根据具体的用户操作事件进行相应处理。具体的事件检测方法实现代码如下所示：

```
def __event_handler(self):
    event_list=pygame.event.get()          #获取全部的用户操作事件
        #遍历用户操作事件
        for event in event_list:
            #当用户单击关闭游戏窗口按钮时,退出游戏
            if event.type==pygame.QUIT:
                self.over()                 #执行退出游戏方法
```

5.4.3　墙体精灵与精灵组的创建

Pygame 模块中为了方便开发对游戏元素对象的创建与使用，提供了精灵与精灵组方法。在 Pygame 模块中精灵是指图像对象，精灵类中的初始化方法通过 pygame.image.load()加载所需要的图片。精灵类中的 updata()方法用于图像的移动。精灵组是多个精灵对象的集合，通过精灵组可以同时进行多个精灵对象的操作。

（1）在 setting.py 配置文件中进行图片路径的设置，代码如下所示：

```
IMAGE_POSITION='resources/images/'          #设置图片路径
```

（2）在项目文件夹中创建一个名为 util.py 的文件，用来保存“坦克大战”小游戏中使用的工具方法。在 util.py 文件中导入 setting.py 配置文件与 Pygame 模块，创建一个 load_img()方法将 pygame.image.load()加载图片方法进行封装，代码如下所示：

```
import pygame                               #导入 Pygame 模块
from setting import *                       #导入配置文件
#加载图片方法
def load_img(name_img):
    #通过图片名称加载图片,获取图片对象
    img=IMAGE_POSITION+name_img+'.png'      #拼接图片的文件路径
    return pygame.image.load(img)           #返回加载后的图片对象
```

（3）在项目文件夹中创建名为 tank_sprite.py 的文件，用来保存“坦克大战”小游戏所需的精灵类。images 文件夹中存在两种墙体图片，一种是砖头材质，另一种是铁块材质。创建一个墙体精灵类 Wall()，用来随机生成两种材质的墙体对象，具体代码如下所示：

```
#创建一个墙体精灵类
class Wall(pygame.sprite.Sprite):
    '''创建一个精灵类
    继承 Pygame 模块中的 pygame.sprite.Sprite 精灵父类
    重构初始化方法,继承类的初始化方法'''
    #重构初始化方法
    def __init__(self,left,top):
        super().__init__()                  #继承父类初始化方法
```

```
#加载 images 文件夹中不同材质的墙体图片
self.images=[load_img('wall1'),load_img('wall2')]
self.count=random.randint(0,1)        #在 0 和 1 之间随机生成一个数字
self.image=self.images[self.count]    #通过随机数来设置墙体图片对象
self.rect=self.image.get_rect()       #获取图片的矩形对象
#设置墙体对象的位置
self.rect.left=left
self.rect.top=top
self.live=True                        #墙体对象存活的标志
```

（4）在 TankGame() 游戏类的初始化方法中，执行 __creat_sprite_group() 方法，用来创建精灵组。

```
self.__creat_sprite_group()           #创建精灵组
```

（5）TankGame() 游戏类中创建 __creat_sprite_group() 方法，在 __creat_sprite_group() 方法中进行墙体精灵组与墙体精灵的创建，具体代码如下所示：

```
#创建精灵组
def __creat_sprite_group(self):
    #创建墙体精灵组
    self.wall_group=pygame.sprite.Group()  #创建一个墙体精灵组
    self.creat_walls()                     #创建墙体精灵对象的方法
```

（6）墙体图片的尺寸是 40×40，游戏窗口的宽度是 1200，游戏窗口水平方向铺满需要 WINDOW_WIDTH/40 个墙体对象。为保证坦克的通行，墙体对象不能全部在同一水平线上，它们的高度应该有所不同，墙体设置如图 5-6 所示。

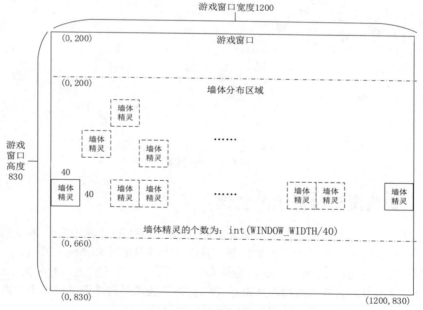

图 5-6 墙体设置

（7）在 TankGame() 游戏类中创建 creat_walls() 方法，其中通过 random() 方法获取 200～660 的随机整数值，用来设置墙体对象的纵坐标，具体代码如下所示：

```
#创建墙体方法
```

```
def creat_walls(self):
    #获取墙体对象的个数,通过 for 循环创建墙体对象
    for i in range(int(WINDOW_WIDTH/40)):
        wall_h=random.randint(200,660)        #随机设置墙体的高度
        w=Wall(40*i,wall_h)                    #创建墙体精灵对象,并且传入墙体对象的位置参数
        self.wall_group.add(w)                 #将墙体精灵对象添加到墙体精灵组中
```

（8）在 TankGame()游戏类中创建__update_sprites 方法，通过精灵组提供的 draw()方法，显示精灵对象，具体代码如下所示：

```
#更新与绘制精灵组方法
def __update_sprites(self):
    #显示墙体精灵组
    self.wall_group.draw(self.screen)          #将墙体精灵组显示在游戏窗口中
```

（9）在 TankGame()游戏类 start_game()方法的游戏循环中调用__update_sprites()，使墙体精灵组显示在游戏窗口中，代码如下所示：

```
self.__update_sprites()                        #更新、绘制精灵组方法
```

（10）运行 main.py 文件，墙体的效果如图 5-7 所示。

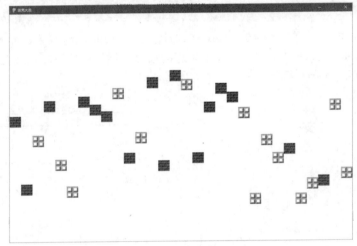

图 5-7　墙体效果

5.4.4　子弹精灵与精灵组的创建

在 "坦克大战" 小游戏中敌方坦克与玩家坦克都具有发射子弹的功能，可以创建一颗子弹精灵类，用于坦克发射子弹时创建子弹对象。创建子弹精灵组用来管理子弹精灵。因为坦克可以向上下左右四个方向移动，所以 images 文件夹保存水平方向与垂直方向两种类型的子弹图片。而且子弹应该从坦克的炮管中发射，所以子弹的初始位置需要通过坦克对象来设置。当子弹移动超出游戏屏幕时，需要将超出游戏屏幕的子弹精灵移除。

在 tank_sprite.py 文件中创建 Bullet()子弹精灵类，具体代码如下所示：

```
#创建子弹精灵类
class Bullet(pygame.sprite.Sprite):
    def __init__(self,tank):
```

```
        super().__init__()
        self.tank=tank                              #接受传入的坦克对象
        self.direction=self.tank.direction          #获取坦克的方向
        self.speed=self.tank.speed*3                 #设置子弹速度是坦克速度的 3 倍
        '''设置子弹的图片,
        当向上或者向下发射子弹时,选择垂直方向的子弹图片
        当向左或者向右发射子弹时,选择水平方向的子弹图片'''
        self.load_images=dict(UP=load_img('bullet1'),
            DOWN=load_img('bullet1'),
            LEFT=load_img('bullet1_r'),
            RIGHT=load_img('bullet1_r'))
        self.img=self.load_images[self.direction]    #根据坦克方向获取相应的子弹图片
        self.rect=self.img.get_rect()                #获取子弹图片的矩形对象
        self.live=True                               #子弹是否存活标志
        #确定子弹的初始位置,默认初始方向为向上
        self.rect.left,self.rect.top=self.get_bullet_pos()
    #设置子弹位置的方法
    def get_bullet_pos(self):
        #当坦克方向向上时,子弹垂直方向位置在坦克对象上方,水平方向位置在坦克对象中间
        if self.direction=='UP':
            left=self.tank.rect.left+self.tank.rect.width/2-self.rect.width/2
            top=self.tank.rect.top-self.rect.height
        #当坦克方向向下时,子弹垂直方向位置在坦克对象下方,水平方向位置在坦克对象中间
        elif self.direction=='DOWN':
            left=self.tank.rect.left+self.tank.rect.width/2-self.rect.width/2
            top=self.tank.rect.top+self.tank.rect.height
        #当坦克方向向左时,子弹垂直方向位置在坦克对象中间,水平方向位置在坦克对象左边
        elif self.direction=='LEFT':
            left=self.tank.rect.left-self.rect.width
            top=self.tank.rect.top+self.tank.rect.height/2-self.rect.height/2
        #当坦克方向向右时,子弹垂直方向位置在坦克对象中间,水平方向位置在坦克对象右边
        elif self.direction=='RIGHT':
            left=self.tank.rect.left+self.tank.rect.width+self.rect.width
            top = self.tank.rect.top+self.tank.rect.height/2-self.rect.height/2
        return left,top
    #子弹的移动方法,需要知道坦克的移动方向
    def update(self):
        self.image=self.load_images[self.direction]    #更新子弹图片
        #进行子弹移动设置
        if self.direction=='UP':
            #子弹的高度为 30,当子弹垂直方向位置小于 30 时,子弹超出上方屏幕需要删除
            if self.rect.top>30:
                self.rect.top-=self.speed                #子弹向上移动
            else:#超出屏幕边界,移除超出屏幕的子弹精灵
                self.kill()                              #杀死子弹精灵
        elif self.direction=='DOWN':
            #当子弹垂直方向位置大于(self.rect.top+self.rect.height)时,子弹超出下方屏幕需要删除
            if self.rect.top+self.rect.height<WINDOW_HEIGHT:
                self.rect.top+=self.speed                #子弹向下移动
            else:
                self.kill()
        elif self.direction=='LEFT':
```

```
                #当子弹水平方向位置小于 0 时,子弹超出左方屏幕需要删除
                if self.rect.left>0:
                    self.rect.left-=self.speed              #子弹向左移动
                else:
                    self.kill()
            elif self.direction=='RIGHT':
                #当子弹水平方向位置大于(self.rect.left+self.rect.width)时,子弹超出右方屏幕需要删除
                if self.rect.left+self.rect.width<WINDOW_WIDTH:
                    self.rect.left+=self.speed              #子弹向右移动
                else:
                    self.kill()
```

5.4.5　坦克精灵与精灵组的创建

坦克精灵分为敌方坦克精灵与玩家坦克精灵两种，其中敌方坦克精灵会自行移动与发射子弹，玩家坦克精灵由玩家控制进行移动与发射子弹。敌方坦克精灵与玩家坦克精灵除了移动方式与发射子弹方法有所不同之外，其他的属性与方法都基本一致。所以可以创建一个 Tank()精灵类，进行坦克通用属性的初始化设置，实现简单的坦克移动与发射子弹方法。然后分别创建 EnemyTank()精灵类与 MyTank()精灵类，这两个精灵类都继承了 Tank()精灵类，都拥有父类所有的属性与方法。在 EnemyTank()精灵类与 MyTank()精灵类中只需根据敌方坦克与玩家坦克的性质，将父类的属性或者方法进行重构，就可以形成符合要求的派生精灵子类。

Tank()精灵类与 EnemyTank()精灵类、MyTank()精灵类之间的联系如图 5-8 所示。

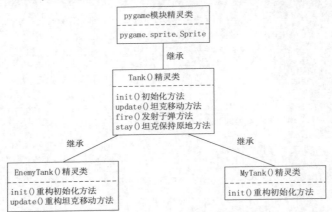

图 5-8　坦克类与其派生子类之间的联系

（1）在 tank_sprite.py 文件中创建 Tank()坦克精灵类。它具有 init()初始化方法，update()坦克移动方法，fire()发射子弹方法，stay()坦克保持原地方法，具体代码如下所示：

```
#创建一个坦克的精灵类
class Tank(pygame.sprite.Sprite):
    '''坦克精灵类初始化方法,
    设置坦克图片,移动方向、初始位置、生命值、移动速度、坦克子弹精灵组等坦克属性'''
    def __init__(self,left,top,image,health,direction,speed):
        super().__init__()          #继承 pygame 模块中精灵类的初始化方法
        self.load_image=image       #坦克图片字典,坦克上下左右四种图片以字典形式保存
        self.direction=direction    #坦克初始移动方向
```

```
        self.image=self.load_image[self.direction]#通过坦克的移动方向获取要加载的坦克图片
        self.rect=self.image.get_rect()        #获取坦克图片的矩形对象
        self.health=health                      #坦克的初始生命值
        #设置坦克的初始坐标
        self.rect.left=left
        self.rect.top=top
        self.speed=speed                        #坦克的移动速度
        #将坦克的宽、高设置为坦克图片的宽、高
        self.tank_width=self.rect.width
        self.tank_height=self.rect.height
        self.move_stop=True                     #坦克是否移动的标志,默认为True,表示坦克移动
        self.live=True                          #坦克是否存活
        self.old_left=0                         #坦克原有位置水平横坐标值,初始值为0
        self.old_top=0                          #坦克原有位置垂直纵坐标值,初始值为0
        self.bullet=pygame.sprite.Group()  #创建子弹精灵组用来保存子弹精灵
#发射子弹方法
def fire(self):
        bullet=Bullet(self)                     #创建子弹精灵
        self.bullet.add(bullet)                 #将子弹精灵添加到子弹精灵组中
#坦克移动方法
def update(self,direction):
        super().update()                        #继承精灵类的更新方法
        self.image=self.load_image[self.direction]#更新坦克图片
        #保存坦克的当前位置
        self.old_left=self.rect.left
        self.old_top=self.rect.top
        #进行坦克移动处理
        if direction=='UP':
          if self.rect.top<30:
            self.rect.top=30                     #当坦克到达屏幕上方,不能超出屏幕
          else:
            self.rect.top-=self.speed            #坦克向上移动
        elif direction == 'DOWN':
          if self.rect.top>WINDOW_HEIGHT-self.tank_height:
            self.rect.top=WINDOW_HEIGHT - self.tank_height
          else:
            self.rect.top += self.speed
        elif direction=='LEFT':
          if self.rect.left < 0:
            self.rect.left=0
          else:
            self.rect.left-=self.speed
        elif direction == 'RIGHT':
          if self.rect.left>WINDOW_WIDTH-self.tank_width:
            self.rect.left=WINDOW_WIDTH-self.tank_width
          else:
            self.rect.left+=self.speed
#坦克保持在原地的方法
def stay(self):
    #将坦克原来位置的坐标设置为现在的坐标
    self.rect.left=self.old_left
    self.rect.top=self.old_top
```

（2）在 tank_sprite.py 文件中创建 MyTank()坦克派生精灵子类，重构初始化方法，进行玩家坦克的初始化设置，加载玩家坦克图片，设置玩家坦克移动速度，具体代码如下所示：

```
#创建玩家坦克派生精灵子类
class MyTank(Tank):
  #重构初始化方法
  def __init__(self,left,top,health):
    #玩家坦克图片
    self.img=dict(UP=load_img('y_up'),
      DOWN=load_img('y_down'),
      LEFT=load_img('y_left'),
      RIGHT=load_img('y_right'))
    self.my_tank_speed=4#玩家坦克移动速度
    #继承父类初始化方法
    super().__init__(left,top,self.img,health,'UP',self.my_tank_speed)
```

（3）在 tank_sprite.py 文件中创建 EnemyTank()坦克派生精灵子类，重构初始化方法，进行敌方坦克的初始化设置，敌方坦克具有三种类型的坦克，它们具有不同的坦克图片、生命值、移动速度与积分，通过 random()方法随机设置敌方坦克类型。敌方坦克会自动改变移动方向，需要对父类的 update()方法进行重构，具体代码如下所示：

```
#创建敌方坦克派生精灵子类
class EnemyTank(Tank):
  def __init__(self,left,top):
    #第一种敌方坦克图片
    self.img1=dict(UP=load_img('e_up'),
      DOWN=load_img('e_down'),
      LEFT=load_img('e_left'),
      RIGHT=load_img('e_right'))
    self.img2=dict(UP=load_img('e1_up'),
      DOWN=load_img('e1_down'),
      LEFT=load_img('e1_left'),
      RIGHT=load_img('e1_right'))
    self.img3=dict(UP=load_img('e2_up'),
      DOWN=load_img('e2_down'),
      LEFT=load_img('e2_left'),
      RIGHT=load_img('e2_right'))
    #不同的坦克,生命值、移动速度、积分都不一样
    #随机创建敌方坦克类型
    image,health,speed=random.choice([(self.img1,3,1.5),(self.img2,2,1),(self.
img3,1,1)])
    self.integral=health#坦克的积分
    super().__init__(left,top,image,health,self.random_direction(),speed)
    #继承父类初始化方法
    self.step=100              #记录敌方坦克的可移动次数
  #随机设置坦克的移动方向
  @staticmethod
  def random_direction():
    n=random.randint(0,3)     #随机设置方向
    return DIRECTION[n]       #返回坦克移动方向
  #重构父类的 update()方法
  def update(self):
```

```
        if self.step==0:        #坦克可移动次数为零,更改坦克移动方向
            self.direction=self.random_direction()
            self.step=random.randint(10, 100)
        else:                    #坦克可移动次数不为零,继续移动
            super(EnemyTank,self).update(self.direction)#继承父类的 update()方法
            self.step-=1         #坦克可移动次数减 1
```

（4）在 main.py 文件 TankGame()游戏类中的__creat_sprite_group()方法中创建玩家坦克精灵、玩家坦克精灵组与敌方坦克精灵、敌方坦克精灵组,具体代码如下所示:

```
#创建玩家坦克精灵和精灵组
self.my_tank_health=3                                #设置玩家坦克生命值 3
#实例化玩家坦克对象,传入玩家坦克的初始横、纵坐标,生命值
self.hero=MyTank(MY_BIRTH_LEFT,MY_BIRTH_TOP,self.my_tank_health)
self.hero.move_stop=False                            #玩家坦克初始不移动
self.hero_group=pygame.sprite.Group(self.hero)      #将玩家坦克精灵添加到玩家坦克精灵组中
#创建敌方坦克的精灵组
self.enemy_group=pygame.sprite.Group()              #敌方坦克精灵组
self.creat_enemy_number=5                            #敌方坦克的数量
self.creat_enemy(self.creat_enemy_number)           #创建敌方坦克精灵
```

（5）在 main.py 文件 TankGame()游戏类中创建 creat_enemy()方法,敌方坦克精灵创建方法中,根据设定的敌方坦克个数,通过 for 循环逐个创建敌方坦克精灵,并且将创建的敌方坦克精灵添加到敌方坦克精灵组中,具体代码如下所示:

```
#创建敌方坦克精灵的方法
def creat_enemy(self,num):
    for i in range(num):
        #初始位置坐标
        left=random.randint(0,WINDOW_WIDTH-20)     #随机设置敌方坦克精灵横坐标
        enemy_tank=EnemyTank(left,30)              #创建敌方坦克精灵
        self.enemy_group.add(enemy_tank)           #将敌方坦克精灵添加到敌方坦克精灵组中
```

（6）在 main.py 文件 TankGame()游戏类的__update_sprites()方法中,进行玩家坦克精灵组与敌方坦克精灵组的显示更新设置,具体代码如下所示:

```
#敌方坦克精灵组的更新与绘制
self.enemy_group.update()                          #敌方坦克精灵组更新
self.enemy_group.draw(self.screen)                #敌方坦克精灵组绘制
#更新与绘制敌方坦克子弹
for enemy in self.enemy_group:
    enemy.bullet.update()                          #更新敌方坦克子弹精灵组
    enemy.bullet.draw(self.screen)                #绘制敌方坦克子弹精灵组
#玩家坦克精灵组的更新与绘制
if self.hero.live:                                 #判断坦克是否存活
    #判断坦克是否移动
    if self.hero.move_stop:
        self.hero_group.update(self.hero.direction)  #更新玩家坦克精灵组
        self.hero_group.draw(self.screen)
    #更新与绘制玩家坦克子弹
    self.hero.bullet.update()                      #更新玩家坦克子弹精灵组
    self.hero.bullet.draw(self.screen)            #绘制玩家坦克子弹精灵组
```

5.4.6　玩家坦克与敌方坦克的事件监听

玩家坦克的移动与发射子弹需要玩家进行操作，通过监听方法监听玩家的操作，根据玩家操作进行相应处理。敌方坦克能自行发射子弹，需要给敌方坦克精灵设置一个定时器常量，通过 pygame.time.set_timer()方法设置一个定时器事件。然后在监听方法中每隔一定的时间间隔监听这个定时器时间，进行相应的处理。

在 setting.py 文件中设置敌方坦克精灵的计时器常量，代码如下所示：

```
#敌方坦克发射子弹的定时器常量
ENEMY_FIRE_EVENT=pygame.USEREVENT
```

在 main.py 文件 TankGame()游戏类的 init()初始化方法中设置计时器事件，计时器参数单位是毫秒，1000 毫秒是一秒，代码如下所示：

```
#设置定时器事件——每隔 2s 发射一次子弹
pygame.time.set_timer(ENEMY_FIRE_EVENT,2000)
```

在 main.py 文件 TankGame()游戏类的__event_handler()事件监听方法的 for 循环中，进行玩家坦克移动、发射子弹与敌方坦克发射子弹的事件处理，代码如下所示：

```
#监听用户是否按下按键
if event.type==pygame.KEYDOWN:                    #用户按下按键
  if self.hero.live:                              #英雄坦克存活
    if event.key==K_w or event.key==K_UP:
      self.hero.direction='UP'                    #设置玩家坦克的移动方向
      self.hero.move_stop=True                    #值为 Flase 时,英雄坦克开始移动
    elif event.key==K_s or event.key==K_DOWN:
      self.hero.direction='DOWN'
      self.hero.move_stop=True
    elif event.key==K_a or event.key==K_LEFT:
      self.hero.direction='LEFT'
      self.hero.move_stop=True
    elif event.key==K_d or event.key==K_RIGHT:
      self.hero.direction='RIGHT'
      self.hero.move_stop=True
    elif event.key==K_SPACE:                      #按下空格键时玩家坦克发射子弹
      self.hero.fire()
    else:
      self.hero.move_stop=False
    elif event.type==pygame.KEYUP:                #用户松开按键
      self.hero.move_stop=False
#监听敌方坦克发射子弹定时器事件是否触发
if event.type==ENEMY_FIRE_EVENT:                  #敌方坦克发射子弹事件
  for enemy in self.enemy_group:                  #遍历敌方坦克精灵
    enemy.fire()                                  #敌方坦克精灵发射子弹
```

5.4.7　碰撞检测

在"坦克大战"小游戏中，存在许多碰撞事件。敌方坦克同玩家坦克、墙体之间的碰撞事件，敌方坦克子弹同玩家坦克、玩家坦克子弹、墙体之间的碰撞事件；玩家坦克子弹同敌方坦克、敌方坦克子弹、墙体之间的碰撞事件。这些碰撞事件可以通过 Pygame 模块提供的碰撞检

测方法进行检测，常用的碰撞检测方法如表 5-1 所示。

表 5-1　Pygame 模块中常用的碰撞检测方法

碰撞检测方法	说　明
pygame.sprite.groupcollide(group1,group2, dokill1,dokill2,collided=None)	用于精灵组与精灵组之间所有精灵的碰撞检测 dokill1 设置为 True, group1 精灵组中发生碰撞的精灵会被移除 collided 是发生碰撞时的回调函数，默认为空
pygame.sprite.spritecollide(sprite,group, dokill,collided=None)	用于精灵与精灵组之间所有精灵的碰撞检测 dokill 设置为 True，精灵组中发生碰撞的精灵会被移除 collided 是发生碰撞时的回调函数，默认为空
pygame.sprite.collide_rect(sprite1,sprite2)	用于精灵与精灵之间碰撞检测，检测的精灵对象是矩形
pygame.sprite.collide_circle(sprite1,sprite2)	用于精灵与精灵之间碰撞检测，检测的精灵对象是圆形 只是精灵对象中需要有一个表示半径的属性 radius

在 main.py 文件 TankGame()游戏类中创建__check_collide()方法，通过 Pygame 模块提供的方法进行碰撞检测，具体代码如下所示：

```
#碰撞检测方法
def __check_collide(self):
    #检测我方坦克是否碰到墙体
    for wall in self.wall_group:                      #遍历墙体精灵
      if pygame.sprite.collide_rect(self.hero,wall):  #进行玩家坦克精灵与墙体精灵的矩形检测
        self.hero.stay()                              #玩家坦克精灵碰到墙体精灵时,停留在原地
    #检测玩家子弹与墙体之间的碰撞针对精灵组与精灵组,后面参数表示是否删除发生碰撞的精灵
    pygame.sprite.groupcollide(self.hero.bullet,self.wall_group,True,False)
    for enemy in self.enemy_group:                    #获取敌方坦克精灵
      for wall in self.wall_group:                    #获取墙体精灵
        '''检测敌方坦克是否碰到墙体,针对精灵与精灵'''
        if pygame.sprite.collide_rect(enemy,wall):
          enemy.stay()
      #检测玩家坦克与敌方坦克碰撞,针对精灵与精灵
      if pygame.sprite.collide_rect(self.hero,enemy):
          self.hero.stay()                            #玩家坦克精灵停止移动
          enemy.stay()                                #敌方坦克精灵停止移动
      #检测敌方子弹与墙体之间的碰撞,针对精灵组与精灵组
      pygame.sprite.groupcollide(enemy.bullet,self.wall_group,True,False)
      #检测敌方子弹与玩家子弹之间的碰撞,针对精灵组与精灵组
      pygame.sprite.groupcollide(enemy.bullet,self.hero.bullet,True,True)
      #检测玩家子弹与敌方坦克之间的碰撞,针对精灵与精灵组
      enemy_hit=pygame.sprite.spritecollide(enemy,self.hero.bullet,True)
      if enemy_hit:                                   #当敌方坦克被击中时
        enemy.health-=1                               #敌方坦克被击中,生命值减1
        if enemy.health==0:                           #当敌方坦克死亡时
          self.game_integral+=enemy.integral          #游戏积分增加杀死敌方坦克的积分
          enemy.kill()                                #杀死敌方坦克精灵
        else:
          if enemy.health==2:                         #坦克生命值为2时
```

```
        #敌方坦克的图片更新为生命值为2的类型的图片
        enemy.load_image=enemy.img2
    elif enemy.health==1:
        enemy.load_image=enemy.img3
        #检测敌方子弹与我方坦克之间的碰撞
        hero_hit=pygame.sprite.spritecollide(self.hero,enemy.bullet,True)
    if hero_hit:                              #玩家坦克被击中时
        self.hero.health-=1                   #玩家坦克生命值减1
    if self.hero.health==0:                   #玩家坦克生命值为0时
        self.hero.live=False                  #玩家坦克死亡
        self.hero_group.empty()               #清空玩家坦克精灵组
        self.enemy_group.empty()              #清空敌方坦克精灵组
        self.wall_group.empty()               #清空墙体精灵组
        #显示游戏结束界面
        self.gameOver=True                    #游戏结束
        #将游戏纪录进行存储
        integral=eval(read())                 #获取历史积分数据
        #当玩家新纪录超过历史纪录时将新纪录进行保存
        if self.game_integral>integral['积分']:
            time=datetime.datetime.now().strftime('%Y-%m-%d %H:%M:%S')
            data={'积分':self.game_integral,'时间':time}
            save(str(data))                   #保存数据
```

在 main.py 文件 TankGame()游戏类 start_game()执行游戏方法的游戏循环，调用 check_collide()
碰撞检测方法，来检测游戏精灵的碰撞。

5.4.8 游戏关卡逻辑的实现

在游戏循环中进行游戏逻辑的编写，当玩家坦克消灭当前关卡的所有敌方坦克后运行，玩
家会进入下一关卡的游戏，重新生成墙体精灵，重新生成敌方坦克，通过一关敌方坦克数量加
1，玩家坦克生命值加 1，具体代码如下所示：

```
#游戏关卡逻辑
len_enemy=len(self.enemy_group)               #获取敌方坦克精灵的个数
if not self.gameOver:                         #判断游戏是否结束
    if len_enemy==0:                          #判断敌方坦克数量是否为0
        self.creat_enemy_number+=1            #创建敌方数量加1
        self.creat_enemy(self.creat_enemy_number)  #创建敌方坦克精灵
        self.number+=1                        #游戏关卡层数加1
        self.hero.health+=1                   #玩家坦克生命值加1
        #将英雄坦克设置到初始位置
        self.hero.direction='UP'              #更改坦克方向
        self.hero.image=self.hero.load_image[self.hero.direction]#更新坦克图片
        self.hero.rect.left=MY_BIRTH_LEFT     #设置坦克横坐标
        self.hero.rect.top=MY_BIRTH_TOP       #设置坦克纵坐标
        #重新生成墙体
        self.wall_group.empty()               #清除原有的墙体精灵
        self.creat_walls()                    #重新创建墙体
```

运行 main.py 文件，运行结果如图 5-9 所示。

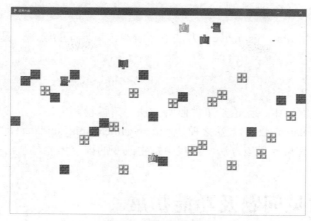

图 5-9 游戏运行结果

5.4.9 游戏结束界面

"坦克大战"小游戏中,当玩家坦克生命值为 0 时,游戏结束,显示游戏结束界面,游戏结束界面中显示"GAME OVER""最高纪录"和"再来一次"等文字,Pygame 模块中通过 pygame.font.SysFont(字体,字号)进行文字的设置。在 TankGame()游戏类中创建 draw_gameover() 方法用来进行游戏结束界面的绘制,具体代码如下所示:

```
#绘制游戏结束界面
def draw_gameover(self):
    title_font=pygame.font.SysFont('方正舒体',180)   #设置字体
    center_font=pygame.font.SysFont('方正舒体',80)   #设置字体
    data=eval(read())                               #读取玩家最高纪录,并转化为字典格式
    #"GAME OVER"文字渲染为图片
    self.game_over=title_font.render('GAME OVER',True,(255,0,0))
    self.gameOverRect=self.game_over.get_rect()     #获取图片文字矩形
    #设置矩形位置,midtop 相当于矩形对象的中心点 x 值与矩形顶部 y 的值
    self.gameOverRect.midtop=(WINDOW_WIDTH/2,120)
    #"再来一次"文字渲染为图片
    self.again=center_font.render('再来一次',True,(0,0,0))
    self.againRect=self.again.get_rect()
    self.againRect.midtop=(WINDOW_WIDTH/2,550)
    #"最高纪录"文字渲染为图片
    self.recordText=center_font.render('最高纪录',True,(0,0,0))
    self.recordTextRect=self.recordText.get_rect()
    self.recordTextRect.midtop=(WINDOW_WIDTH/2,400)
    #将玩家纪录文字渲染为图片
    self.record=self.font.render('积分:{}  时间:{}'.format(data['积分'],data['时间']),
True,(255,0,0))
    self.recordRect=self.record.get_rect()
    self.recordRect.midtop=(WINDOW_WIDTH/2,500)
    self.screen.fill((255,255,255))                 #绘制背景色
    #绘制文字图片
    self.screen.blit(self.game_over,self.gameOverRect)
    self.screen.blit(self.again,self.againRect)
    self.screen.blit(self.recordText,self.recordTextRect)
```

```
        self.screen.blit(self.record,self.recordRect)
```

在游戏循环中调用 draw_gameover()方法进行游戏结束界面的绘制，具体代码如下所示：

```
#绘制游戏结束界面
if self.gameOver:              #当游戏结束时
    self.draw_gameover()       #绘制游戏结束界面
```

需要注意在游戏循环中，无论是事件监听方法、碰撞检测方法、游戏逻辑或者绘制界面方法都要在 pygame.display.update()方法之前执行。pygame.display.update()是 Pygame 模块提供的显示更新的方法，只有执行了该方法，游戏中发生改变的内容才能显示出来。

5.5 开发常见问题及功能扩展

开发"坦克大战"小游戏时需要对游戏需求进行完善的分析，充分理解游戏的逻辑结构。对游戏逻辑理解不够充分，在开发过程中会导致功能模块出现冲突，导致程序出现 BUG。

在开发过程中有时会出现游戏界面没有按照期望的情形更新的情况，这时需要检查在游戏循环中与界面绘制相关的功能代码是否在 pygame.display.update()方法之前执行，若没有在 pygame.display.update()方法之前执行，需要将与界面绘制相关的代码进行调整。

当前版本的"坦克大战"小游戏还比较简单，在后续版本中可以添加一些墙体类型（草地、河流）。草地坦克可以通过，子弹也可以通过；河流坦克不能通过，子弹可以通过，坦克获取坦克道具可以通过河流。添加功能道具（子弹道具、坦克道具）。子弹道具可以让坦克发射不同类型的子弹，例如打碎砖墙、铁墙；坦克道具可以让坦克通过河流。取消随机地图，进自定义关卡地图；添加游戏音效及爆炸效果。

第6章

"贪吃蛇"小游戏开发

本章概述

本章学习"贪吃蛇"小游戏的开发，该游戏项目主要也是通过 Pygame 模块实现。游戏项目的开发需要先进行游戏的需求分析，再进行游戏的功能设计，然后实现游戏功能。整个游戏主要划分为游戏开始界面、游戏运行界面、游戏结束界面。游戏最重要的功能模块是创建"贪吃蛇"对象、创建"苹果"对象和移动"贪吃蛇"。

知识导读

本章要点（已掌握的在方框中打钩）

☐ "贪吃蛇"小游戏需求分析
☐ "贪吃蛇"小游戏功能设计
☐ 游戏开始界面的实现
☐ 游戏运行界面的实现
☐ 游戏结束界面的实现

6.1 项目开发背景

"贪吃蛇"是一款非常经典的小游戏，它陪伴了一代人的童年时光。我们通过 Pygame 模块来实现这个小游戏，在实现"贪吃蛇"小游戏的过程中，学习 Pygame 模块的知识，加深对 Pygame 模块的理解。

6.2 系统开发环境及工具

操作环境：Windows 7 及以上操作系统。
开发工具：PyCharm 2019。

开发语言：Python 3.6。

开发所需模块：Pygame、sys、random、datatime。

6.3 系统功能设计

首先进行"贪吃蛇"小游戏的需求分析，然后完成"贪吃蛇"小游戏的功能模块分析与业务流程设计。

6.3.1 需求分析

"贪吃蛇"小游戏的需求主要有以下几点：

（1）游戏中分为"蛇"与"苹果"两个游戏对象。

（2）在游戏屏幕中绘制网格线，便于玩家进行游戏。

（3）游戏开始后会创建"蛇"与"苹果"两个对象，玩家需要操控"蛇"，吃掉"苹果"。

（4）每吃一个"苹果"，获取相应积分，"蛇"长度加一，并且随机生成一个新的"苹果"。

（5）玩家通过上、下、左、右方向键或者 W、A、S、D 按键来控制"蛇"的移动，在"蛇"移动过程中，玩家不能控制"蛇"由原方向直接向相反方向移动。

（6）当"蛇的头部"触碰到游戏区域边界或者"蛇身"时，"蛇"会死亡，游戏结束。

（7）游戏结束时，显示游戏结束界面，在该界面中显示"GAME OVER""最高纪录""玩家纪录""按任意键继续游戏～～～"等文字信息。玩家按下键盘上的任意按键后，可以重新进行游戏。

6.3.2 功能模块分析

"贪吃蛇"小游戏的游戏主体是"蛇"与"苹果"。其次还需要创建游戏开始界面，在该界面等待用户操作进入游戏。

游戏运行界面，在该界面中玩家控制"蛇"吃掉游戏区域中生成的"苹果"；游戏区域上方显示相关的游戏信息（游戏时间与玩家得分），游戏区域绘制网格线，美化界面方便用户操作。

游戏结束界面，该界面显示"GAME OVER""最高纪录""玩家纪录""按任意键继续游戏～～～"等文字信息。玩家按下任意键后，可以重新进行游戏，"贪吃蛇"小游戏的功能模块如图 6-1 所示。

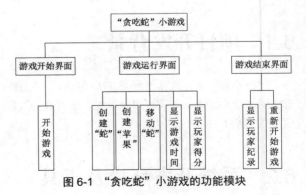

图 6-1 "贪吃蛇"小游戏的功能模块

6.3.3 业务流程设计

完成"贪吃蛇"小游戏的需求分析与功能模块分析后，要进行业务流程设计。

（1）运行游戏后，显示游戏开始界面。

（2）按任意键进入游戏运行界面，生成"苹果"与"蛇"，显示游戏时间与玩家得分等信息。玩家控制"蛇"进行移动，吃掉游戏区域中的"苹果"，获取相应积分，"蛇"长度增加，随机生成新的苹果。

（3）"蛇的头部"触碰到游戏区域边界或者"蛇身"时，游戏结束，进入游戏结束界面。

（4）在这个界面会显示玩家最高的历史纪录，玩家按下键盘上的任意按键，重新进行游戏。

其主体业务流程如图 6-2 所示。

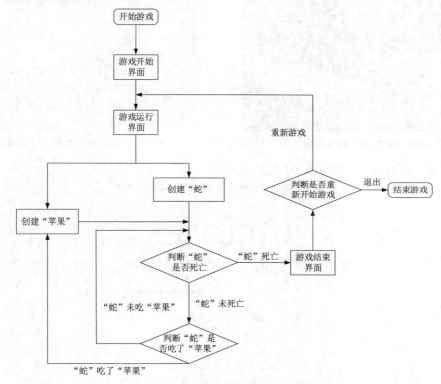

图 6-2 "贪吃蛇" 小游戏业务流程

6.3.4 运行效果预览

"贪吃蛇"小游戏运行后，首先显示的是游戏开始界面，玩家按任意按键会进入游戏运行界面。

在游戏运行界面中会在游戏屏幕上绘制网格线，创建"苹果"与"蛇"。在游戏屏幕上方显示玩家的游戏时长与得分信息。当玩家控制的"贪吃蛇"头部触碰到游戏区域边界或者"蛇身"时，游戏就会失败，然后显示游戏结束界面。

在游戏结束界面会显示玩家成绩最好的游戏历史纪录，玩家可以按任意按键重新进行游戏。

"贪吃蛇"小游戏的游戏开始界面如图 6-3 所示。

"贪吃蛇"小游戏的游戏运行界面如图 6-4 所示。

图 6-3 "贪吃蛇"游戏开始界面

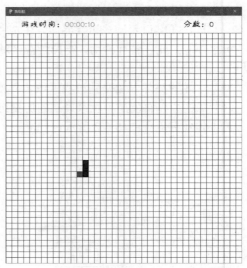

图 6-4 "贪吃蛇"游戏运行界面

"贪吃蛇"小游戏的游戏结束界面如图 6-5 所示。

图 6-5 "贪吃蛇"游戏结束界面

6.3.5 项目结构

在"贪吃蛇"小游戏项目中主要有 resources（项目资源文件夹）、images（项目图片资源文件夹）、game_record.text（玩家最高纪录文件）、setting.py（项目配置文件）、snake.py（项目主程序文件）、util.py（项目工具方法文件），具体的项目结构如图 6-6 所示。

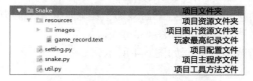

图 6-6 "贪吃蛇"小游戏项目结构

6.4 系统功能技术实现

通过对"贪吃蛇"小游戏的需求分析,完成了该项目的功能模块图与业务流程图。下面进入到功能模块的实现阶段,进行功能模块的代码编写,从而完成整个项目的开发。

6.4.1 "贪吃蛇"项目的创建

进行"贪吃蛇"小游戏的开发,首先创建一个名为 Snake 的文件夹,用来保存项目文件。然后在 Snake 文件夹中创建一个名为 resources 的文件夹,用于存放项目所需资源文件,最后在 resources 文件夹中创建名为 images 的文件夹,将项目运行所需的图片保存在该文件夹中。

运行项目前,需要对游戏窗口大小、游戏文字或者窗口背景的颜色进行设置,这些设置参数内容较多,为了简化项目主程序中的代码数量,将这些参数统一存放在 setting.py 配置文件中。

在项目文件夹中创建名为 setting.py 的文件,进行项目的参数配置,具体配置内容如下所示:

```
#贪吃蛇游戏的参数配置
#游戏窗口尺寸配置
WINDOW_WIDTH=800                                #游戏窗口宽度
WINDOW_HEIGHT=860                               #游戏窗口高度
'''为了方便游戏中"蛇"与"苹果"位置的划分,将游戏区域划分为若干个大小相同的单元格
其中一个"苹果"占一个单元格,"蛇"身体的每个部位也占一个单元格,"蛇"的移动以
单元格为单位'''
cell_size=20                                    #游戏窗口转化为格子来表示
map_width=WINDOW_WIDTH/cell_size                #水平方向方格的个数
map_height=WINDOW_HEIGHT/cell_size              #垂直方向方格的个数
HEAD=0                                          #头部的下标
#游戏中常用颜色的设置
White=(255,255,255)                             #白色
Black=(0,0,0)                                   #黑色
Yellow=(255,255,0)                              #黄色
Red=(255,0,0)                                   #红色
Green=(0,255,0)                                 #绿色
dark_green=(0,155,0)                            #暗绿色
Gray=(230,230,230)                              #灰色
dark_gray=(40,40,40)                            #暗灰色
Blue=(0,0,255)                                  #蓝色
dark_blue=(0,0,139)                             #暗蓝色
#项目资源文件路径设置
IMAGE_POSITION='resources/images/'              #图片路径
FILE_POSITION='resources/game_record.text'      #文件路径
```

6.4.2 "贪吃蛇"小游戏窗口的创建

在项目文件夹中创建名为 snake.py 的文件,这是"贪吃蛇"小游戏的主程序文件。在该文件中创建 main()方法,这是游戏运行的主程序方法。在该方法中进行游戏窗口大小、窗口名称、游戏时钟等内容的初始化设置,创建游戏循环,调用游戏开始方法与游戏结束方法。

游戏开始界面在游戏运行过程中只显示一次,因此 show_play_game()方法不在 main()方法

的游戏循环中调用，main()方法的具体实现代码如下所示：

```
import pygame,sys,random,time      #导入pygame模块与其他相关模块
from pygame.locals import *        #导入pygame中经常用到的一些常量
from setting import *              #导入配置文件
from util import *                 #导入工具文件
#游戏主函数
def main():
    #声明全局常量,方便其他方法使用（窗口对象,游戏时钟对象,字体对象）
    global SCREEN,GAME_CLOCK,FONT,SCORE
    pygame.init()                  #进行初始化
    #生成游戏窗口的surface对象
    SCREEN=pygame.display.set_mode((WINDOW_WIDTH,WINDOW_HEIGHT))
    #设置游戏窗口的标题
    pygame.display.set_caption('贪吃蛇')
    GAME_CLOCK=pygame.time.Clock()    #创建游戏时钟对象
    #创建字体对象,第一个参数是字体,第二个参数是字号
    FONT= pygame.font.SysFont('方正舒体',40)
    game_sign=True                 #游戏标志,决定游戏是否继续运行
    show_play_game()               #调用游戏开始界面方法
    #游戏循环
    while game_sign:
        play_game()                #调用开始游戏函数
        show_game_over()           #调用结束游戏函数
```

在该文件中创建游戏入口，实现游戏运行，代码如下所示：

```
#主程序入口
if __name__=='__main__':
    main()                         #运行游戏主方法
```

6.4.3 退出游戏功能的实现

"贪吃蛇"小游戏的本质是一个游戏循环，为了中断游戏循环退出游戏，需要创建一个退出游戏方法，当玩家退出游戏时调用该方法，实现退出游戏功能。

在 snake.py 文件中创建 game_over()方法，用来实现游戏退出功能，具体代码如下所示：

```
#结束游戏的方法
def game_over():
    pygame.quit()
    sys.exit()
```

6.4.4 游戏开始界面的实现

游戏窗口创建完成后进入游戏开始界面，游戏开始界面分为显示界面功能和检测玩家操作功能。显示界面功能是将游戏开始界面的背景图片、文字信息等内容显示在游戏窗口中；检测玩家操作功能是通过 pygame.event.get()方法获取玩家的操作，根据玩家的操作判断是退出游戏还是进入游戏运行界面。

在 snake.py 文件中创建 show_play_game()方法，在该方法中创建所需的图片与绘制文字对象，然后创建一个 while 循环进行玩家操作监听，当玩家做出预定的操作后，结束循环，退出

游戏或者进入游戏运行界面，具体代码如下所示：

```
#游戏开始界面
def show_play_game():
    #创建文字与图片对象
    tip=FONT.render('按任意键开始游戏~~~',True,dark_gray)#通过render()方法将文字渲染成图片
    game_bg=load_img('game')        #通过自定义的工具方法load_img()加载图片
    #绘制文字与图片
    #此处的先后顺序决定了图层的层级顺序,先执行的在下层,后执行的在上层
    SCREEN.blit(game_bg,(-80,0))    #绘制背景图片,并设置位置
    SCREEN.blit(tip,(200,600))      #绘制文字
    pygame.display.update()         #Pygame提供的更新显示方法,不使用该方法,绘制的内容无法显示
    is_true=True                    #循环的标志
    while is_true:                  #键盘监听事件
        for event in pygame.event.get():   #获取事件类型
            if event.type==QUIT:           #事件类型为退出
                game_over()                #终止程序,退出游戏
            elif event.type==KEYDOWN:      #事件类型为按键
                is_true=False              #结束此函数,进入游戏运行界面
```

6.4.5　游戏运行界面的实现

游戏运行界面包括显示游戏信息（游戏时间、玩家得分）、绘制网格、创建"蛇"、创建"苹果"、移动"蛇"等功能。

1. 绘制网格

为了优化玩家的游戏体验，增加游戏界面美观程度，需要为游戏窗口绘制网格线。通过网格线的绘制，玩家可以更好地操纵"蛇"去吃"苹果"。

游戏运行界面的游戏窗口分为上下两部分，上方用来显示游戏信息，下方用来显示游戏内容。网格线绘制在游戏内容部分，网格线分为水平网格线和垂直网格线，游戏信息部分的高度为 60。水平网格线的绘制范围是从垂直位置 60 到 WINDOW_HEIGHT（窗口高度），水平网格线的长度为游戏窗口的宽度；垂直网格线的绘制范围是从水平位置 0 到 WINDOW_WIDTH（窗口宽度），垂直网格线的长度为 WINDOW_HEIGHT-60；其示意图如图 6-7 所示。

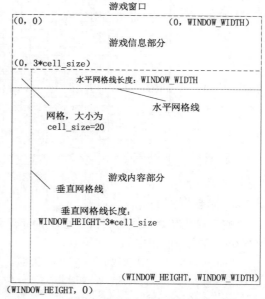

图 6-7　网格线的绘制逻辑

在 snake.py 文件中创建 draw_grid()方法，用来进行网格线的绘制，在该方法中通过 Pygame 模块提供的 pygame.draw.line()方法进行直线的绘制，其具体实现代码如下所示：

```
#绘制网格方法
def draw_grid():
```

```
#绘制垂直网格线,从 20 开始到 WINDOW_WIDTH 结束,步长为 cell_size
for x in range(cell_size,WINDOW_WIDTH,cell_size):
    #pygame.draw.line()方法中的参数是,游戏窗口对象,网格线的起点坐标与终点坐标
    pygame.draw.line(SCREEN,dark_gray,(x,3*cell_size),(x,WINDOW_HEIGHT))
#绘制水平网格线,从 3*cell_size 开始到 WINDOW_HEIGHT 结束,步长为 cell_size
for y in range(3*cell_size,WINDOW_HEIGHT,cell_size):
    pygame.draw.line(SCREEN,dark_gray,(0,y),(WINDOW_WIDTH,y))
```

在 play_game()运行游戏方法中调用 draw_grid()方法，进行游戏区域网格线的绘制，其运行效果如图 6-8 所示。

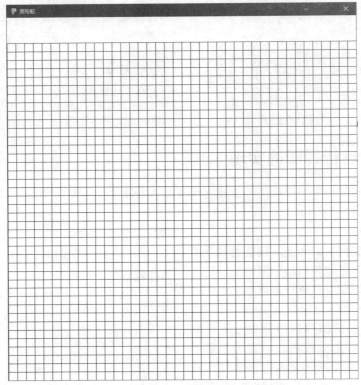

图 6-8 "贪吃蛇"小游戏绘制网格效果

2. 创建"蛇"

"蛇"对象初始长度为三格，通过 snake_list 列表将"蛇"各部位的坐标进行存储。其初始位置在游戏区域的正中间，初始方向向右。

在 snake.py 文件中创建 play_game()方法，先进行"蛇"对象的创建，具体创建代码如下所示：

```
#开始游戏
def play_game():
    #设置"蛇"的初始位置,在地图中间
    snake_x=int(map_width/2)
    snake_y=int(map_heigth/2)
    snake_list=[{'x':snake_x,'y':snake_y},          #"蛇的头部"坐标
        {'x':snake_x-1,'y':snake_y},                #"蛇身"坐标
        {'x':snake_x-2,'y':snake_y}]
    direction='RIGHT'                               #"蛇"的初始方向是向右
```

3. "蛇" 对象的绘制

"贪吃蛇" 对象的身体部分使用具有颜色的方块表示,为了使 "蛇" 的形象更美观,将 "蛇" 身体的方块分为两部分,其中外部颜色为深色,内部颜色为浅色。

在 snake.py 文件中创建 draw_snake()方法,用来进行 "蛇" 对象的显示,具体实现代码如下所示:

```python
#绘制"蛇"对象方法,该方法需要传递"蛇"的坐标列表
def draw_snake(snak_list):
    #遍历"蛇"的坐标列表
    for item in snak_list:
        #"蛇"外部的矩形对象,其尺寸为20*20
        snankRect=pygame.Rect(item['x']*cell_size,item['y']*cell_size,cell_size,
cell_size)
        #绘制"蛇"的外部矩形对象,颜色为暗蓝色
        pygame.draw.rect(SCREEN,dark_blue,snankRect)
        #"蛇"内部的矩形对象,其尺寸为12*12
        snakInnerRect=pygame.Rect(snankRect.left+4,snankRect.top+4,cell_size-8,cell
_size-8)
        #绘制"蛇"的内部矩形对象,颜色为蓝色
        pygame.draw.rect(SCREEN,Blue,snakInnerRect)
```

4. 创建 "苹果"

"苹果" 对象是 "贪吃蛇" 的食物,当玩家控制 "贪吃蛇" 吃掉 "苹果" 后会获得相应积分,并且会重新生成一个 "苹果" 对象。"苹果" 对象占据一个单元格,并且 "苹果" 对象是在游戏区域内随机创建的。

在 snake.py 文件中创建 make_apple()方法创建 "苹果" 对象,需要注意 "苹果" 对象不能超出游戏区域也不能创建在 "贪吃蛇" 对象身体内部。要将 "贪吃蛇" 对象的坐标列表当作参数传到 make_apple()方法中,具体实现代码如下所示:

```python
#生成"苹果"对象
def make_apple(snake_list):
    #食物不能出现在游戏区域外,食物也不能出现在蛇的身体中
    is_true=True                    #循环标志
    while is_true:
        #"苹果"在游戏区域内随机生成,"苹果"的坐标
        apple={'x':random.randint(0,map_width-1),'y':random.randint(3,map_heigth-1)}
        #判断"苹果"是否出现在"贪吃蛇"的身体中
        for item in snake_list:     #遍历"贪吃蛇"的坐标列表
            #判断"苹果"的坐标与"贪吃蛇"的坐标是否有重合
            if apple['x']==item['x']and apple['y']==item['y']:
                is_true=True
                break               #结束当前for循环,重新生成"苹果"对象
            else:
                is_true=False       #退出while循环
    return apple                    #返回"苹果"对象
```

5. 绘制 "苹果"

在 snake.py 文件中创建 draw_apple()方法进行 "苹果" 对象的绘制,通过 make_apple()方法创建 "苹果" 对象,其位置坐标是使用单元格单位表示的。在 draw_apple()方法中绘制 "苹果"

对象时，需要将"苹果"对象的位置坐标转化为游戏窗口中真实的位置坐标，具体实现代码如下所示：

```
#绘制"苹果"对象方法
def draw_apple(apple):
    #将"苹果"对象的位置坐标转化为游戏窗口的真实坐标
    x=apple['x']*cell_size
    y=apple['y']*cell_size
    #"苹果"的矩形对象
    appleRcct=pygame.Rect(x,y,cell_size,cell_size)
    #绘制"苹果"矩形对象
    pygame.draw.rect(SCREEN,Red,appleRcct)
```

6. 判断"蛇"是否死亡

玩家在控制"贪吃蛇"进行移动时，需要判断"蛇"是否存活。若"蛇"存活，则按照玩家的操作指令，进行"蛇"的移动；若"蛇"死亡，则游戏结束，进入游戏结束界面。

在 sanke.py 文件中创建 snake_is_live()方法用来判断"蛇"是否有生命值，该方法需要"蛇"的坐标列表作为参数。当"贪吃蛇"的头部坐标同游戏区域的边界坐标或者身体坐标重合时，"蛇"就死亡了，具体实现代码如下所示：

```
#判断"蛇"是否死亡的方法
def snake_is_live(snake_list):
    flage=False                #"蛇"存活的标志,默认为 False,表示"蛇"活着
    #判断头部是否触碰到游戏区域边界
    if snake_list[HEAD]['x']==-1or snake_list[HEAD]['x']==map_width or snake_list
[HEAD]['y']==2or
        snake_list[HEAD]['y']==map_heigth:
        flage=True             #头部碰到了游戏区域边界,"蛇"生命值消失
        #遍历"蛇"的身体
        for item in snake_list[1:]:
            #判断头部是否触碰到身体
            if item['x']==snake_list[HEAD]['x']and item['y']==snake_list[HEAD]['y']:
                flage=True     #"蛇的头部"碰到"蛇的身体",生命值消失
        return flage           #返回"蛇"存活的标志
```

7. "蛇"的移动

"贪吃蛇"的移动要经过两部分处理，第一部分是通过 pygame.event.get()方法监听玩家操作，获取"贪吃蛇"的移动方向；第二部分是根据"贪吃蛇"的移动方向，调用 move_snake()方法进行"蛇"的移动。

在 play_game()方法中创建一个 while 循环，循环监听玩家操作和进行游戏逻辑处理。更改"贪吃蛇"移动方向时，需要注意"贪吃蛇"不能直接变更为向相反的方向移动。例如"贪吃蛇"正在向上移动，玩家不能控制"贪吃蛇"直接向下移动，具体实现代码如下所示：

```
while True:                        #游戏逻辑循环
    #遍历用户操作事件
    for event in pygame.event.get():
        if event.type==QUIT:
            game_over()            #调用退出游戏方法
        elif event.type==KEYDOWN:  #用户按下键盘时
            #当"蛇"向右走时不能直接向左走
            if(event.key==K_LEFT or event.key==K_a)and direction!='RIGHT':
```

```
                direction='LEFT'        #将"贪吃蛇"的移动方向更改为向左
        elif(event.key==K_RIGHT or event.key==K_d)and direction!='LEFT':
                direction='RIGHT'
        elif(event.key==K_UP or event.key==K_w)and direction!='DOWN':
                direction='UP'
        elif(event.key==K_DOWN or event.key==K_s)and direction!='UP':
                direction='DOWN'
```

"贪吃蛇"移动的过程可以简化为，根据"蛇"移动方向，在"蛇"头部位之前添加一个方块，并将"蛇"尾部位删除一个方块。这样就实现了"贪吃蛇"的移动过程。当"贪吃蛇"在移动过程中吃到"苹果"时，只需在"蛇"头部位添加一个方块，"蛇"尾部位不必删除方块，"贪吃蛇"移动的过程如图 6-9 所示。

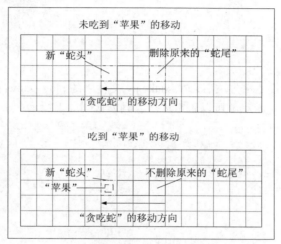

图 6-9 "贪吃蛇"移动的过程

在 snake.py 文件中创建 move_snake()方法，进行"贪吃蛇"的移动，该方法需要"贪吃蛇"的移动方向和"贪吃蛇"的坐标列表作为参数。根据"贪吃蛇"移动方向在"贪吃蛇"坐标列表中添加一个新的头部坐标，具体实现代码如下所示：

```
#移动"贪吃蛇"方法,需要"贪吃蛇"的移动方向和坐标列表作为参数
def move_snake(direction,snake_list):
#根据移动方向,创建新的头部坐标
if direction=='UP':
  newHead={'x':snake_list[HEAD]['x'],'y':snake_list[HEAD]['y']-1}
elif direction=='DOWN':
  newHead={'x':snake_list[HEAD]['x'],'y':snake_list[HEAD]['y']+1}
elif direction=='LEFT':
  newHead={'x':snake_list[HEAD]['x']-1,'y':snake_list[HEAD]['y']}
elif direction=='RIGHT':
  newHead={'x':snake_list[HEAD]['x']+1,'y':snake_list[HEAD]['y']}
#将新的"蛇头部"坐标插入坐标列表中
snake_list.insert(0,newHead)
```

8. 判断"蛇"是否吃到"苹果"

在 move_snake()方法中只进行了"蛇头"方块的添加，并未进行"蛇尾"方块的删除操作，这样"蛇"在移动过程中会变得越来越长，不符合游戏的需求。要实现游戏需求需要判断"蛇"

是否吃到"苹果"，若"蛇"吃到"苹果"，不删除"蛇尾"方块；若"蛇"未吃到"苹果"，则删除"蛇尾"方块。

在 snake.py 文件中创建 snake_is_eat()方法用来判断"蛇"是否吃到"苹果"，该方法需要"蛇"坐标列表与"苹果"对象作为参数，通过"蛇头"坐标与"苹果"坐标进行判断。"蛇"吃到"苹果"，玩家获得相应积分，并且生成新的苹果，具体实现代码如下所示。

```python
#判断"蛇"是否吃到"苹果"
def snake_is_eat(snake_list,apple):
    #当"蛇头"与"苹果"坐标重合时,说明"苹果"被吃掉了,要新生成一个"苹果",并计一个积分
    if snake_list[HEAD]['x']==apple['x']and snake_list[HEAD]['y']==apple['y']:
        apple=make_apple(snake_list)          #生成一个新的"苹果"
    else:
        #没吃到说明"蛇"在移动,"蛇"身体的格子数要保持不变,删除"蛇尾"的格子
        del snake_list[-1]
    return apple                              #返回"苹果"对象
```

9. 绘制玩家得分

实现"贪吃蛇"游戏逻辑方法后，在 snake.py 文件中的 play_game()方法中的游戏逻辑循环中调用相应的逻辑方法，游戏就可以正常运行，具体代码如下所示：

```python
GAME_CLOCK.tick(SNAKE_SPEED)              #设置"蛇"的移动速度,游戏刷新率
move_snake(direction,snake_list)          #调用移动"蛇"方法
apple=snake_is_eat(snake_list,apple)      #调用判断"蛇"是否吃到"苹果"方法
SCORE=len(snake_list)-3                    #设置玩家积分
fix=snake_is_live(snake_list)             #调用判断"蛇"是否存活方法
if fix:
    #保存玩家纪录
    record=eval(read())                    #获取玩家最高纪录,并转化为字典格式
    if SCORE>record['积分']:
        #获取时间
        time_now=time.strftime("%Y-%m-%d %X")
        data={'积分':SCORE,'时间':time_now}
        save(str(data))                    #保存数据
        break#蛇死了,结束play_game()方法,执行show_game_over()#显示游戏结束界面
#按照先后顺序和层级绘制游戏内容
#1.背景
SCREEN.fill(White)
#2.网格
draw_grid()
#3.绘制苹果
draw_apple(apple)
#4.绘制"蛇"
draw_snake(snake_list)
#5.绘制积分
draw_score(SCORE)
#6.绘制时间
draw_time(start_time)
pygame.display.update()#更新游戏界面
```

在 snake.py 文件中创建 draw_score()方法用来绘制玩家得分，该方法需要玩家得分作为参数，具体实现代码如下所示：

```
#绘制玩家成绩方法
def draw_score(score):
    #设置游戏字体
    font=pygame.font.SysFont('方正舒体',30)
    #将文字渲染为图片
    score=font.render('分数: %s'% score, True,Black)
    #获取玩家得分文字矩形对象
    scoreRect=score.get_rect()
    #设置玩家得分对象位置
    scoreRect.topleft=(WINDOW_WIDTH-200,10)
    #绘制玩家得分内容
    SCREEN.blit(score,scoreRect)
```

6.4.6　游戏结束界面的实现

　　游戏结束界面分为两部分，一部分显示"GAME OVER""按任意键继续游戏~~~"和玩家最高纪录等文字信息；另一部分根据玩家操作，退出游戏或者重新开始游戏。

　　在 snake.py 文件中创建 show_game_over()方法，该方法中一部分用来进行游戏结束界面内容的显示，另一部分通过 while 循环对玩家操作进行监听，判断玩家是继续游戏还是退出游戏，具体实现代码如下所示：

```
#绘制游戏结束界面方法
def show_game_over():
  data=eval(read())#获取玩家最高游戏纪录,并将数据转化为字典格式
    gameOverFont=pygame.font.SysFont('方正舒体',200)        #设置游戏字体
    game=gameOverFont.render('Game',True,Red)
    over=gameOverFont.render('Over',True,Red)
    center_font=pygame.font.SysFont('方正舒体',80)
    recordText=center_font.render('最高纪录',True,Black)
    recordTextRect=recordText.get_rect()
    record=FONT.render('积分: {}   时间: {}'.format(data['积分'],data['时间']),True,Red)
    recordRect=record.get_rect()
    again=FONT.render('按任意键继续游戏~~~',True,Black)
    gameRect=game.get_rect()
    overRect=over.get_rect()
    againRect=again.get_rect()
    gameRect.midtop=(WINDOW_WIDTH/2,WINDOW_HEIGHT/2-400)
    overRect.midtop=(WINDOW_WIDTH/2,WINDOW_HEIGHT/2-200)
    recordTextRect.midtop=(WINDOW_WIDTH/2,WINDOW_HEIGHT-400)
    recordRect.midtop=(WINDOW_WIDTH/2,WINDOW_HEIGHT-300)
    againRect.midtop=(WINDOW_WIDTH/2,WINDOW_HEIGHT-200)
    SCREEN.blit(game,gameRect)
    SCREEN.blit(over,overRect)
    SCREEN.blit(recordText,recordTextRect)
    SCREEN.blit(record,recordRect)
    SCREEN.blit(again,againRect)
    pygame.display.update()                                 #更新显示游戏结束界面内容
    is_true=True
    while is_true:                                          #监听玩家操作
        for event in pygame.event.get():
            if event.type == QUIT:
```

```
        game_over()          #调用退出游戏方法
    elif event.type==KEYDOWN:
        is_true=False         #结束此函数,重新开始游戏
```

6.5 开发常见问题及功能扩展

开发"贪吃蛇"小游戏时需要对游戏需求进行完善的分析,充分理解游戏的逻辑结构。对游戏逻辑理解不够充分,在开发过程中会导致功能模块出现冲突,导致程序出现 BUG。

在开发过程中实现玩家控制"蛇"移动与创建"苹果"对象方法时,很容易出错,比如忽略了"蛇"在向上方移动时,玩家不能通过键盘上的 S 按键或者向下的按键,控制"蛇"直接向下移动。而应该先控制"蛇"向左或者向右移动后,才能向上移动;创建"苹果"对象时,只考虑到游戏区域边界的问题,忽略了"蛇"的身体坐标位置。"苹果"对象不能出现在游戏区域边界之外,也不能出现在"蛇"身体内部。

当前版本的"贪吃蛇"小游戏功能虽已经完善,但是在一些细节方面还存在缺失,在后续版本中可以添加游戏音效,也可以通过"蛇"图片或者"苹果"图片来替代方块,使得游戏界面更加美观。还可以根据游戏时长来调整"蛇"的移动速度,游戏时间越长,"蛇"移动速度越快。

第 7 章

画图小工具开发

本章概述

本章学习画图小工具的开发，该项目主要通过 Pygame 模块实现。项目的开发需要先进行项目的需求分析，再进行项目的功能设计，然后实现项目功能。整个项目主要分为菜单类与画笔类，菜单类创建菜单对象，用户通过菜单对象设置画笔属性；画笔类创建画笔对象，用户通过画笔对象进行绘画。

知识导读

本章要点（已掌握的在方框中打钩）
☐ 画图小工具需求分析
☐ 画图小工具功能设计
☐ 画图小工具菜单类的实现
☐ 画图小工具画笔类的实现

7.1　项目开发背景

现在越来越多的人喜欢利用空闲时间进行绘画或者涂鸦，但是很多人并没有准备纸张和画笔，在绘画或者涂鸦时会发现，没有合适的纸张，或者找不到合适颜色的画笔，这样就非常影响画画的心情。而且就算纸张和画笔都准备好了，完成的画作也不方便保存。因此可以通过Pygame 模块开发一个画图小工具，用户可以通过这个画图小工具进行绘画或者涂鸦，并且这个画图小工具可以将用户绘画的内容保存下来，方便用户查看与整理。

7.2　系统开发环境及工具

操作环境：Windows 7 及以上操作系统。

开发工具：PyCharm 2019。

开发语言：Python 3.6。

开发所需模块：Pygame、sys、random、time、math。

7.3　系统功能设计

首先进行画图小工具的需求分析，然后完成画图小工具的功能模块分析与业务流程设计。

7.3.1　需求分析

画图小工具的需求主要有以下几点：

（1）画图小工具分为绘画与保存两个功能。

（2）创建工具菜单，方便用户设置画笔的属性，用户可以通过工具菜单设置画笔的粗细、颜色、橡皮擦工具等。

（3）创建画笔对象，玩家可以控制画笔在画布上绘制内容。

（4）用户单击"保存"按钮，可以将绘画或者涂鸦内容进行保存。

（5）绘画或者涂鸦内容保存为.png 格式的图片，图片名称以日期时间加随机数字命名。

7.3.2　功能模块分析

画图小工具的主要功能模块是菜单类和画笔类。

菜单类创建菜单对象，菜单对象设置画笔粗细、颜色以及保存绘画内容。

画笔类创建画笔对象，画笔对象进行图画或者涂鸦的绘制。

画图小工具的功能模块如图 7-1 所示。

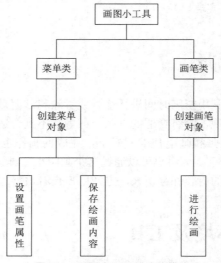

图 7-1　画图小工具的功能模块

7.3.3 业务流程设计

运行画图小工具项目后，通过菜单类与画笔类创建菜单对象与画笔对象。用户通过菜单上的按钮设置画笔对象的粗细、颜色等属性，使用画笔对象在画布上进行绘画或者涂鸦。绘画结束后单击"保存"按钮将绘画内容保存。画图小工具的业务流程如图 7-2 所示。

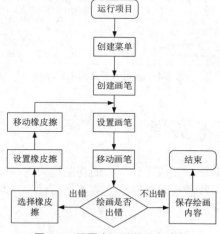

图 7-2 画图小工具的业务流程

7.3.4 运行效果预览

画图小工具运行后会创建一个窗口。窗口背景为白色，在窗口左侧创建菜单，菜单中有用来保存绘画内容的按钮，设置画笔与橡皮擦属性的相关按钮（设置画笔粗细、显示画笔粗细、设置画笔颜色）。画图小工具实际运行效果如图 7-3 所示。

图 7-3 画图小工具运行效果

7.3.5 项目结构

在画笔小工具项目中主要有 resources（项目资源文件夹）、images（项目图片资源文件夹）、

upload（保存用户绘画内容文件夹）、app.py（项目功能模块文件）、main.py（项目主程序文件）、setting.py（项目配置文件）、util.py（项目工具方法文件），具体的项目结构如图 7-4 所示。

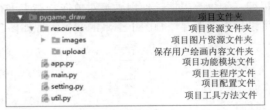

图 7-4　画图小工具的项目结构

7.4　系统功能技术实现

通过画图小工具的需求分析，完成了该项目的功能模块图与业务流程图。下面进入到功能模块的实现阶段，进行功能模块的代码编写，完成整个项目的开发。

7.4.1　项目的创建

进行画图小工具的开发，首先需要创建一个画图小工具项目。在 PyCharm 中创建一个名为 pygame_draw 的文件夹，用来保存项目文件。然后在 pygame_draw 文件夹中创建一个名为 resources 的文件夹，用来存放项目所需的资源文件，在 resources 文件夹中创建名为 images 的文件夹，将项目运行所需的图片保存在该文件夹中。

开发画图小工具前，需要对软件窗口大小、窗口背景的颜色等内容进行设置，这些参数比较杂乱。为了简化项目主程序中的代码数量，保持代码整洁，将这些参数统一存放在 setting.py 配置文件中。

在项目文件夹中创建名为 setting.py 的文件，用于项目的参数配置，具体参数配置内容如下所示：

```
#画图小工具配置文件
#窗口尺寸配置
WINDOW_WIDTH=1200 #游戏窗口宽度
WINDOW_HEIGHT=800 #游戏窗口高度
#常用颜色设置
White=(255,255,255)
Black=(0,0,0)
Yellow=(255,255,0)
Red=(255,0,0)
Green=(0,255,0)
dack_green=(0,155,0)
Gray=(230,230,230)
dark_gray=(40,40,40)
Blue=(0,0,255)
dark_blue=(0,0,139)
#文件路径设置
```

```
IMAGE_POSITION='resources/images/'  #图片路径
FILE_POSITION='resources/upload/'   #用户绘画文件保存路径
```

7.4.2　系统功能的实现

画图小工具窗口功能的实现需要导入 Pygame 模块，对窗口初始化进行设置，创建游戏循环并在游戏循环中监听用户操作，根据用户操作来关闭工具窗口，其业务流程如图 7-5 所示。

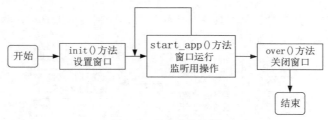

图 7-5　窗口业务流程

在项目文件夹中创建 main.py 文件，导入相关模块，创建 Point()类，该类中的 init()方法用来进行窗口的初始化设置和游戏时钟的创建；start_app()方法进行窗口的运行，监听用户操作，处理业务逻辑；over()方法用来关闭窗口。

（1）实现 Point()类的 init()方法，对窗口进行初始化设置，具体代码如下所示：

```
import pygame,sys
from pygame.locals import *                   #导入 Pygame 中的常量
from setting import *                         #导入配置文件
#创建绘画类,进行窗口设置,运行窗口和业务逻辑处理
class Point():
    #初始化方法,进行窗口的初始化设置
    def __init__(self):
        pygame.init()                         #初始化 Pygame 模块
        self.screen=pygame.display.set_mode((WINDOW_WIDTH,WINDOW_HEIGHT))#初始化窗口
        pygame.display.set_caption('绘画板')   #设置窗口标题
        self.clock=pygame.time.Clock()        #设置时钟
```

（2）实现 over()方法，完成退出窗口功能，具体代码如下所示：

```
#退出窗口方法
def over(self):
  pygame.quit()
  sys.exit()
```

（3）实现 start_app()方法，运行游戏窗口，通过 for 循环遍历用户操作，调用 over()方法退出窗口，具体代码如下所示：

```
#程序运行的主逻辑方法
def start_app(self):
  while True:                                #游戏循环
    self.clock.tick(30)                      #设置刷新帧率
    #监听用户操作
    for event in pygame.event.get():
      if event.type==QUIT:
        self.over()                          #调用退出方法
```

（4）创建程序主入口，实例化 Point()类，执行 start_app()方法运行项目，具体代码如下所示：

```
#程序主入口
if __name__=='__main__':
    point=Point()       #创建绘制类实例化对象
    point.start_app() #运行开始方法
```

7.4.3 菜单类的实现

画图小工具菜单类主要对菜单工具栏初始化设置，绘制菜单工具栏，为菜单工具栏中的按钮绑定单击事件，其业务流程如图 7-6 所示。

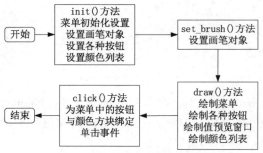

图 7-6 菜单类业务流程

1. 菜单类中初始化方法的实现

在菜单类初始化的方法中可以对保存按钮、画笔按钮、橡皮擦按钮、画笔粗细调节按钮、图片加载等进行设置，还可以对画笔颜色列表与颜色列表位置进行设置。在项目文件夹中创建 app.py 文件，然后创建 menu()菜单类，实现 init()初始化方法，具体实现代码如下所示：

```
import pygame
#创建菜单工具类
class Menu():
    '''
    菜单工具类初始化方法
    参数 screen 是 Pygame 模块窗口初始化返回的 surface 对象
    初始化方法中进行画笔颜色列表颜色与位置设置
    保存按钮、画笔按钮、橡皮擦按钮、画笔粗细调整按钮的图片加载与位置设置'''
    def __init__(self,screen):
        self.screen=screen                    #接收窗口对象
        self.brush=None                       #画笔对象，默认为空
        self.old_brush_color=Black            #画笔默认颜色,黑色
        self.rubber_color=White               #橡皮擦的颜色,白色
        #加载保存按钮图片并设置其位置
        self.save=load_img('save')            #加载保存按钮图片
        self.saveRect=self.save.get_rect()    #获取保存按钮的矩形对象
        #设置保存按钮的坐标
        self.saveRect.left=10
        self.saveRect.top=4
        #加载画笔图片并设置其位置
        self.pen=load_img('pen')
        self.penRect=self.pen.get_rect()
        self.penRect.left=10
```

```
        self.penRect.top=74
        #加载橡皮擦按钮图片并设置其位置
        self.rubber=load_img('rubber')
        self.rubberRect=self.rubber.get_rect()
        self.rubberRect.left=10
        self.rubberRect.top=138
        #加载画笔大小调整按钮图片
        self.size_img=[
            load_img('plus'),                           #加号按钮
            load_img('minus')]                          #减号按钮
        #设置画笔大小调整按钮的坐标
        self.size_rect=[]
        for(i,img)in enumerate(self.size_img):
            rect=pygame.Rect(10+i*32,202,32,32)
            self.size_rect.append(rect)
        #设置画笔颜色列表
        self.colors=[
            (0xff,0x00,0xff),(0x80,0x00,0x80),          #粉色,深紫色
            (0x00,0x00,0xff),(0x00,0x00,0x80),          #蓝色,深蓝色
            (0x00,0xff,0xff),(0x00,0x80,0x80),          #天蓝色,暗天蓝色
            (0x00,0xff,0x00),(0x00,0x80,0x00),          #亮绿色,暗绿色
            (0xff,0xff,0x00),(0x80,0x80,0x00),          #黄色,暗黄色
            (0xff,0x00,0x00),(0x80,0x00,0x00),          #红色,暗红色
            (0xc0,0xc0,0xc0),(0x00,0x00,0x00),          #浅灰色,黑色
            (0xff,0xff,0xff),(0xc0,0xc0,0xff),          #白色,蓝灰色
            (0x80,0x80,0x80),(0x00,0xc0,0x80),]         #深灰色,青绿色
        self.colors_rect=[]                             #存放画笔颜色方块位置的列表
        #通过enumerate枚举同时获取列表的索引与值
        #颜色方块分为两列,每个方块的大小为32
        for(i,color) in enumerate(self.colors):         #遍历颜色列表
            #设置颜色方块坐标
            x=10+i%2*32                                 #判断颜色方块属于哪一列来设置横坐标
            y=310+int(i/2)*32                           #判断颜色方块属于哪一行来设置纵坐标
            #通过pygame.Rect()方法创建矩形对象,参数分别为left,top,width,height
            rect=pygame.Rect(x,y,32,32)
            self.colors_rect.append(rect)               #将颜色方块对象添加到列表中
```

2. 菜单类中设置画笔方法的实现

在菜单类中创建 set_brush()方法，进行画笔对象的设置，具体实现代码如下所示：

```
#设置画笔对象方法
def set_brush(self,brush):
    '''
    该方法中需要的一个参数
    brush参数是一个画笔对象'''
    self.brush=brush
```

3. 菜单类中绘制菜单方法的实现

在菜单类中创建 draw()方法，该方法用来绘制保存按钮、画笔按钮、橡皮擦按钮、画笔粗细调整按钮、画笔预览窗口、画笔颜色方块等内容，具体实现代码如下所示：

```
#绘制菜单方法
def draw(self):
```

```
    '''
    绘制菜单方法进行菜单工具栏内容的绘制
    在绘制菜单工具栏时要注意绘制的先后顺序
    首先绘制菜单工具栏的背景,再绘制菜单工具栏的边框,最后绘制其他内容'''
    #绘制左侧菜单窗口背景色
    pygame.draw.rect(self.screen,(255,255,255),(0,0,80,WINDOW_HEIGHT))
    #绘制左侧菜单窗口的边框
    pygame.draw.rect(self.screen,(0,0,0),(8,72,68,530),1)
    #绘制保存按钮
    self.screen.blit(self.save,self.saveRect.topleft)
    #绘制画笔按钮
    self.screen.blit(self.pen,self.penRect.topleft)
    #绘制橡皮擦按钮
    self.screen.blit(self.rubber,self.rubberRect.topleft)
    #绘制画笔粗细调整按钮
    #遍历画笔粗细调整按钮图片列表
    for(i,img)in enumerate(self.size_img):
        #按钮图片列表与按钮位置列表是一一对应的
        #根据按钮图片的索引值从按钮位置列表中获取相应的按钮位置
        self.screen.blit(img,self.size_rect[i].topleft)
    #绘制用来显示画笔的预览窗口
    #绘制预览窗口边框
    pygame.draw.rect(self.screen,(0,0,0),(10,244,64,64),1)
    #预览窗口中画笔的粗细
    size=self.brush.get_size()
    #设置预览窗口中画笔的位置
    x=42
    y=276
    #在预览窗口中显示画笔粗细与颜色,画笔对象为圆形
    pygame.draw.circle(self.screen,self.brush.get_color(),(x,y),int(size))
    #绘制画笔颜色方块
    for(i,color)in enumerate(self.colors):
        #方块颜色列表与方块位置列表是一一对应的
        #根据方块颜色列表的索引值从方块位置列表中获取相应的方块位置
        pygame.draw.rect(self.screen,color,self.colors_rect[i])
    pygame.display.update()#更新显示界面
```

菜单类工具栏的运行效果如图 7-7 所示。

4. 菜单类中单击按钮事件的实现

完成菜单绘制后,用户单击菜单栏上的内容时,并不能实现相应的操作,需要完成单击事件方法的绑定后才能实现相应的效果。单击事件方法主要有单击保存按钮事件、单击画笔事件、单击橡皮擦事件、单击画笔粗细调整按钮事件、单击画笔颜色方块事件。

触发单击事件方法时需要判断用户是否单击菜单栏中的内容,在游戏循环中对用户操作进行监听,通过 Pygame 模块提供的 MOUSEBUTTONDOWN 事件类型来判断用户是否按下鼠标按键,若用户按下按键,通过 event.pos 获取用户鼠标光标的位置坐标,判断鼠标光标是否在菜单栏上,如果鼠标光标在菜

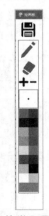

图 7-7　菜单类工具栏运行效果

单栏上，那么将鼠标光标的位置坐标传递给菜单类的 click()方法，根据光标坐标执行相应的单击事件方法。菜单栏单击事件的业务流程如图 7-8 所示。

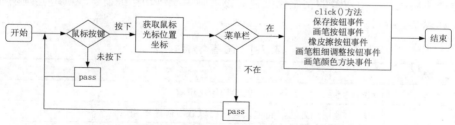

图 7-8 菜单栏单击事件的业务流程

菜单类中按钮单击事件方法具体实现代码如下所示：

```
#菜单栏中按钮的单击事件方法
def click(self,position):
    '''
    菜单栏按钮的单击事件方法需要一个参数 position
    这个参数是鼠标光标的位置坐标
    通过 Rect.collidepoint()方法判断鼠标光标是否与菜单栏按钮重合
    若重合执行相应的单击事件'''
    #单击保存按钮事件
    if self.saveRect.collidepoint(position):
        #调用自定义的 save()方法,保存用户绘画内容
        save(self.screen)
    #单击画笔事件
    if self.penRect.collidepoint(position):
        #设置画笔颜色为默认颜色,黑色
        self.brush.set_color(self.old_brush_color)
    #单击橡皮擦事件
    if self.rubberRect.collidepoint(position):
        #将画笔颜色设置为橡皮擦的颜色,白色
        self.brush.set_color(self.rubber_color)
    #单击加减号事件
    for(i,rect)in enumerate(self.size_rect):        #遍历调整画笔粗细按钮
        #判断鼠标光标是否与按钮重合
        if rect.collidepoint(position):
            #按钮是增加画笔粗度
            if i==0:
                #每次单击该按钮画笔粗度增加 0.5
                self.brush.set_size(self.brush.get_size()+0.5)
            #按钮是减小画笔粗度
            elif i==1:
                #每次单击该按钮画笔粗度减小 0.5
                self.brush.set_size(self.brush.get_size()-0.5)
    #单击颜色方块事件
    for(i,rect)in enumerate(self.colors_rect):    #遍历颜色方块对象
        #判断鼠标光标是否与颜色方块重合
        if rect.collidepoint(position):
            #设置画笔的颜色
            #self.colors[i]是用户单击颜色方块对应的颜色
            self.brush.set_color(self.colors[i])
```

7.4.4　画笔类的实现

画笔类主要进行画笔对象的初始化设置，设置画笔颜色、粗细，实现画笔绘画功能，所包含的方法如表 7-1 所示。

表 7-1　画笔类方法

方　　法	说　　明
init()	初始化方法，进行画笔对象的初始化设置
get_size()	获取画笔粗细方法，通过该方法可以获取画笔的粗细
set_size()	设置画笔粗细方法，通过该方法设置画笔的粗细，画笔粗细范围是 0.5～32
get_color()	获取画笔颜色方法，通过该方法可以获取画笔的颜色
set_color()	设置画笔颜色方法，通过该方法可以设置画笔的颜色
start_draw()	开始绘制方法，将绘画标志 drawing 设置为 True，并保存起始点位置坐标
end_draw()	结束绘制方法，将绘画标志 drawing 设置为 False
get_points()	获取绘画路径坐标方法，绘画的本质是在起点与终点之间填充无数个点，从而形成一条线
draw()	绘制画笔的路径线条，并将结束点的位置坐标设置为新的起点坐标

1. 画笔类中初始化方法的实现

在 app.py 文件中创建 Brush()画笔类，画笔类的初始化方法要进行画笔颜色、画笔粗细、画笔起始点位置坐标、画笔绘画标志等的设置，具体代码如下所示：

```
#画笔类
class Brush():
    def __init__(self,screen):
        '''
        画笔类初始化方法
        需要一个参数 screen,是 surface 窗口对象
        设置画笔粗细、颜色、绘画标志
        创建画笔对象
        记录画笔起始点位置坐标'''
        #接收窗口对象
        self.screen=screen
        #设置画笔初始粗细
        self.size=3
        #画笔初始颜色,默认黑色
        self.color=black
        #绘画的标志,默认为 False,不进行绘制
        self.drawing=False
        #画笔起始点位置坐标,默认为空
        self.start_position=None
        self.brush=pygame.Rect(0,0,3,3)#创建画笔对象
```

2. 画笔类中获取画笔粗细方法的实现

在画笔类中创建 get_size()方法，获取画笔对象的粗细，主要用来进行菜单栏画笔预览窗口中的画笔粗细的显示，以及其他方法中的调用，具体代码如下所示：

```
#获取画笔的粗细
def get_size(self):
    #返回画笔对象的粗细
    return self.size
```

3. 画笔类中设置画笔粗细方法的实现

在画笔类中创建 set_size()方法，用来设置画笔的粗细，画笔粗细的范围是 0.5px～32px，当画笔粗细为 0.5px 时，用户单击菜单栏上的"减小画笔"按钮，画笔粗细不再减小；画笔粗细为 32 时，用户单击菜单栏上"增加画笔"按钮，画笔粗细不再增加，具体代码如下所示：

```
#设置画笔粗细方法
def set_size(self,size):
    #参数 size 是用户设置的画笔粗细
    #判断用户设置的画笔粗细是否超出范围
    if size<0.5:
        size=0.5
    elif size>32:
        size=32
    #设置画笔的粗细
    self.size=size
```

4. 画笔类中获取画笔颜色方法的实现

在画笔类中创建 get_color()方法，获取画笔对象的颜色，主要用来进行菜单栏画笔预览窗口中画笔颜色的显示，以及其他方法中的调用，具体代码如下所示：

```
#获取画笔的颜色
def get_color(self):
    #返回画笔对象的颜色
    return self.color
```

5. 画笔类中设置画笔颜色方法的实现

在画笔类中创建 set_color()方法，用于画笔颜色的设置，具体代码如下所示：

```
#设置画笔颜色方法
def set_color(self,color):
    #参数 color 是用户设置的画笔颜色
    self.color=color
```

6. 画笔类中获取画笔绘画路径方法的实现

画笔的绘画路径就是用户使用鼠标在画布上留下轨迹的位置坐标列表，将绘画出的线条进行放大可以发现线条是由许多点组成的，实现绘画的原理就是记录绘画时的起始点与结束点，在这两点之间添加无数个点，连接起来形成线条。不断地将用户上次移动的终点更改为新的起点，然后在中间添加许多点，这样就能记录用户的绘画路径。绘画原理如图 7-9 所示。

在画笔类中创建 get_points()方法，记录

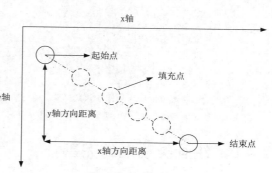

图 7-9　绘画原理

画笔绘画时的轨迹位置坐标列表，具体代码如下所示：

```python
#记录画笔绘画轨迹位置坐标列表方法
def get_points(self,position):
    '''
    画笔绘画轨迹位置坐标列表方法
    需要一个参数 position,是鼠标光标的当前位置坐标
    通过 math.sqrt()方法获取鼠标光标当前位置与起始位置的长度'''
    #将鼠标光标的起始点坐标添加到 points 列表中
    points=[(self.start_position[0],self.start_position[1])]
    #x 轴方向上两点的间隔
    len_x=position[0]-self.start_position[0]
    #y 轴方向上两点的间隔
    len_y=position[1]-self.start_position[1]
    #两点之间的直线长度
    length=math.sqrt(len_x**2+len_y**2)
    #x 轴方向上添加点的步长
    step_x=len_x/length
    #y 轴方向上添加点的步长
    step_y=len_y/length
    #根据两点之间的距离添加相应个数的点
    for i in range(int(length)):
        #将新增的点插入到 points 列表中的倒数第一个位置
        points.append((points[-1][0]+step_x,points[-1][1]+step_y))
    #通过 lambda 表达式将 points 中的点坐标值进行四舍五入取整
    points=map(lambda x:(int(0.5+x[0]),int(0.5+x[1])),points)
    #返回画笔轨迹坐标列表,并去除重复的点坐标
    return list(set(points))
```

7. 画笔类中获取画笔绘画路径方法的实现

在画笔类中创建 draw()方法，该方法调用 get_points()方法获取鼠标绘画轨迹的坐标列表进行绘制，每次绘制完成都要将当前的鼠标光标坐标设置为新的起始点坐标，具体代码如下所示：

```python
#绘制绘画轨迹方法
def draw(self,position):
    '''
    绘制绘画轨迹方法
    该方法需要一个 position 参数,这个参数是鼠标光标的当前位置坐标'''
    #根据绘画标志判断是否进行绘画
    if self.drawing:
        #遍历绘画轨迹坐标列表
        for p in self.get_points(position):
            #在每个点坐标上都绘制实心点
            pygame.draw.circle(self.screen,self.color,p,int(self.size))
        #将当前的鼠标光标坐标更新成新的画笔的起始位置坐标
        self.start_position=position
```

7.4.5　绘画类功能的完善

菜单类与画笔类实现后，需要在 main.py 文件中进行 Point()绘画类功能的完善，首先需要

实例化菜单类的对象与画笔类的对象，然后是游戏循环中对用户操作进行监听，根据用户的操作执行菜单对象与画笔对象中相应的方法。

1. 实例化菜单类对象与画笔类对象

在 Point()绘画类的初始化方法中创建画笔对象与菜单对象，并将画笔对象设置到菜单对象中，具体代码如下所示：

```
#创建画笔对象
self.brush=Brush(self.screen)
#创建菜单对象
self.menu=Menu(self.screen)
#将画笔对象设置到菜单对象中
self.menu.set_brush(self.brush)
```

2. 检测用户操作调用相应的对象方法

在游戏循环中监听用户操作，用户按下鼠标按键，需要判断鼠标光标位置是在菜单栏上还是画布上，光标在菜单栏上执行菜单对象是 click()方法，光标在画布上执行画笔对象是 start_draw()方法。监听用户操作事件的业务流程如图 7-10 所示。

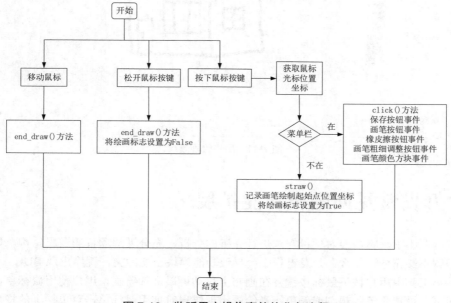

图 7-10　监听用户操作事件的业务流程

在游戏循环中通过 MOUSEBUTTONDOWN（按下鼠标按键）、MOUSEMOTION（移动鼠标）、MOUSEBUTTONUP（松开鼠标按键）三种事件类型判断用户操作，执行相应的对象方法，具体代码如下所示：

```
#按下鼠标按键事件
elif event.type==MOUSEBUTTONDOWN:
    #event.pos 是鼠标单击时的坐标（x,y）
    #判断鼠标光标是否在菜单栏上
    if event.pos[0]<=74:
        #调用菜单对象的 click()方法,并传递鼠标光标的位置坐标
        self.menu.click(event.pos)
```

```
        else:
            #调用画笔对象的 start_draw()方法,并传递鼠标光标的位置坐标
            self.brush.start_draw(event.pos)        #开始绘画
#移动鼠标事件
elif event.type==MOUSEMOTION:
        #调用画笔对象的 draw()方法,并传递鼠标光标的位置坐标
        self.brush.draw(event.pos)                  #绘画动作
#松开鼠标按键事件
elif event.type==MOUSEBUTTONUP:
        #调用画笔对象的 end_draw()方法,停止绘画
        self.brush.end_draw()                       #停止绘画#创建画笔
```

用户使用鼠标绘画的效果如图 7-11 所示。

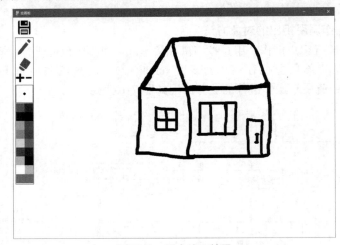

图 7-11   用户绘画效果

7.5   开发常见问题及功能扩展

开发画图小工具时需要对项目需求进行完善的分析,充分理解项目的逻辑结构。如果对游戏逻辑理解不够充分,那么在开发过程中会导致功能模块出现冲突,程序出现 BUG。

画图小工具中用户按下鼠标按键并在画布上移动可以进行绘画,用户使用鼠标单击菜单栏上的按钮可以设置画笔的粗细或颜色。当绘画出现错误时使用鼠标单击菜单栏上的橡皮擦,然后在错误地方按下鼠标按键进行拖动,就可以清除错误内容。在实现画笔类的绘画方法时,要在每次绘制结束时更新起始点的坐标,否则绘制的内容是从起始点开始的一条射线。

当前版本的画图小工具功能虽已经完善,但是在一些细节方面还存在缺失,在后续版本中可以添加不同形状的画笔(钢笔、铅笔、毛笔),也可以设置一些简单的图形(矩形、圆形、三角形、多边形)方便用户使用。

第8章

"你画我猜" 小程序开发

本章概述

本章学习 "你画我猜" 小程序的开发,项目分为两部分,小程序界面使用微信提供的开发工具进行开发,服务器后台部分通过 Flask 框架实现,数据存储使用 MySQL 数据库。整个小程序有三个主要功能,绘画出题界面、用户设置题目信息以及根据题目信息进行绘画。在闯关界面,用户根据提示信息,回答问题,回答正确获取积分进入下一关。排行榜界面显示通关前十名的用户信息。

知识导读

本章要点(已掌握的在方框中打钩)
- ☐ "你猜我画" 小程序需求分析
- ☐ "你猜我画" 小程序功能设计
- ☐ "你猜我画" 小程序的注册与创建
- ☐ 绘画出题界面的实现
- ☐ 闯关界面的实现
- ☐ 排行榜界面的实现

8.1 项目开发背景

近年来,微信小程序的热度越来越高,众多商家开始关注并且投入到这一市场中,各种各样的小程序出现在人们的日常生活中。小程序对于传统的应用软件来讲,内容和功能不够丰富和完善,但是小程序具有无须下载安装、随开随用的优点,可以极大地节省手机资源,提高用户的使用体验。本章将使用 Flask+微信小程序+MySQL 数据库开发一个 "你画我猜" 小程序。

8.2 系统开发环境及工具

操作环境:Windows 7 及以上操作系统。

开发工具：PyCharm 2019、微信开发工具。

开发语言：Python 3.6、微信内置的 WXML、WXSS、JS。

开发所需模块：Flask、sys、random、time、re 等模块。

数据库：MySQL。

8.3 系统功能设计

首先进行"你画我猜"小程序的需求分析，然后完成"你画我猜"小程序的功能模块分析与业务流程设计。

8.3.1 需求分析

"你画我猜"小程序的需求主要有以下几点：

（1）用户首次登录"你画我猜"小程序需要进行相关授权，授权内容为获取用户的微信昵称、微信头像、性别等信息。

（2）用户进入"你画我猜"小程序后在首页显示用户的微信头像、微信昵称、用户当前通关数、排行榜按钮、开始闯关按钮、绘画出题按钮。

（3）用户单击排行榜按钮，跳转到排行榜界面，在该界面显示闯关最多、积分最高的前十名用户信息。

（4）用户单击开始闯关按钮，跳转到闯关界面，该界面根据用户通过的关卡数显示相应的关卡内容，用户若通过全部关卡，则会跳转到成功通关界面。

（5）用户单击绘画出题按钮，跳转到绘画出题界面，该界面需要填写题目相关的信息（题目名称、题目类型、题目字数、题目难度），填写完题目信息内容后单击"确定"按钮，题目信息会被保存，并将题目显示在绘画出题界面上方。也可通过绘画出题界面上方的"修改题目"按钮进行题目信息的修改。

（6）用户设置完题目信息后，在该界面选择画笔在画布上绘画与题目相关的内容。绘画出错时，可以使用橡皮擦工具进行涂抹。完成绘画后单击发布按钮，用户设置题目信息与绘画的图片将保存到数据库中。

8.3.2 功能模块分析

画图小工具主要分为登录授权界面、首页、排行榜界面、闯关界面、绘画出题界面。

（1）登录授权界面，获取用户微信昵称、头像等信息。

（2）首页，显示用户与关卡信息，绘制排行榜界面、闯关界面、绘画出题界面的入口按钮。

（3）排行榜界面，显示积分、通过关卡前十名的用户信息。

（4）闯关界面，根据用户通过关卡数显示相应关卡内容，用户需要根据显示的题目图片回答出题目名称，回答正确进入下一关卡，回答错误重新答题。通过所有关卡后跳转到通关界面。

（5）绘画出题界面，用户在该界面进行题目信息设置与题目图片的绘制。

"你画我猜"小程序的功能模块如图 8-1 所示。

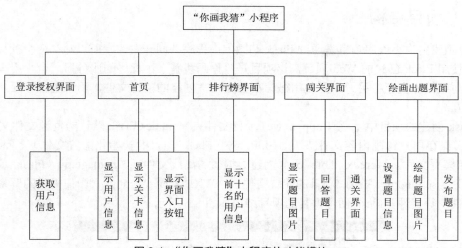

图 8-1 "你画我猜"小程序的功能模块

8.3.3 业务流程设计

用户打开"你画我猜"小程序后，首先在登录授权界面进行授权登录，用户授权后进入首页，通过首页上的按钮可以分别跳转到排行榜界面、闯关界面、绘画出题界面，在三个界面中用户可以查看相应的信息或者执行相应操作。"你画我猜"小程序的业务流程如图 8-2 所示。

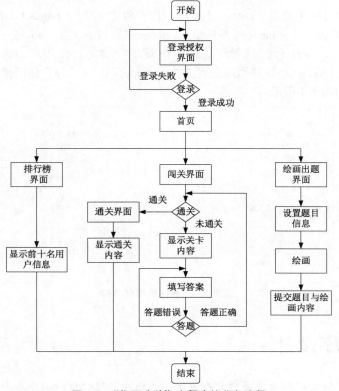

图 8-2 "你画我猜"小程序的业务流程

8.3.4 项目结构

"你画我猜"小程序项目是通过 Flask 和微信小程序共同开发的，所以存在两个项目文件，一个是使用 Flask 创建的 Web 项目，该项目是"你画我猜"小程序的服务器后台，用来进行逻辑处理与数据库交互；另一个是使用微信小程序语言创建的项目文件，用来进行界面显示与用户的交互。

Flask 创建的项目中主要有 app_nhwc（项目文件夹）、static（Flask 默认的资源文件文件夹）、upload（保存用户绘画内容文件夹）、_init_.py（Flask 项目的初始化配置文件）、models.py（数据库模型文件）、create_tables.py（创建数据表的离线文件）、manage.py（Flask 项目的运行文件）、setting.py（Flask 项目的配置文件）、WXBizDataCrypt.py（微信提供的解密用户信息的文件）等文件。Flask 创建项目的项目结构如图 8-3 所示。

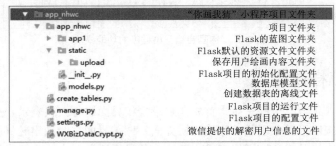

图 8-3　Flask 创建项目的项目结构

微信小程序项目中主要有 images（小程序图片资源文件夹）、pages（小程序页面文件夹）、draws（绘画出题界面）、game（闯关界面）、index（首页界面）、login（登录授权界面）、rank（排行榜界面）、win（通关界面）、utils（小程序工具方法文件）、app.js（小程序通用逻辑方法文件）、app.json（小程序通用配置文件）、app.wxss（小程序通用样式文件）等文件。小程序项目结构如图 8-4 所示。

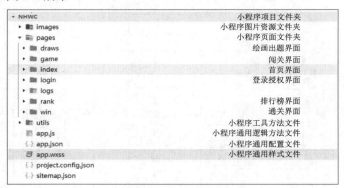

图 8-4　小程序的项目结构

8.4　数据库设计

从需求分析可以看出项目目前需要存储用户信息与题目信息。因此小程序的概念模型可以划分为用户对象和题库对象。

用户对象包括用户 id、用户 openid、用户名、用户头像、用户积分、用户通关卡数、用户创建时间等信息。

题库对象包括题目 id、题目图片、题目答案、题目类型、题目字数、题目难度、创建题目的用户 openid 等。

在题库中存储了许多用户创建的题目，而且每个用户都可以创建多个题目。因此用户对象与题库对象之间具有多对多的关系。

小程序的概念模型如图 8-5 所示。

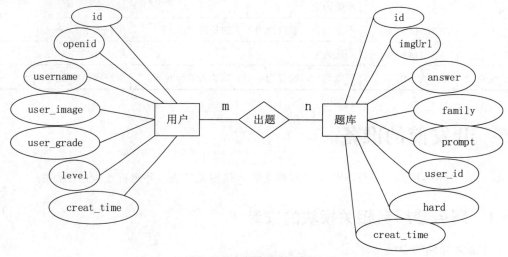

图 8-5 小程序的概念模型

根据小程序的概念模型可以看出小程序数据库中存在两张数据表，一张是用户表用来保存用户信息，一张是题库表用来保存用户创建的题目信息。

"你画我猜"小程序用户表如表 8-1 所示。

表 8-1 "你画我猜"小程序用户表

字 段 名	字 段 类 型	字 段 约 束	说 明
id	INTEGER	主键、不能为空、自增	用户 id
openid	VARCHAR(80)	不能为空，不能重复	用户微信账号的唯一标识
username	VARCHAR(100)	不能为空	用户微信账号的昵称
user_image	VARCHAR(255)	可以为空	用户微信头像
user_grade	INTEGER	不能为空，默认为 0	用户积分
level	INTEGER	不能为空，默认为 1	用户当前关卡
creat_time	DATETIME	不能为空，设置为索引，默认当前时间	用户信息保存的时间

"你画我猜"小程序题库表如表 8-2 所示。

表 8-2　"你画我猜"小程序题库表

字　段　名	字　段　类　型	字　段　约　束	说　　明
id	INTEGER	主键、不能为空、自增	用户 id
imgUrl	VARCHAR(255)	不能重复	用户绘制的题目图片
answer	VARCHAR(50)	不能为空	题目答案
family	VARCHAR(50)	不能为空	题目类型
prompt	VARCHAR(100)	不能为空	题目字数
user_id	VARCHAR(80)	不能为空，设置为用户表的外键	用户表中的 openid
hard	VARCHAR(50)	不能为空	题目难度
creat_time	DATETIME	不能为空，设置为索引，默认为当前时间	用户信息保存的时间

8.5　开发前的准备

在进行"你画我猜"小程序开发前需要安装一些相关模块，并进行小程序的注册。

8.5.1　服务器后台相关模块的安装

1. Flask 模块的安装

小程序的服务器后台是通过 Flask 框架创建的 Web 项目，通过 Web 项目提供的接口与小程序项目进行数据交互。Flask 项目的创建需要使用 Flask 第三方库。

使用 pip 命令安装 Flask 模块，安装命令如下所示：

```
pip install Flask
```

2. Flask_SQLAlchem 模块的安装

"你画我猜"小程序使用 MySQL 数据库来存储数据，Flask 项目要通过 Flask_SQLAlchem 模块来操作 MySQL 数据库，这个模块需要单独安装。

使用 pip 命令安装 Flask_SQLAlchem 模块，安装命令如下所示：

```
pip install Flask_SQLAlchem
```

8.5.2　注册小程序账户

在开发微信小程序时，需要先在微信开发者平台申请注册一个微信小程序账号。注册小程序账号后才能使用微信提供的接口与权限，注册小程序的流程如下所示：

（1）访问微信公众平台页面。

在浏览器中搜索"微信公众平台"或者输入 https://mp.weixin.qq.com/ 网址，打开微信公众平台界面，单击页面的"立即注册"按钮进行小程序注册，如图 8-6 所示。

图 8-6　微信公众平台界面

（2）选择小程序的账号类型。

微信团队提供了四种账号类型，分别是订阅号、服务号、小程序、企业微信。我们需要选择小程序创建账号，如图 8-7 所示。

图 8-7　选择账号类型

（3）填写信息进行小程序账号的注册。

进行小程序账号注册时，需要填写邮箱，进行邮箱绑定与验证，填写的邮箱不能在微信公众平台与微信开发平台注册，也不能绑定个人微信号。

填写完信息后单击"注册"按钮，需用登录填写的邮箱，查看激活邮件，单击激活链接，进行账户激活。

完成账户激活后还需要设置账户主体，不同的主体认证方式与权限都有所不同，我们是进行小程序开发学习，设置为个人即可，若是企业开发，主体设置为企业。其他主体设置根据需求设置即可。

按照上述步骤进行操作，就可以成功注册一个小程序账户。

8.5.3　设置小程序信息

申请注册小程序后，还需要对小程序进行一些设置，步骤如下：

（1）完善小程序的基本信息。

使用小程序账号登录微信公众平台，填写小程序名称、上传小程序图标、根据小程序类型选择服务项，完成小程序基本信息的设置。

（2）绑定小程序开发项目的用户账号与体验用户账号。

在微信公众平台后台界面，选择"管理→成员管理"进行小程序开发用户与小程序体验用户的设置，个人主体的小程序可以设置 15 个项目用户，15 个体验用户。项目用户可以通过自己的微信账号，登录微信开发工具进行小程序的开发；体验用户可以通过自己的微信账号使用小程序的体验版本。绑定用户账号界面如图 8-8 所示。

图 8-8　绑定用户账号

（3）获取小程序的 AppID 与 AppSecret。

微信团队会给每一个小程序生成一个唯一的 AppID，AppID 是区分小程序项目的标志。AppSecret 是小程序密钥，在开发小程序时，为了获取用户私密信息或者调用微信接口时需要使用 AppID 和 AppSecret 进行授权。为了保证小程序的安全性，AppID 和 AppSecret 的信息不能透漏给其他人。

打开微信公众平台的后台，进入"开发→开发管理→开发设置"页面获取 AppID 和 AppSecret 信息，AppSecret 首次获取需要通过单击右侧的生成按钮，AppSecret 信息不会以明文形式保存在微信公众平台后台中，因此 AppID 和 AppSecret 信息需要用户单独保存。AppSecret 信息生成后右侧的生成按钮会变更为重置按钮，单击重置按钮原有的 AppSecret 信息会失效，并且生成一个新的 AppSecret，获取 AppID 与 AppSecret 界面如图 8-9 所示。

图 8-9　获取 AppID 与 AppSecret

8.5.4 下载微信开发工具

微信小程序的开发需要使用微信开发工具,输入网址:https://developers.weixin.qq.com/miniprogram/dev/devtools/download.html 进入下载界面,根据个人计算机的系统来选择相应版本的开发工具。以 Windows 64 位系统为例进行下载,如图 8-10 所示。

图 8-10 下载微信开发工具

8.5.5 创建小程序项目

微信开发者工具下载完成后需要进行安装,其安装过程较为简单,按照安装提示进行操作即可。安装完成后运行微信开发工具选择小程序项目、填写小程序名称、选择小程序项目路径,使用小程序的 AppID 创建小程序项目,如图 8-11 所示。

图 8-11 创建小程序项目

8.6 系统功能技术实现

完成小程序所需功能模块的安装和小程序的注册申请工作后,就进入到小程序系统功能的实现阶段,在该阶段需要实现数据的交互功能、小程序的登录授权功能、绘画出题功能、闯关功能以及排行榜功能等。

8.6.1 数据库的创建

在进行"你画我猜"小程序开发之前，需要先创建数据库，使用 MySQL 数据库的可视化工具创建一个名为 nhwc 的空数据库。在 Flask 框架中使用 Flask_SQLAlchem 模块进行数据库操作，使用 Flask_SQLAlchem 模块进行 ORM 操作，另外可以将数据模型代码转化为数据库中的数据表，这样可以减少开发者创建数据表过程中的工作量，其操作步骤如下：

1. 配置数据库

在 app_nhwc 项目中创建 setting.py 文件，该文件路径为 app_nhwc/setting.py。在该文件中创建 BaseConfig()配置类，然后进行 Flask 项目中数据库的配置，配置代码如下所示：

```python
class BaseConfig(object):
    '''Flask 项目配置类
    设置数据类型、用户名、密码、主机号、端口号、数据库名等信息'''
    DEBUG=False#Flask 项目是否开启 debug 模式,默认不开启
    DIALECT='mysql'                   #数据库类型
    DRIVER='pymysql'                  #数据库驱动类型
    USERNAME='root'                   #MySQL 数据库用户名
    PASSWORD='123456'                 #MySQL 数据库密码
    HOST='127.0.0.1'                  #MySQL 数据库主机地址
    PORT='3306'                       #MySQL 数据库端口号
    DATABASE='nhwc'                   #MySQL 数据库名称
    #数据库连接
    SQLALCHEMY_DATABASE_URI = '{}+{}://{}:{}@{}:{}/{}?charset=utf8'.format(
        DIALECT,DRIVER,USERNAME,PASSWORD,HOST,PORT,DATABASE)
    #设置 Flask 项目每次请求完是否自动提交数据
    SQLALCHEMY_COMMIT_ON'TEARDOWN=False
    #运行 Flask 项目进行数据库操作时在控制台生成原生的 SQL 语句
    SQLALCHEMY_TRACK_MODIFICATIONS=True
    #设置连接池数量
    SQLALCHEMY_POOL_SIZE=10
    #设置能超出连接数量的最大连接数
    SQLALCHEMY_MAX_OVERFLOW=5
```

2. 初始化数据库操作对象

在 app_nhwc 项目中创建__init__.py 文件，该文件路径为 app_nhwc/app_nhwc/__init__.py。在该文件中设置 Flask 项目初始化与数据库对象初始化，具体代码如下所示：

```python
from Flask_sqlalchemy import SQLAlchemy#导入 Flask_sqlalchemy 模块
from Flask import Flask#导入 Flask 模块
#初始化配置文件
db=SQLAlchemy()                       #生成 sqlalchemy 操作数据库对象
from .models import *                 #导入数据库模版（注意要在数据库对象生成以后导入）
from .app1 import account             #导入蓝图
#创建 Flask 初始化对象
def create_app():
    app=Flask(__name__)               #生成 Flask 对象
    #读取配置文件,使用 python 类或类的路径（推荐使用）
    app.config.from_object('settings.BaseConfig')
    db.init_app(app)                  #数据库初始化
    #创建蓝图应用,把创建的蓝图路由,注册到程序的主入口文件中
```

```
app.register_blueprint(account.app1,url_prefix='/app1')
return app
```

3. 创建数据模型

在 app_nhwc 项目中创建 models.py 文件，该文件路径为 app_nhwc/app_nhwc/models.py。在该文件中创建用户表与题库表的数据库模型，具体代码如下所示：

```
#创建数据库模型
#用户表数据模型
class User(db.Model):
    __tablename__='user'#数据表名
    #用户id,整数
    id=db.Column(db.Integer,nullable=False,primary_key=True,autoincrement=True)
    #微信用户id,微信用来区别用户的唯一标识,不为空,不能重复
    openid=db.Column(db.String(80),nullable=False,unique=True,index=True)
    #用户微信昵称,不为空
    username=db.Column(db.String(100),nullable=False)
    #用户微信头像
    user_image=db.Column(db.String(255))
    #用户积分,不为空,默认为0
    user_grade=db.Column(db.Integer,nullable=False,server_default='0')
    #用户当前关卡数,不为空,默认1
    level=db.Column(db.Integer,nullable=False,server_default='1')
    #用户信息创建时间,设置为索引,默认为当前时间
    creat_time=db.Column(db.DateTime,index=True,default=datetime.now)
#题库表数据模型
class Topics(db.Model):
    __tablename__='topics'
    id=db.Column(db.Integer,nullable=False,primary_key=True,autoincrement=True)
                                                            #题目id
    imgUrl=db.Column(db.String(255),nullable=False,unique=True)   #图片URL
    answer=db.Column(db.String(50),nullable=False)                #答案
    family=db.Column(db.String(50),nullable=False)                #类别
    prompt=db.Column(db.String(100),nullable=False)           #提示答案有几个字
    #用户角色id,外键关联用户表openid
    user_id=db.Column(db.String(80),db.ForeignKey('user.openid'))
    hard=db.Column(db.String(50),nullable=False)          #难度等级,一般,中等,困难
    creat_time=db.Column(db.DateTime,index=True,default=datetime.now)#题目创建时间
```

4. 创建离线生成数据表文件

在 app_nhwc 项目中创建 creat_tables.py 文件，该文件路径为 app_nhwc/creat_tables.py。在该文件中通过 Flask_SQLAlchem 模块提供的 create_all()方法将数据模型转化为数据库中的数据表，具体代码如下所示：

```
#离线生成数据库数据表文件
from app_nhwc import db             #导入数据库对象
from app_nhwc import create_app     #导入app对象创建方法
app=create_app()                    #生成app对象
app_ctx=app.app_context()
with app_ctx:
    #在数据库中创建数据模型对应的数据表
    db.create_all()
```

运行 create_tables.py 文件，在 MySQL 数据库中会生成相应的用户表与题库表。

8.6.2　登录授权界面的实现

用户打开"你画我猜"小程序，会显示登录授权界面，用户若是初次使用该小程序，单击
"登录"按钮后需要进行授权操作。用户授权后，服务器后台会将用户信息保存到数据库，并且
跳转到小程序首页。若用户登录过小程序，在单击"登录"按钮后，无须进行授权操作，直接
跳转到小程序首页，其业务流程如图 8-12 所示。

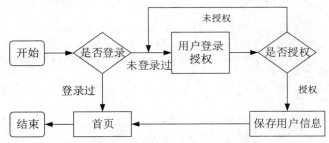

图 8-12　登录授权界面的业务流程

在该项目中，页面文件都保存在 pages 文件夹中，每个页面都单独使用一个文件夹进行保
存，而且每个页面文件夹中存在四种类型的文件。以登录授权页面为例进行介绍，登录授权页
面的文件路径为"pages/login/"，该路径下的文件如下所示：

（1）login.js 文件，登录授权页面的逻辑文件。

（2）login.json 文件，登录授权页面的配置文件。

（3）login.wxml 文件，登录授权页面的页面结构文件。

（4）login.wxss 文件，登录授权页面的页面样式文件。

在小程序中，通过.wxml 文件进行页面显示，通过.js 文件进行页面逻辑功能的实现。

1.登录授权界面的实现

login.wxml 页面结构文件用于显示登录授权界面的内容，该页面使用微信官方团队提供的
标记语言，其用法与 HTML 标记语言较为相似，只是使用的标签有所区别，具体的标签用法与
属性可以查看微信官方提供的微信开放文档。

login.wxml 页面中通过 image 标签设置一个 logo 图片。通过 button 标签设置登录授权按钮，
并且为按钮绑定一个 login()事件方法，具体代码如下所示：

```
<view class="container">#块级标签相当于 HTML 中的 div 标签
    <image class="logo" src="/images/bg.PNG"></image>
    <button class="btn" open-type="getUserInfo" bindgetuserinfo="login">登录</button>
</view>
```

"你画我猜"小程序登录授权界面的显示效果如图 8-13 所示。

2.登录授权界面逻辑的实现

微信小程序只能接收 HTTPS 形式的请求，为了方便本地小程序的运行与测试，需要将开发
工具中的校验小程序合法域名等功能关闭。关闭的方式即执行"详情→本地设置→不校验合法
域名选项"操作，如图 8-14 所示。

图 8-13　登录授权界面

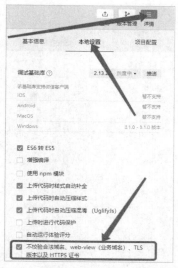

图 8-14　关闭小程序校验合法域名功能

login.js 页面逻辑文件用来实现登录授权的逻辑功能。在该文件中要创建一个全局的 APP 对象，用来获取或者保存小程序的全局属性。login()方法主要实现登录授权按钮的绑定事件，在 login()方法中通过微信小程序提供的 wx.request()方法向服务器后台发送请求，服务器后台接收到请求后通过微信接口获取用户信息。将用户信息保存到数据库的用户表中，并以 JSON 的数据格式返回给 wx.request()方法的回调函数 success 中，具体代码如下所示：

```
var app=getApp(); //获取应用实例
Page({
 //页面的初始数据
 data:{
    openId:' ',　//用来保存用户的 openid
},
//自定义用户登录授权方法
login:function(){
  wx.login({
    success:resp=>{
      var that=this;
      //获取用户信息
      wx.getSetting({
       success:res=>{
         //判断用户是否授权,已经授权可以调用 getUserInfo 获取头像昵称,不会授权弹框
         if(res.authSetting['scope.userInfo']){
           //临时获取用户信息
           wx.getUserInfo({
             success:userResult=>{
               //用来保存传递到服务器端的数据
               var platUserInfoMap={}
               //保存包括敏感数据在内的完整用户信息的加密数据
                   platUserInfoMap["encryptedData"]=userResult.encryptedData;
                   //加密算法的初始向量
                   platUserInfoMap["iv"]=userResult.iv;
```

```
                   //向服务器发送请求,在服务器后台调用微信接口来获取
               wx.request({
                 url: `${app.globalData.urls}/app1/wxlogin`,   //请求服务器端接口
                 //请求内容
                 data:{
                   platCode: resp.code,                          //用户临时登录凭证
                   platUserInfoMap:platUserInfoMap,#用户加密信息
                 },
                 //请求头部信息
                 header:{
                   "Content-Type":"application/json"
                 },
                 method:'POST',        //请求方式
                 dataType:'json',      //数据类型,小程序只能接收与发送json格式的数据
                 success:function(res){
                   //设置小程序的全局变量
                   app.globalData.userInfo=res.data.userinfo;
                   app.globalData.openId=res.data.openId;
                   //跳转到首页界面
                   wx.redirectTo({
                     url:'/pages/index/index'
                   });
                 },
                 fail:function(err){},    //请求失败的回调函数
                 complete:function(){}    //请求完成后执行的函数方法
               })
             }
           })
         }
       }
     })
   }
 })
},
```

在上面的代码中,login()方法是自定义的登录授权方法,通过微信小程序的 wx.login()方法获取用户的登录凭证,其回调函数的返回值 resp.code 在服务器后台可以通过微信接口换取用户的 openId、sessionKey 和 unionId。

wx.getSetting()方法是获取用户是否进行授权的方法,该方法中的回调函数的返回值 res.authSetting['scope.userInfo']为 True,则说明用户已经进行授权,不需要弹出授权弹窗,可以直接调用 wx.getUserInfo()临时获取用户微信账号的昵称与头像信息,其他微信账户的私密信息还需要解密才能获取。

wx.request()方法是微信小程序与外部服务器进行数据交互的方法。通过该方法将用户登录凭证与用户加密信息传递到 app_nhwc 项目的接口中,在 app_nhwc 项目中调用微信后台获取用户 openId 等信息,进行数据处理后,将结果返到 wx.request()方法的 success 回调函数中,将用户信息存储为小程序全局变量,跳转到首页。

用户初次打开小程序单击"登录"按钮时,会弹出授权弹窗,如图 8-15 所示。

图 8-15 用户授权弹窗

3. 登录授权界面后台接口的实现

微信小程序中为了保证用户信息的安全性,将包括用户隐私的完整用户信息进行了加密处理,要解密这些信息需要使用微信官方提供的解密文件进行数据解析处理。访问 https://res.wx.qq.com/wxdoc/dist/assets/media/aes-sample.eae1f364.zip 地址进行解密下载,下载的压缩包解压后具有不同开发语言的解密文件,选择 Python 文件夹中的 WXBizDataCrypt.py 文件,复制到 app_nhwc 项目中,其文件路径为 app_nhwc/WXBizDataCrypt.py。

在 app_nhwc 项目中创建 account.py 蓝图应用文件进行蓝图配置,该文件路径为 app_nhwc/app_nhwc/app1/account.py,蓝图配置代码如下所示:

```
from Flask import request
from Flask import Blueprint          #导入蓝图模块
import json,requests,time,random,os,re,hashlib
from WXBizDataCrypt import *         #导入微信提供的数据解密模块
from .. import db                    #导入数据库对象
#导入 md5 加密文件
from .. models import *              #导入数据库模版文件
app1=Blueprint('app1',__name__)      #设置蓝图路由前缀
```

在 account.py 文件中创建小程序登录授权接口的方法 user_wxlogin(),在该方法中使用 AppID、AppSecret 和用户登录凭证通过微信接口获取用户 openId 和会话密钥 session_key。使用 WXBizDataCrypt() 方法解密用户信息,通过 ORM 操作将解密后的用户信息保存到用户表中,最后将用户 openid 与用户信息以 json 格式进行返回,具体接口方法代码如下所示:

```
#以装饰器方式进行接口方法与 Url 映射
@app1.route('/wxlogin',methods=['POST'])
def user_wxlogin():
    #将小程序传递的 json 格式数据转为字典格式
    data=json.loads(request.get_data().decode('utf-8'))
    appID='小程序的 appID'
    appSecret='小程序的密钥'
    #小程序传递的用户临时登录凭证 code
```

```python
code=data['platCode']
#用户加密信息
encryptedData=data['platUserInfoMap']['encryptedData']
#用户信息加密向量
iv=data['platUserInfoMap']['iv']
#获取 openId,sessionKey,unionId 的微信接口所需参数
req_params={
    'appid':appID,
    'secret':appSecret,
    'js_code':code,
    'grant_type':'authorization_code'
}
#获取 openId,sessionKey,unionId 的微信接口地址
wx_login_api='https://api.weixin.qq.com/sns/jscode2session'
#向 API 发起 GET 请求
response_data=requests.get(wx_login_api,params=req_params)
#将请求的返回值转化为字典格式
resData=response_data.json()
#获取用户 openid
openid=resData['openid']
#获取会话密钥 session_key
session_key=resData['session_key']
#对用户信息进行解密
pc=WXBizDataCrypt(appID,session_key)
#获得用户信息
userinfo=pc.decrypt(encryptedData,iv)
#根据 openid 查询用户,返回用户实例
user=User.query.filter_by(openid=openid).first()
if not user:
    #向数据库内存储用户信息
    #用户 id,openid,用户昵称,用户头像,用户积分,用户关卡,用户创建时间
    #openid,username,user_image 以外其他字段均有默认值或可自动创建
    #创建一个新用户（只需传入 openid,用户昵称,用户头像）
    u=User()#创建一个用户对象
    #用户 openid 唯一标识
    u.openid=openid
    #用户昵称
    u.username=userinfo['nickName']
    #用户头像
    u.user_image=userinfo['avatarUrl']
    #将用户添加到数据库会话中
    db.session.add(u)
    #将数据库会话中的变动提交到数据库中,如果不 commit,数据库中是没有改动的
    db.session.commit()
    #关闭数据库资源
    db.session.close()
#返回 json 格式数据
return json.dumps({
    "code":200,
    "msg":"登录成功",
```

```
    "openId":openid,
    "userinfo":userinfo
    },indent=4,sort_keys=True,default=str,ensure_ascii=False)
```

8.6.3 首页的实现

1. 首页界面的实现

index.wxml 文件是小程序首页界面的结构文件,该文件路径为 pages/index/index.wxml。小程序首页界面上方显示用户微信账号的头像、昵称、用户当前关卡等信息,下方显示排行榜按钮、开始闯关按钮、绘画出题按钮。通过单击这三个按钮可以跳转到相应的界面,具体代码如下所示:

```
<view class="container">
    <view class="userinfo_level">当前关卡: {{level}}</view>
    <image class="userinfo-avatar" bindtap="bindViewTap" src="{{userInfo.avatarUrl}}"
"mode="cover">
    </image>
    <text class="userinfo-nickname">{{userInfo.nickName}}</text>
    <button class="paihangbang" bindtap="btn_phb">排行榜</button>
    <button class="begin" bindtap="btn_kscg">开始闯关</button>
    <navigator url='/pages/draws/draws' class="start_btn btn_animation" form-type=
"submit"
     hover-class="none">
     <button class="begin" bindtap="btn_hhct">绘画出题</button>
    </navigator>
</view>
```

"你画我猜"小程序首页界面的效果如图 8-16 所示。

图 8-16 小程序首页界面

2. 首页界面逻辑的实现

index.js 是小程序的逻辑文件,该文件路径为 pages/index/index.js。该文件创建了一个全局的 APP 对象，在 onLoad()页面加载方法中通过 APP 对象获取全局的用户信息与 openId，并且调用自定义的 getLeval()方法，向服务器发送请求查询用户表中用户的当前关卡数。然后为排行榜按钮、开始闯关按钮创建单击事件方法，index.js 文件具体代码如下所示：

```
var app=getApp();        //创建小程序全局对象实例
Page({
  //页面的初始数据
  data:{
    userInfo:{},        //存储用户信息
    openId:' ',         //存储 openId
    level:1             //用户当前关卡,初始关卡默认为 1
  },
  //自定义获取用户当前关卡数方法
  getLeval:function(){
    //通过 wx.request()方法访问服务器接口
    wx.request({
      //获取用户当前关卡数接口方法地址
      url:`${app.globalData.urls}/app1/getlevel`,
      header:{
        "content-type":"application/json",
      },
      method:'POST',
      dataType:'json',
      data:{
        openId:this.data.openId,
      },
      success:(res)=>{
        //将用户当前关卡数设置到页面变量中
        this.setData({
          level:res.data,
        });
      },
    });
  },
  //小程序页面中的生命周期函数--监听页面加载
  onLoad:function(options){
    //设置页面数据
    this.setData({
      userInfo:app.globalData.userInfo,
      openId:app.globalData.openId
    });
    //执行自定义的获取用户当前关卡数方法
    this.getLeval();
  },
  //设置排行榜按钮单击事件方法
  btn_phb:function(){
    //跳转到排行榜界面
    wx.redirectTo({
      url:'/pages/rank/rank',
    })
  },
  //开始闯关按钮单击事件方法
```

```
btn_kscg:function(){
  //跳转到闯关界面,并传递用户的当前关卡数
  wx.redirectTo({
    url:'/pages/game/game?level='+(this.data.level),
  })
},
```

3. 首页界面后台接口的实现

在 account.py 文件中创建获取用户当前关卡数接口的方法 getlevel(),在该方法中通过 ORM 操作,根据用户 openId 查询用户表中用户的当前关卡数,将数据以 json 格式进行返回,具体代码如下所示:

```
#获取用户当前关卡数接口方法
@app1.route('/getlevel',methods=['POST'])
def getlevel():
    data=json.loads(request.get_data().decode('utf-8'))
    #获取小程序传递的 openId
    openid=data['openId']
    #根据 openid 查询用户,返回用户实例
    user=User.query.filter_by(openid=openid).first()
    #获取用户关卡数
    level=user.level
    #返回 json 格式的数据
    return json.dumps(level)
```

4. 绘画出题界面的实现

draw.wxml 文件是小程序绘画出题界面的结构文件,该文件路径为 pages/draw/draw.wxml。进入绘画出题界面后会弹出一个设置题目信息的弹窗。在弹窗中通过"输入框"填写题目信息,单击"确定"按钮可以保存题目信息并关闭弹窗,单击"重置"按钮会清除填写的题目信息。设置题目信息弹窗的结构代码如下所示:

```
<!--题目设置弹出框-->
<view class='alert' hidden='{{alertShow}}'>
 <view class="alert-main" catchtap='qwe'>
  <form bindsubmit='setProject'>
   <view class="timu qwe">
    <view>题目: </view>
    <input type="text" name="name" placeholder='1-6 个字(例: 中国)'/>
   </view>
   <view class="tishi qwe">
    <view>类别: </view>
    <input type="text" name="notice" placeholder='1-10 个字(例: 国家)'/>
   </view>
   <view class="zishu qwe">
    <view>字数: </view>
    <input type="text" name="size" placeholder='答案是几个字(例: 2)'/>
   </view>
   <view class="nadu qwe">
    <view>难度: </view>
    <input type="text" name="heart" placeholder='(例: 一般,中等,困难)'/>
   </view>
```

```
        <view class='form-btn qwe'>
          <button form-type='submit'>确定</button>
          <button form-type='reset'>重置</button>
        </view>
      </form>
    </view>
  </view>
```

　　弹窗隐藏或者显示是根据 alertShow 参数来判断的，其默认值为 false 表示显示弹窗。在 From 表单中绑定了一个 setProject() 事件方法，当单击弹窗的"确定"按钮时，会执行 setProject() 事件方法，将题目信息进行保存，并将 alertShow 的值更改为 true，从而隐藏弹窗。

　　绘画出题界面，设置题目信息弹窗的效果如图 8-17 所示。

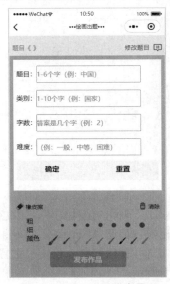

图 8-17　绘画出题弹窗界面

　　设置完题目信息，将弹窗进行隐藏，显示绘画出题界面的主要内容。该界面分为四部分，最上方是题目信息与修改题目按钮，中间部分是画布区域，画布区域下方是一些工具按钮（橡皮擦按钮、清除按钮、画笔粗细按钮、画笔颜色按钮），最下方是发布作品按钮，绘画出题界面主要的结构代码如下所示：

```
<!--绘画出题界面内容主题 -->
<view class="container">
 <!--头部-->
 <view class="header d-f w100p">
   <view class="left d-f">题目《{{project}}》
   </view>
   <view class="right d-f" bindtap="diy">修改题目<image class="icon" src="../..
/images/icon_topic.png"/>
   </view>
 </view>
 <!--绘图区域-画布-->
 <view class="canvas">
   <canvas hidden='{{!alertShow}}' class="mycanvas bxz-bb w100p" canvas-id="canvas"
```

```
        bindtouchstart="canvasStart" bindtouchmove='canvasMove' bindtouchend='canvasEnd'>
        </canvas>
    </view>
    <!--工具菜单-->
    <view class="tool_bar d-f w100p bxz-bb">
        <!--橡皮擦按钮与清除按钮-->
        <view class="cancel" bindtap="chengCancel"><image class="icon" src="../../images/
icon_eraser.png"/>
        橡皮擦</view>
        <view class="cancel" bindtap="clearCanvas"><image class="icon" src="../../images/
icon_del.png"/>
        清除</view>
    </view>
    <!--画笔粗细与画笔颜色按钮-->
    <view class="set_bar bxz-bb w100p">
        <view class="linewidth_bar d-f">
            <text class="title">粗细</text>
            <view class="right_demo d-f">
            <block wx:if="{{cancelChange}}">
            <!--是橡皮擦对象,将画笔粗细按钮的背景色设置为白色-->
            <view wx:for="{{linewidth}}"class="linewidth_demo bdrs50p{{index==currentLinewidth?
                'active':''}}"bindtap="changeLineWidth" id="{{index}}" style="width:{{item*2}}
rpx;height:
                {{item*2}}rpx;background:#fff"></view>
            </block>
            <block wx:else>
                <!--不是橡皮擦对象,将画笔粗细按钮的背景色设置为当前画笔颜色-->
                <view wx:for="{{linewidth}}" class="linewidth_demo bdrs50p {{index ==
currentLinewidth ?
                'active':''}}" bindtap="changeLineWidth" id="{{index}}" style="width:{{item*2}}
rpx;height:
                {{item*2}}rpx;background:{{color[currentColor]}};"></view>
            </block>
        </view>
    </view>
    <!--画笔颜色按钮-->
    <view class="color_bar d-f">
        <text class="title">颜色</text>
        <view class="right_demo d-f">
        <!--是橡皮擦对象,显示全部的画笔颜色按钮-->
        <block wx:if="{{cancelChange}}">
            <i class="iconfont icon-huabi" wx:for="{{color}}" style="color:{{item}};" id="
{{index}}"
            bindtap="changeColor"></i>
        </block>
        <!--不是橡皮擦对象,显示除当前画笔颜色外,其他颜色的画笔颜色按钮-->
        <block wx:else>
            <i class="iconfont icon-huabi{{index==currentColor?'active':''}}" wx:for="{{color}}"
            style="color:{{item}};"id="{{index}}"bindtap="changeColor"></i>
        </block>
    </view>
    </view>
```

```
</view>
<view class="btn">
 <button bindtap="fabu">发布作品</button>
</view>
</view>
```

在上面代码中绑定了许多事件的方法，其中 diy()方法显示题目弹窗；changeColor()方法设置画笔颜色；changeLineWidth()方法设置画笔粗细；fabu()方法将题目信息发送到服务器后台中，通过微信提供的 wx.createCanvasContext("canvas")实现绘画功能。

绘画出题界面效果如图 8-18 所示。

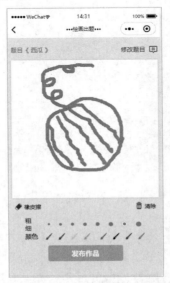

图 8-18　绘画出题界面的实现

5. 绘画出题界面逻辑的实现

draw.js 文件是绘画出题界面的逻辑文件，该文件路径为 pages/draw/draw.js。在该文件中存在许多事件的方法。下面选取较为重要的事件方法进行实现。

（1）设置页面属性。

在实现事件方法之前要先在页面数据字典中设置页面数据，方便事件方法的使用，具体代码如下所示：

```
var app=getApp();
Page({
 //页面的初始数据
 data:{
   //弹框是否显示的标志,默认显示弹窗
   alertShow:false,
   project:"",      //题目
   notice:"",       //提示
   size:"",         //字数
   heart:"",        //难度
   //绘图线的粗细
   linewidth:[2,3,4,5,6,7,8,9],
   //当前默认的粗细
```

```
    currentLinewidth:0,
    //绘图的颜色
    color:["#da1c34","#8a3022","#ffc3b0","#ffa300","#66b502","#148bfd","#000",
"#9700c2","#8a8989",],
    //当前默认的颜色索引
    currentColor:0,
    //橡皮擦是否被选中
    cancelChange:false,
    //判断是否开始绘画
    isStart: false,
},
```

（2）实现设置题目信息弹窗的事件方法。

setProject()方法是用户通过单击弹窗界面确定按钮而触发的，触发时会将题目信息进行保存，并隐藏到弹窗界面。diy()方法是用户通过单击修改题目按钮时触发的，触发时显示题目弹窗，修改题目信息，具体代码如下所示：

```
//设置题目的方法
setProject:function(e){
    //获取表单中的内容
    var data=e.detail.value;
    //判断输入框内是否填写内容
    if (data.name && data.notice) {
        //保存题目信息,并隐藏弹窗
        this.setData({
            alertShow:true,
            project:data.name,
            size:data.size,
            notice:data.notice,
            heart:data.heart,});
    }else {
      //显示提示信息
      wx.showToast({
        title:"请输入内容",#内容文字
        icon:"none",#内容图标});
        return"";
        }
},
//修改题目方法
diy:function () {
    //显示题目弹窗
    this.setData({
        alertShow:false});
},
```

（3）实现绘画功能。

微信小程序中的绘画功能是通过 Canvas 组件实现的，使用 wx.createCanvasContext()方法调用 Canvas 组件创建画布对象，并对画笔属性进行初始化设置，画布创建与画笔属性设置需要在 draw.js 页面的逻辑文件 onShow()方法中进行。绘画的过程分为三步，第一步用户手指触摸画布时触发 canvasStart()方法并记录绘画的起始点位置坐标，第二步用户手指在画步上移动时触发 canvasMove()方法进行线条绘制，第三步通过用户手指离开画布时触发 canvasEnd()方法结束绘画，具体代码如下所示：

```
//生命周期函数--监听页面显示方法
onShow:function(){
 var data=this.data;                          //获取页面数据
   //创建画板
   this.mycanvas = wx.createCanvasContext("canvas");
   //设置画笔样式
   this.mycanvas.setLineCap("round");          //端点样式
   this.mycanvas.setLineJoin("round");         //端点交叉点样式
   //设置画笔初始化颜色
   this.mycanvas.setStrokeStyle(data.color[data.currentColor]);
   //设置画笔初始化粗细
   this.mycanvas.setLineWidth(data.linewidth[data.currentLinewidth]);
},
//绘画开始方法
canvasStart:function(e){
   //获取用户手指在画布上触摸点的位置坐标x,y
   var x=e.touches[0].x;
   var y=e.touches[0].y;
   //设置画笔起始点位置坐标
   this.mycanvas.moveTo(x,y);
},
//绘画移动方法
canvasMove:function(e){
   //获取移动过程中的位置坐标x,y
   var x=e.touches[0].x;
   var y=e.touches[0].y;
   //指定线条起始点的位置坐标
   this.mycanvas.lineTo(x,y);
   //开始画线
   this.mycanvas.stroke();
   //更新绘画内容
   this.mycanvas.draw(true);
   //绘制完成,更新起始点位置坐标
   this.mycanvas.moveTo(x,y);
},
//绘画结束
canvasEnd: function () {
   //结束绘画动作
   this.setData({
     isStart:true,});
},
```

（4）实现工具按钮的方法。

工具按钮包括橡皮擦按钮、清除按钮、画笔粗细按钮、画笔颜色按钮。changeLineWidth()方法是用户通过单击画笔粗细按钮触发的，触发时使用 e.currentTarget.id()方法获取画笔粗细按钮的索引值，通过索引值修改画笔的粗细。changeColor()方法是用户通过单击画笔颜色按钮触发的，触发时使用 e.currentTarget.id()方法获取画笔颜色按钮的索引值，通过索引值修改画笔的颜色。cancelChange()方法是用户通过单击橡皮擦触发的，触发时将画笔颜色设置为白色。clearCanvas()方法是用户通过单击清除按钮触发的，触发时清空画布上的绘制内容，具体代码如下所示：

```
//画笔颜色按钮事件方法
changeColor:function(e){
    //获取用户单击的画笔颜色按钮索引值
    var colorIndex=e.currentTarget.id;
    //修改当前的画笔颜色索引值
    this.setData({
        cancelChange:false,//未单击橡皮擦按钮
        currentColor:colorIndex,});
    //设置画笔颜色
    this.mycanvas.setStrokeStyle(this.data.color[this.data.currentColor]);
},
//画笔粗细按钮事件方法
changeLineWidth:function(e){
    //获取用户单击的画笔粗细按钮索引值
    var widthIndex=e.currentTarget.id;
    //修改当前的画笔粗细索引值
    this.setData({currentLinewidth:widthIndex});
    //设置画笔粗细
    this.mycanvas.setLineWidth(this.data.linewidth[this.data.currentLinewidth]);
},
//单击橡皮擦按钮事件方法
cancelChange: function () {
    //橡皮擦按钮被选中,将选中橡皮擦标志设置为 true
    this.setData({cancelChange:true});
    //将画笔颜色设置成白色
    this.mycanvas.setStrokeStyle("#fff");
},
//清除按钮事件方法
clearCanvas:function(){
    //清除画布区域内容
    this.mycanvas.clearRect(0,0,400,400);
    this.mycanvas.draw(true);
},
```

（5）实现发布题目的事件方法。

完成题目信息设置与题目图像内容绘制后，用户单击发布题目按钮会触发 fabu()事件方法，在 fabu()事件方法中，通过 wx.canvasToTempFilePath()方法将用户在画布上绘制的内容保存为图片格式，使用 wx.uploadFile()方法将用户绘制的图片文件上传到服务器中，服务器端保存完成后会将图片在服务器端的文件路径返回给小程序端，小程序端接收到图片的文件路径后通过 wx.request()方法将题目信息与图片路径发送到服务器端接口，从而将信息保存到数据库的题库表中，具体代码如下所示：

```
//发布作品按钮事件方法
fabu:function(){
    //判断是否开始绘画
    if(this.data.isStart==true){
        //判断用户是否有头像
        if(app.globalData.userInfo.avatarUrl && app.globalData.userInfo.nickName){
            //显示发布中弹窗
            wx.showLoading({title:"发布中",});
```

```javascript
        //将用户绘画内容保存为图片
     wx.canvasToTempFilePath({
       canvasId:"canvas",
       quality:1,
       success:(res)=>{
         //获取临时文件(文件路径)
         var tmpImagePath=res.tempFilePath;
         const md5=require('../../utils/md5.js');   //导入 md5 文件
         const user=app.globalData.openId;          //获取用户 openid
         const str_user=md5.md5(user);//md5 加密后的 openid,防止 URL 参数泄露用户信息
         //开始上传文件
         wx.uploadFile({
           url:`${app.globalData.urls}/app1/uploadfile/`+str_user,
           filePath:tmpImagePath,
           name:"img",
           header:{"content-type":"multipart/form-data",},
           success:(res)=>{
             //发表作品(将题目存储到数据库的题目表中)
              wx.request({
                url:`${app.globalData.urls}/app1/saveData`,
                data:{
                  openId:app.globalData.openId,
                  project:this.data.project, //题目
                  notice:this.data.notice,    //提示
                  size:this.data.size,        //答案字数
                  heart:this.data.heart,      //难度
                  imgUrl:res.data,            //图片 URL 路径},
               method:"post",
               header:{"content-type":"application/json"},
                success:(res)=>{
                  wx.hideLoading();           //隐藏加载界面
                  //判断是否成功
                  if(res.data!=0){
                    //提示信息弹窗
                    wx.showToast({
                      title:'发表成功',
                      icon:"none"})
                    //跳转到首页面
                    wx.redirectTo({url:"/pages/index/index",});
                  }else{
                    wx.showToast({
                      title:"发表失败",
                      icon:"none",
                  });
                }
              },
            });
          },
        });
      },
    });
  }
```

```
    }else{
      //提示信息
      wx.showToast({
        title:"请开始绘画",
        icon:"none",
      });
    }
  },
```

6. 绘画出题界面后台接口的实现

绘画出题界面有两个后台接口，uploadfile()接口方法接收小程序上传的图片文件，将文件保存到 app_nhwc 项目的 upload 文件夹中，并将图片的文件路径返回给小程序。saveData()接口方法接收小程序发送的题目信息，并将题目信息保存到数据库的题目表中，具体代码如下所示：

```
#保存用户绘画的图片的接口方法
@app1.route('/uploadfile/<openid>',methods=['POST','GET'])
def uploadfile(openid):
    #根据时间日期与随机数生成一个唯一的图片名称
    fn=time.strftime('%Y%m%d%H%M%S')+'_%d'%random.randint(10,1000)+'.jpg'
    avata=request.files.get('img')          #接收小程序上传的图片内容
    hash_openid=openid                       #接收微信小程序 md5 加密后的 openid
    #获取项目根目录路径
    basedir=os.path.dirname(os.path.dirname(__file__))
    #依据 openid 创建用户个人文件夹路径(Flask 项目默认的静态资源存放路径)
    dir_path=os.path.join(basedir,'static/upload',hash_openid)
    dir=re.sub(r'\\','/',dir_path)           #将文件夹路径中的反斜杠转化
    #创建文件夹
    creat_folder(dir)                        #创建文件夹路径
    #图片在 app_nhwc 项目中的路径
    pic_dir=os.path.join(dir,fn)
    path=re.sub(r'\\','/',pic_dir)           #将图片路径中的反斜杠转化
    avata.save(path)                         #保存图片
    imgUrl=getUrl(path)                      #截取网络图片的 URL 路径 1
    #返回图片路径
    return json.dumps(imgUrl)
#保存题目信息的接口方法
@app1.route('/saveData',methods=['POST'])
def saveData():
    data=json.loads(request.get_data().decode('utf-8'))#获取小程序传递的题目信息
    imgUrl=data['imgUrl']                    #图片 URL
    #去除图片路径中多余的""
    imgUrl=re.sub('"','',imgUrl)
    answer=data['project']                   #答案
    family=data['notice']                    #类别
    prompt=data['size']                      #提示答案有几个字
    user_id=data['openId']                   #用户 openId
    hard=data['heart']                       #难度等级,一般,中等,困难
    #将数据保存到数据库
    t=Topics()                               #创建题目对象
    t.imgUrl=imgUrl                          #图片 URL
    t.answer=answer                          #答案
    t.family=family                          #类别
```

```
        t.prompt=prompt                    #提示答案有几个字
        t.user_id=user_id                  #出题用户 openid
        t.hard=hard                        #难度等级,一般,中等,困难
        db.session.add(t)                  #将用户添加到数据库会话中
        db.session.commit()                #将数据库会话中的变动进行提交
        db.session.close()                 #关闭资源
        return json.dumps({
            "code":200,
            "msg":"发布成功",},indent=4,sort_keys=True,default=str,ensure_ascii=False)
```

8.6.4　闯关界面的实现

当用户单击"闯关"按钮时，会跳转到闯关界面，在进行界面加载时会获取题库中的题目总数，若用户当前关卡数大于题目总数时，说明用户通过所有关卡，将跳转到通关界面。若用户当前关卡数小于或等于题目总数时，说明用户未通过所有关卡，将跳转到闯关界面。用户在闯关界面的输入框填写答案，单击"回答"按钮。若回答正确，则会显示正确答案，并出现"下一关"的按钮，用户单击"下一关"按钮，可以进入下一关卡；若回答错误，则需要重新回答问题。闯关界面的业务流程如图 8-19 所示。

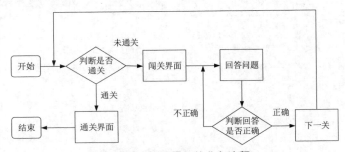

图 8-19　闯关界面的业务流程

1. 闯关界面的实现

闯关界面主要划分为三部分，上方用来显示用户的头像、昵称、题目提示信息和返回首页按钮；中间部分显示题目的图片内容；下方显示用户回答问题的输入框以及回答按钮等内容，具体的结构代码如下所示：

```
<view class="container">
<!--用户信息显示区域-->
<view class="author">
  <view class="authorImg">
    <image src="{{userInfo.avatarUrl}}"/>
  </view>
  <!--题目信息显示区域-->
  <view class="authorInfo">
    <view class='nickName'>{{userInfo.nickName}}</view>
    <view class="notice">提示: {{topicInfo.family}}</view>
  </view>
  <!--返回首页按钮-->
  <view class="authorbtn">
    <button class="btn_index" style="width:25vw" bindtap="btn_index">首页</button>
```

```
      </view>
    </view>
    <!--题目图片显示区域-->
    <view class="workImg">
      <image src="{{webUrl}}/{{topicInfo.imgUrl}}"/>
    </view>
    <!--答题区域-->
    <view class="answer">
      <block wx:if="{{isLook}}">
        <view class="ok">正确答案:{{topicInfo.answer}}</view>
          <button class="btn_next" style="width:35vw" bindtap="btn_next">下一关</button>
      </block>
      <block wx:else>
        <input bindinput="inputshuru" placeholder='请输入您的答案' type="text"/>
        <view class="btn" bindtap="answer">回答</view>
      </block>
    </view>
</view>
```

在上面代码中存在几个事件方法，首页按钮的事件方法 btn_index()，用户触发该事件方法时，会跳转到首页。下一关按钮的事件方法 btn_next()，用户触发该事件方法时，会跳转到下一关。回答按钮的事件方法 answer()，用户触发该事件方法时，会将输入框中填写的信息发送到服务器接口方法中判断，从而得知用户回答的问题是否正确。题目答案信息与下一关按钮不是直接显示在界面上，而是通过 wx:if 判断用户回答是否正确，若用户回答正确，则题目答案信息才会在界面中显示，闯关界面效果如图 8-20 所示。

图 8-20 闯关界面

2. 闯关界面逻辑的实现

game.js 文件是闯关界面的逻辑文件，该文件路径为 pages/game/game.js。在该文件中存在许多事件方法。下面选取较为重要的事件方法进行实现：

（1）设置页面属性。

在实现事件方法之前要在页面数据字典中设置页面数据，以方便事件方法的使用。具体代

码如下所示:

```
var app=getApp();
Page({
 //页面的初始数据
 data:{
   topicId:0,        //题目 id
   topicInfo:{},     //题目信息
   userInfo:{},      //用户信息
   isLook:false,     //是否显示答案标志
   inputValue:"",    //用户输入信息
   count:0,          //总关卡数
   nextlevel:0       //下一关
 },
```

（2）实现获取当前关卡题目信息的事件方法。

在小程序 onshow() 页面的监听方法中，通过 wx:request() 方法访问服务器后台接口获取关卡总数，若用户当前关卡数大于总关卡数则跳转到成功通关界面；否则就通过 wx:request() 方法访问服务器后台接口获取当前关卡的题目信息，具体代码如下所示：

```
//小程序页面监听方法
onShow:function(){
   wx.hideHomeButton();
   //获取总关卡数
   wx.request({
     url:`${app.globalData.urls}/app1/getQuestionCount`,
     header:{"content-type":"application/json"},
     method:"get",
       success:(res)=>{
         //判断是否成功通关
         if(this.data.topicId>res.data){
           //跳转到恭喜通关界面
           wx.redirectTo({
             url:'/pages/win/win',
           })
         }else{
           //获取指定关卡题目信息
           wx.request({
             url:`${app.globalData.urls}/app1/getQuestion?id=${this.data.topicId}`,
             header:{"content-type":"application/json"},
             method:"get",
             success:(res)=>{
               this.setData({
                 topicInfo:res.data.topicInfo,//设置题目信息
               });
               //设置闯关页面标题
               wx.setNavigationBarTitle({
                 title:`第${this.data.topicId}关`
               });
             },
           });
         }
```

```
        }
    });
},
```

（3）实现回答按钮的事件方法。

用户在输入框中填写内容后，单击回答按钮会触发 answer()事件方法，在该方法中会将用户填写的答案同题目正确答案进行对比，若两个答案相同说明用户回答正确，则通过 wx.request()方法访问服务器后台接口，为用户增加相应积分，并将数据更新到数据库中，具体代码如下所示：

```
//回答问题的事件
answer:function(){
    //判断该用户是否已经有头像和昵称
    if(app.globalData.userInfo.avatarUrl && app.globalData.userInfo.nickName){
        //判断是否为空
        if(this.data.inputValue){
            //判断用户填写答案是否正确
            if(this.data.inputValue==this.data.topicInfo.answer){
                //答案正确,向服务器发送请求
                wx.request({
                    url:`${app.globalData.urls}/app1/check`,
                    data:{openId:app.globalData.openId,},
                    header:{"content-type":"application/json"},
                    method:"post",
                    success:(res)=>{
                        //判断服务器是否存储成功
                        if(res.data.code=="200"){
                            //显示正确答案
                            this.setData({isLook:true,});
                            //显示提示信息
                            wx.showToast({title:'恭喜获得10积分',});}
                    },
                });
            }else{
                //如果答案错误,则显示错误信息
                wx.showToast({
                    title:"答案错误,请继续努力...",
                    icon:"none",
                });
            }
        }else{
            //如果输入框为空,则显示提示信息
            wx.showToast({
                title:"请输入答案.",
                icon:"none",
            });
        }
    }
},
```

3. 闯关界面后台接口的实现

闯关界面的后台接口方法有三个，即 getQuestionCount()接口方法获取关卡总数、getQuestion()接口方法获取指定关卡的信息、check()接口方法用户回答正确后增加相应积分并将数据更新到数据库中，具体代码如下所示：

```python
#获取关卡总数的接口方法
@app1.route('/getQuestionCount',methods=['GET','POST'])
def getQuestionCount():
    count=Topics.query.count()        #查询题目的总个数
    return json.dumps(count)
#获取指定的关卡信息的接口方法
@app1.route('/getQuestion',methods=['GET','POST'])
def getQuestion():
    id=request.args.get("id")        #题目 id
    #根据 id 查询题目,返回题目实例
    topic=Topics.query.filter_by(id=id).first()
    if topic:                        #题目存在
        return json.dumps({
            "code":200,
            "msg":"查找成功",
            "topicInfo":{
                "imgUrl":topic.imgUrl, #图片 URL
                "answer":topic.answer, #答案
                "family":topic.family, #类别
                "prompt":topic.prompt, #提示答案有几个字
                "hard":topic.hard      #题目难度}
            },indent=4,sort_keys=True,default=str,ensure_ascii=False)
    else:                            #题目不存在
        return json.dumps({
            "code":404,
            "msg":"未查找到内容",
            "topicInfo":{
                "imgUrl":'null',
                "answer":'null',
                "family":'null',
                "prompt":'null',
                "hard":'null'}
            },indent=4,sort_keys=True,default=str,ensure_ascii=False)
#用户答案校验的接口方法（用户答案正确后,增加用户积分与用户关卡数并进行保存）
@app1.route('/check',methods=['POST'])
def check():
    data=json.loads(request.get_data().decode('utf-8'))
    openid=data['openId']
    #根据 openid 查询用户,返回用户实例
    user=User.query.filter_by(openid=openid).first()
    #用户答对,增加 10 积分
    user.user_grade=user.user_grade+10
    #用户答对,关卡数增加 1
    user.level=user.level+1
    db.session.commit()
    db.session.close()
    return json.dumps({
        "code":200,
        "msg":"回答正确",},indent=4,sort_keys=True,default=str,ensure_ascii=False)
```

8.6.5 排行榜界面的实现

排行榜界面主要显示用户积分与用户闯关总数前十名的用户信息。

1. 排行榜界面的实现

rank.wxml 文件是排行榜界面的结构文件，该文件路径为 pages/rank/rank.wxml。在该文件中将前十名用户信息数据进行显示，为了减少代码的书写，通过 wx:for 方法将前十名用户信息进行遍历显示，具体代码如下所示：

```
<view class="container">
 <view class="box">前十排名榜</view>
  <view class="max">
    <!--遍历用户信息-->
    <view wx:for='{{Ranking}}' wx:key='index' class="box2">
      <view class="minbox_1">
        <image wx:if='{{index<=2}}' class="img" src="{{chrowns[index]}}"></image>
        <text class="itext" wx:else>{{index+1}}</text>
      </view>
      <image class="minbox_2" src='{{item.imgUrl}}'></image>
      <view class="minbox_3">
        <view class="min1">{{item.username}}</view>
        <view class="min2">
        <view>积分: {{item.user_grade}}</view>
        <image class="imgicon" src="../../images/coin.png"></image>
        </view>
      </view>
    </view>
  </view>
 </view>
<view class="mjRanking_4">
  <button class="btn" bindtap="btn_index">返回首页</button>
 </view>
</view>
```

为了区分前三名，通过 wx:if 方法进行判断，给前三名添加金、银、铜三种样式的皇冠。排行榜界面结果如图 8-21 所示。

2. 排行榜界面逻辑的实现

rank.js 文件是排行榜界面的逻辑文件，该文件路径为 pages/rank/rank.js。在该文件页面加载方法 onload()中，通过 wx.request()方法访问服务器后台接口，获取前十名的用户信息，具体代码如下所示：

```
//小程序的页面加载方法
onLoad:function(options){
  //获取用户排行榜信息
  wx.request({
    url:`${app.globalData.urls}/app1/getRank`,
    header:{"content-type":"application/json"},
    method:"get",
    success:(res)=>{
      //设置数据
      this.setData({Ranking:res.data.json_data,
      //设置排行榜用户列表信息});
```

图 8-21 闯关排行榜

```
        }
    })
},
```

3. 排行榜界面后台接口的实现

排行榜界面的后台接口方法是 **getRank()**,在该接口方法中以积分或者用户通关总数的字段按照降序进行排列,获取前十名的用户信息,具体代码如下所示:

```
#获取排行榜前十名用户信息的接口方法
@app1.route('/getRank',methods=['get'])
def getRank():
    #将所有用户信息按照用户关卡数从高到底进行排序,获取前十条用户信息
    user_list=User.query.order_by(User.level.desc()).limit(10)
    json_list=[]                          #保存用户数据信息
    for item in user_list:
      json_list.append({
          'username':item.username,        #用户昵称
          'imgUrl':item.user_image,        #用户头像
          'level':item.level,              #用户关卡
          'user_grade':item.user_grade,    #用户积分})
    return json.dumps({
        "code":200,
        "msg":"回答正确",
        "json_data":json_list,},indent=4,sort_keys=True,default=str,ensure_ascii=False)
```

8.7 开发常见问题及功能扩展

开发"你画我猜"小程序时需要对项目的需求进行完善的分析,充分理解项目的逻辑结构。对项目逻辑结构理解不够充分,在开发过程中会导致功能模块出现冲突,导致程序出现 BUG。

在开发过程中,微信小程序认可的网络请求是 HTTPS 格式,如果服务器域名不是这种形式则需要修改为这种形式,否则会被小程序认定为非法域名进行拦截,导致创建的服务器接口功能无法正常使用。若是在本地进行测试开发可以关闭小程序的校验合法域名功能,这样就可以正常访问服务器接口。需要注意的是小程序正式发布上线时域名一定要使用 HTTPS 格式。

当前版本的"你画我猜"小程序功能虽已经实现,但是在一些细节方面还存在缺失,在后续版本中可以添加管理员审核功能,用户绘画出题的题目经管理员审核通过后才会添加到题库中。添加用户广场界面,在该界面显示用户题目,所有用户可对这些题目点赞,用户可以根据点赞数获取积分奖励。添加积分商城,用户可以在积分商城使用积分兑换奖品等。

第3篇
项目拓展篇

　　在本篇中，将学习爬取查询火车票信息、腾讯动漫数据分析、可视化股票分析等项目。使读者了解到 Python 语言的使用范围之广及可以开发的不同领域的项目。通过本篇内容的学习，读者将对 Python 语言的一些第三方库有更深入的学习和了解，为日后进行软件开发工作积累经验。

第9章

爬取查询火车票信息

本章概述

　　本章学习火车票查询助手的开发，该工具通过 PyQt5 模块进行可视化界面的设计与实现，使用 Requests 模块实现火车票信息的查询，数据存储使用 MySQL 数据库。整个工具有三个主要功能，即车票查询，根据用户输入内容查询相应的车次与车票信息；卧铺售票分析，根据用户输入内容查询相应卧铺车票信息，并进行分析与显示；车票起售时间，根据用户输入内容查询相应的车票起售时间。

知识导读

　　本章要点（已掌握的在方框中打钩）
　　☐ 火车票查询助手需求分析
　　☐ 设计可视化界面
　　☐ 车票查询界面的实现
　　☐ 卧铺售票分析界面的实现
　　☐ 车票起售时间界面的实现

9.1　项目开发背景

　　每当节假日来临，火车票就会出现供不应求的现象，许多人为了购买火车票用尽一切办法。为了解决这个问题，我们可以通过一个程序查询车票信息，并且可以对某一时间、某一车次的车票信息进行分析，用户可以根据车票的紧张程度，提前购买车票。本章将使用 PyQt5+SQLALchemy+matplotlib+MySQL 数据库开发一个火车票查询助手。

9.2　系统开发环境及工具

　　操作环境：Windows 7 及以上操作系统。
　　开发工具：PyCharm 2019。

开发语言：Python 3.6。

开发所需模块：PyQt5、SQLALchemy、matplotlib、requests、random、time、re 等模块。

数据库：MySQL。

9.3　系统功能设计

首先学习火车票查询助手的需求分析，然后完成火车票查询助手的功能模块分析。

9.3.1　需求分析

火车票查询助手的需求主要有以下几点：

（1）根据用户输入的出发日期、出发地、目的地等信息获取所有车次信息。

（2）根据用户输入的出发地、目的地信息获取 5 天内所有的卧铺车票信息。

（3）分析 5 天内卧铺车票数量的变化，判断车票的紧张程度。

（4）根据卧铺车票的紧张程度，将车次信息进行不同效果的显示。

（5）绘制卧铺车票数量 5 天内的变化趋势图。

（6）根据用户输入的出发地信息，获取出发地所有的车站与车票起售时间。

9.3.2　功能模块分析

火车票查询助手主要分为车票查询、卧铺售票分析、车票起售时间。

（1）车票查询，即根据用户输入的出发日期、出发地、目的地等信息获取所有的车次信息，并以表格的形式显示。

（2）卧铺售票分析，根据用户输入的出发地、目的地等信息获取 5 天内所有的卧铺车票信息，并根据卧铺车票的数量来判断车票的紧张程度，根据车票的紧张程度以不同的效果显示车次信息，然后绘制 5 天内卧铺车票数量变化趋势图。

（3）车票起售时间，根据用户输入的出发地，获取出发地所有的车站及其车票起售时间。

火车票查询助手的功能模块如图 9-1 所示。

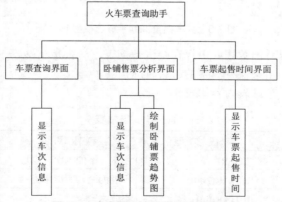

图 9-1　火车票查询助手的功能模块

9.3.3 项目结构

火车票查询助手项目中主要有 train（项目文件夹）、images（项目图片资源文件夹）、ui（项目可视化窗口 ui 文件夹）、chart.py（项目绘图文件）、db_util.py（数据库操作文件）、get_stations.py（爬取车站信息文件）、main.py（项目主程序文件）、model.py（数据库模型文件）、query_request.py（爬取车票信息文件）、show_windows.py（项目运行文件）、window.py（可视化窗口 ui 文件的转化文件）。项目结构如图 9-2 所示。

▼ train	项目文件夹
▶ images	项目图片资源文件夹
▶ ui	项目可视化窗口 ui 文件夹
chart.py	项目绘图文件
db_util.py	数据库操作文件
get_stations.py	爬取车站信息文件
img.qrc	
img_rc.py	
main.py	项目主程序文件
models.py	数据库模型文件
query_request.py	爬取车票信息文件
show_windows.py	程序运行文件
window.py	可视化窗口ui文件的转化文件

图 9-2 项目结构

9.4 系统数据库设计

从需求分析中可以看出项目目前只需要存储所有车站信息以及车票起售时间信息。因此可以划分为车站对象和起售时间对象。

车站对象包括 id、车站名称、车站代码。

起售时间对象包括 id、车站名称、车票起售时间。

每一个车站对象都只有一个起售时间对象，车站对象与起售时间对象具有一对一的关系，图 9-3 所示为火车票查询助手概念模型 E-R 图。

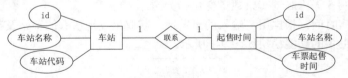

图 9-3 火车票查询助手概念模型 E-R 图

根据概念模型可以看出数据库中存在两张数据表，一张是车站表，用来保存车站信息；一张是车票起售时间表，用来保存车票的起售时间信息。

火车票查询助手的车站表内容如表 9-1 所示。

表 9-1 车站表

字 段 名	字 段 类 型	字 段 约 束	说 明
id	INTEGER	主键、不能为空、自增	编号
station_name	VARCHAR(200)	不能为空，不能重复	车站名称
station_code	VARCHAR(50)	不能为空	车站编码

火车票查询助手的车票起售时间表内容如表 9-2 所示。

表 9-2　车票起售时间表

字 段 名	字 段 类 型	字 段 约 束	说　　明
id	INTEGER	主键、不能为空、自增	编号
station_name	VARCHAR(200)	不能为空，不能重复	车站名称
time	VARCHAR(50)	不能为空	起售时间

9.5　系统功能技术实现

下面学习火车票查询助手项目开发所需要的开发软件的安装和功能技术的实现。

9.5.1　项目相关模块的安装

1. 安装 PyQt5 模块

PyQt5 是 Python 的第三方库，用来进行 GUI 可视化窗口的创建，生成窗口界面的 UI 文件，PyQt5 模块的使用需要依赖 PyQt5-tools 模块，PyQt5-tools 模块将窗口界面 UI 文件转化为.py 类型的文件。使用 pip 命令安装 PyQt5 与 PyQt5-tools 模块，具体命令代码如下所示：

```
pip install PyQt5          #安装 PyQt5 模块
pip install PyQt5-tools    #安装 PyQt5-tools 模块
```

2. 安装 SQLALchemy 模块

SQLALchemy 是 Python 用来进行数据库 ORM 操作的第三方库，使用 ORM 操作 MySQL 数据库时需要借助 PyMySQL 模块，使用 pip 命令安装 SQLALchemy 与 PyMySQL 模块，具体命令代码如下所示：

```
pip install PyMySQL        #安装 PyMySQL 模块
pip install SQLALchemy     #安装 SQLALchemy 模块
```

3. 安装 matplotlib 模块

matplotlib 是 Python 用来进行图像绘制的第三方库，使用 pip 命令安装 matplotlib 模块，具体命令代码如下所示：

```
pip install matplotlib     #安装 matplotlib 模块
```

9.5.2　数据库功能的实现

数据库功能的实现包括创建数据库、创建数据库模板文件以及创建数据库操作文件等。

1. 创建数据库

使用 MySQL 数据库可视化工具创建一个名为 train 的空数据库。

2. 创建数据库模板文件

创建 models.py 文件，该文件路径为 train/models.py。在该文件中导入 SQLALchemy 模块，

创建一个数据库连接对象 conn，通过 Python 类创建数据表模型，具体代码如下所示：

```
from sqlalchemy.ext.declarative import declarative_base
from sqlalchemy import Column,Integer,String,DateTime,Boolean
from sqlalchemy import create_engine
#创建数据库连接对象
conn=create_engine("MySQL+pyMySQL://root:123456@127.0.0.1:3306/train?charset=utf8")
#继承 sqlalchemy 模块数据表模型基类
Base=declarative_base()
#车站表数据模型
class Stations(Base):
    '''车站站点信息'''
    __tablename__='stations'
    id=Column(Integer,primary_key=True)
    station_name=Column(String(200),unique=True,nullable=False)
    station_code=Column(String(50),nullable=False)
#车站起售时刻表数据模型
class Time(Base):
    '''车站时刻表'''
    __tablename__='time'
    id=Column(Integer,primary_key=True)
    station_name=Column(String(200),unique=True,nullable=False)
    time=Column(String(50),nullable=False)
if __name__=='__main__':
    #将数据模型转化为数据库中的数据表
    Base.metadata.create_all(conn)
```

运行 models.py 文件，根据编写的数据模型类，在 MySQL 数据库中生成相对应的数据表结构。

3. 创建数据库操作文件

创建 db_util.py 文件，该文件路径为 train/db_util.py。在该文件中创建一个 MySQLOrmTest() 类，对 SQLALchemy 模块中的方法进行封装，以方便对车站表与车票起售时间表操作，具体代码如下所示：

```
from sqlalchemy.orm import sessionmaker
from sqlalchemy.dialects.MySQL import insert
from models import *                    #导入模型文件
Session=sessionmaker(bind=conn)         #进行 ORM 操作数据库的对象
#数据库操作方法类
class MySQLOrmTest(object):
    '''在初始化方法中,初始化 ORM 数据库操作对象
    提供插入数据方法
    提供按照车站名查询数据方法
    提供按照车站代码查询数据方法'''
    def __init__(self):
        self.session=Session()
    #添加车站信息方法
    def add_stations(self,station_name,station_code):
        sql="INSERT INTO stations(station_name,station_code)VALUES('%s','%s')ON
            duplicate KEY UPDATE id=id"%(station_name,station_code)
        self.session.execute(sql)        #执行 SQL 语句
        self.session.commit()            #进行提交
```

```
#添加列车时刻信息方法
def add_time(self,station_name,time):
    sql="INSERT INTO time (station_name,time)VALUES('%s','%s')ON
      duplicate KEY UPDATE id=id"%(station_name,time)
    self.session.execute(sql)
    self.session.commit()
#获取车站信息的记录个数方法
def get_stations_count(self):
    count=self.session.query(Stations).count()
    return count
#获取列车时刻表信息的记录个数方法
def get_time_count(self):
    count=self.session.query(Time).count()
    return count
#获取车站信息方法
def get_stations_bycode(self,station_code):
    '''根据车站代码查询数据信息'''
    return self.session.query(Stations).filter_by(station_code=station_code).first()
#获取车站信息方法
def get_stations_byname(self,station_name):
    '''根据车站名称查询数据信息'''
    return self.session.query(Stations).filter_by(station_name=station_name).first()
#获取列车时刻信息方法
def get_time_byname(self,station_name):
    '''根据车站名称查询列车时刻信息'''
    return self.session.query(Time).filter_by(station_name=station_name).first()
```

9.5.3　窗体界面的创建

窗体界面，需要使用 PyQt5 模块的 Qt Designer 工具进行创建，在 PyCharm 中执行 Tools-Externa Tools-Qt Designer，可以进入 Qt Designer 工具界面，然后进行页面设计。

1. 车票查询界面设计

在窗体界面中，车票查询界面、卧铺售票分析界面以及车票起售时间界面都需要使用选项卡进行界面切换，选项卡切换功能使用 QTabWidget 控件实现，车票查询界面的结果如图 9-4 所示。

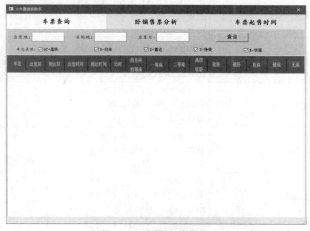

图 9-4　车票查询界面

车票查询界面需要使用 Qt Designer 工具中的控件及其属性设置如表 9-3 所示。

表 9-3 车票查询界面控件及其属性设置表

控 件 名 称	控 件 类 型	控 件 属 性	说 明
MainWindow	Q MainWindow	geometry：Width：960，Height：600 windowTitle：火车票查询助手	窗口主体控件
tabWidget	QTabWidget	geometry：x：0，y：0 Width：960，Height：600 font：Family：楷体 Point Size：16 Bold stylesheet： QTabBar::tab{height:50;width:320} currentTabText：车票查询	用于车票查询、卧铺售票分析、车票起售时间三个界面的切换
tab_query	QWidget	geometry：x：0，y：0 Width：960，Height：540	查询界面区域
widget_query	QWidget	geometry：x：0，y：0 Width：960，Height：51 stylesheet： background-color:rgb(212,212,212);	查询区域
widget_checkBox	QWidget	geometry：x：0，y：50 Width：960，Height：35 stylesheet： background-color:rgb(212,212,212);	车次类型区域
start	QTextEdit	geometry：x：80，y：10 Width：100，Height：30	出发地输入框
end	QTextEdit	geometry：x：280，y：10 Width：100，Height：30	目的地输入框
query	QPushButton	geometry：x：650，y：10 Width：80，Height：30 text：查询	查询按钮
GT	QCheckBox	geometry：x：100，y：10 Width：80，Height：15 text：GC-高铁	高铁选择框
DC	QCheckBox	geometry：x：250，y：10 Width：80，Height：15 text：D-动车	动车选择框
ZD	QCheckBox	geometry：x：410，y：10 Width：80，Height：15 text：Z-直达	直达选择框
TK	QCheckBox	geometry：x：570，y：10 Width：80，Height：15 text：T-特快	特快选择框
KS	QCheckBox	geometry：x：730，y：10 Width：80，Height：15 text：K-快速	快速选择框
label_train_img	QLable	geometry：x：0，y：86 Width：960，Height：62 pixmap：图片路径	图片显示区域
tableView	QTableView	geometry：x：0，y：145 Width：960，Height：62	表格显示区域

2. 卧铺售票分析界面设计

卧铺售票分析界面的结果如图 9-5 所示。

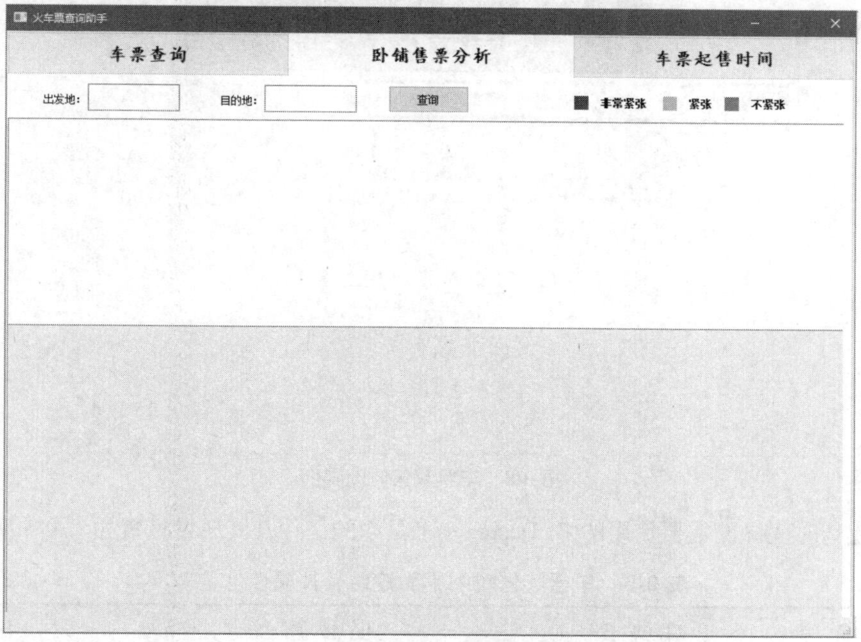

图 9-5 卧铺售票分析界面

卧铺售票分析界面需要使用的 Qt Designer 工具中的控件及其属性设置如表 9-4 所示。

表 9-4 卧铺售票分析界面控件及其属性设置表

控 件 名 称	控 件 类 型	控 件 属 性	说 明
tab_analysis	QWidget	geometry：x：0，y：0 Width：950，Height：540	卧铺售票分析界面选项卡
scrollArea_2	QScrollArea	geometry：x：0，y：290 Width：950，Height：250	显示图表内容区域
widget_query_2	QWidget	geometry：x：0，y：0 Width：960，Height：51	查询区域
textEdit_analysis_start	QTextEdit	geometry：x：130，y：10 Width：100，Height：30	出发地输入框
textEdit_analysis_end	QTextEdit	geometry：x：280，y：10 Width：100，Height：30	目的地输入框
pushButton_analysis_query	QPushButton	geometry：x：450，y：10 Width：80，Height：30 text：查询	查询按钮
tableView	QTableView	geometry：x：0，y：145 Width：960，Height：62	表格显示区域
horizontalLayout	QHBoxLayout		水平布局

3. 车票起售时间界面设计

车票起售时间界面的结果如图 9-6 所示。

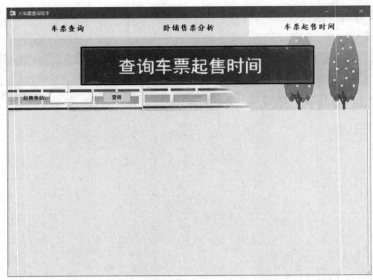

图 9-6 车票起售时间界面

车票起售时间界面需要使用的 Qt Designer 工具中的控件及其属性设置如表 9-5 所示。

表 9-5 车票起售时间界面控件及其属性设置表

控 件 名 称	控 件 类 型	控 件 属 性	说 明
tab_time	QWidget	geometry: x: 0, y: 0 Width: 950, Height: 540	车票起售时间界面选项卡
widget_time	QWidget	geometry: x: 0, y: 0 Width: 950, Height: 540	车票起售时间界面显示区域
bg_widget	QWidget	geometry: x: 0, y: 0 Width: 950, Height: 250 background-image:url(:/png/images/time_bg.png);	背景图片
push_bg	QWidget	geometry: x: 0, y: 129 Width: 950, Height: 71	查询区域
strat_text	QLabel	geometry: x: 40, y: 20 Width: 71, Height: 30	出发地
lineEdit_station	QLineEdit	geometry: x: 110, y: 20 Width: 113, Height: 30	出发地输入框
pushButton_time_query	QPushButton	geometry: x: 250, y: 20 Width: 75, Height: 30 text: 查询	查询按钮
scrollArea	QScrollArea		显示车站起售时间内容区域
gridLayout	QGridLayout		网格布局

窗口界面设计完成后,保存文件格式为 window.ui。Python 无法直接使用该类型的文件,需要通过 PyQt5-tools 模块将.ui 类型的文件转化为.py 类型的文件。在 PyCharm 中打开要转化的 ui 文件执行 Tools-Externa Tools-PyUIC 操作,就可以将.ui 类型的文件转化为.py 类型文件。

4. 窗体界面的实现

生成窗体界面的 window.py 文件后,要在项目中创建一个 main.py 文件,设置文件路径为

train/main.py。在该文件中创建一个 Main 类进行窗体界面的初始化设置，具体代码如下所示：

```
from window import Ui_MainWindow          #导入主窗体 ui 类
#导入 PyQt5
from PyQt5 import QtCore,QtGui,QtWidgets
from PyQt5.QtWidgets import *
from PyQt5.QtGui import *
import datetime,re,time                   #导入系统模块
from get_stations import *                #导入 get_stations.py 文件中的所有方法
from dateutil.parser import parse
from query_request import *               #导入 query_request.py 文件中的所有方法
from chart import *
#消息提示方法
def messageDialog(title,message):
    #title 为提示框标题文字,message 为提示信息
    msgbox=QMessageBox(QMessageBox.Warning,title,message)
    msgbox.exec_()
#窗体界面对象类
class Main(QMainWindow,Ui_MainWindow):
    def __init__(self):
        super(Main, self).__init__()
        self.setupUi(self)
        #为车票查询页面创建单击方法
        self.query.clicked.connect(self.on_click)
        #为卧铺售票分析页面创建单击方法
        self.pushButton_analysis_query.clicked.connect(self.analysis_query_click)
        #为车票起售时间分析页面创建单击方法
        self.pushButton_time_query.clicked.connect(self.query_time_click)
```

在项目中创建 show_window.py 文件，该文件路径为 train/show_window.py。在该文件中创建 show_MainWindow() 方法，实例化 Main 类的对象，接着运行该文件，执行项目，具体代码如下所示：

```
import sys
from main import *
#显示窗口界面方法
def show_MainWindow():
    app=QApplication(sys.argv)        #创建 QApplication 对象,作为 GUI 程序入口
    main=Main()                       #实例化主窗体对象
    main.show()                       #显示主窗体
    sys.exit(app.exec_())             #循环中等待退出程序
#主程序入口
if __name__=="__main__":
    stations_count=db.get_stations_count()
    time_count=db.get_time_count()
    #判断是否存在车站信息或者车票起售时间信息,不存在就下载相关信息
    if stations_count==0 or time_count==0:
        get_station()
        get_start_time()
    if stations_count!=0 and time_count!=0:
        show_MainWindow()             #调用显示窗体的方法
    else:
        messageDialog('警告','车站站点文件或者起售时间文件出现异常！')
```

9.5.4 使用爬虫爬取所需文件信息

火车票查询助手主要爬取车票信息与车票起售时间信息。使用爬虫爬取数据时，需要知道爬取页面的网络地址与请求参数。

1. 分析车票信息查询请求与请求参数

使用 Chrome 浏览器访问 12306 官方网站（https://www.12306.cn/index/），单击"车票→单程"按钮，填写出发地、目的地以及出发时间等信息，单击"查询"按钮跳转到车票查询页面。在车票查询页面按下快捷键 F12 可以打开浏览器开发者工具。再次单击页面的"查询"按钮，开发者工具中将出现图 9-7 所示的网络请求。

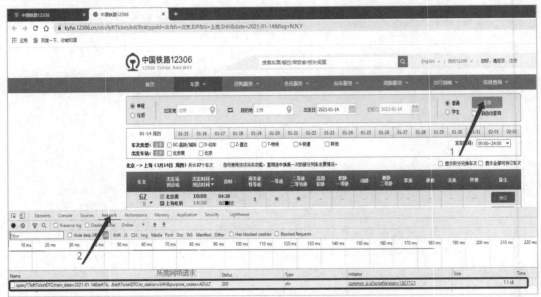

图 9-7 获取查询车票信息网络请求

单击图 9-7 中浏览器的开发者工具的网络请求，选择 Headers 查看网络请求的请求头信息。在 Headers 的 General 选项中可以查询车票请求的完整地址，如图 9-8 所示。

图 9-8 查询车票信息的完整网络请求

在请求头信息的 Query String Parameters 中可以查询车票请求中所有的参数，如图 9-9 所示。

对查询车票信息的完整请求与所需参数进行分析，需要使用车站对应的车站代码进行查询，所以需要获取所有的车站代码及其对应的车站代码。刷新该页面，在浏览器开发者工具中查看与车站信息相关的网络请求。经过查看与分析，在 station_name.js?station_version=1.9181 请求的文件中存储车站名称与车站代码信息，选择 Headers 选项获取该文件完整的请求路径。

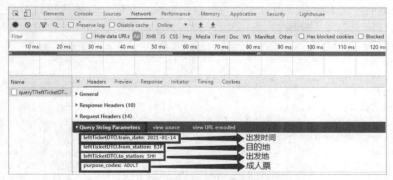

图 9-9　查询车票信息请求的参数

2．分析起售时间请求与请求参数

在 12306 首页，单击"查询→起售时间"按钮，填写起售日期、起售车站信息，再单击"查询"按钮跳转到车票起售时间页面。在车票起售时间页面按下快捷键 F12 打开浏览器开发者工具。刷新页面，查看网络请求，如图 9-10 所示。

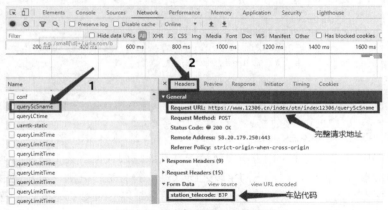

图 9-10　查询车票起售时间请求

发送查询车票起售时间请求后，服务器会将出发的所有车站名称进行返回，选择 Preview 选项可以查看请求的返回值，如图 9-11 所示。

图 9-11　查询车票起售时间请求返回值信息

查看 JS 文件类型的请求，经查看分析发现，在 qss_v10085.js 请求文件中保存着所有的车票起售时间信息，选择 Headers 选项获取该文件完整请求路径。

3．爬取车站信息文件与车票起售时间文件

经过前面的分析，使用爬虫爬取车站信息与车票起售时间时，需要使用车站信息文件与车站起售时间文件。通过之前获取的请求地址，下载这两个文件内容并保存到数据中。在项目中

创建 get_station.py 文件，该文件路径为 train/get_sation.py。在该文件中创建 get_station()
与 get_start_time()方法下载车站信息文件与车票起售时间文件，具体代码如下所示：

```
import re                    #导入 re 模块,用于正则表达式
import requests              #导入 requests 模块,用于发起网络请求,进行数据爬取
import json
from db_util import *
db=MySQLOrmTest()
#下载车站信息方法
def get_station():
    #访问车站信息文件地址
    url="https://kyfw.12306.cn/otn/resources/js/framework/station_name.js?station_
version=1.9154"
    response=requests.get(url,verify=True)      #发送请求,并获取返回数据
    rex='([\u4e00-\u9fa5]+)\|([A-Z]+)'#正则表达式用来匹配站名中文和站名缩写的大写英文字母
    stations=re.findall(rex,response.text)       #将通过正则匹配后的内容进行返回
    stations=dict(stations)                      #将数据转换成字典形式进行存储
    #遍历车站信息并存储到数据库中
    for key,value in stations.items():
        db.add_stations(key,value)
#下载车站点起售时间信息方法
def get_start_time():
    #车票起售时间文件地址
    url='https://www.12306.cn/index/script/core/common/qss_v10085.js'
    response=requests.get(url,verify=True)
    rex='{[^}]+}'                                #正则表达式用来获取 json 数据中{}中的所有内容
    json_str=re.findall(rex,response.text)       #符合正则表达式的内容进行返回
    times=json.loads(json_str[0])                #对 json 数据进行解析,去除特殊字符\n 和\t
    for key,value in times.items():
        db.add_time(key,value)
```

在上面代码中通过 quests.get()方法发送请求并获取返回数据，其中获取的车站信息返回数
据是以字符串的形式存储的，并且不同字段之间以 "|" 符号进行分割，需要使用正则表达式去
除无用信息，保存有用信息。获取的车站起售时间信息是以 json 数据形式的字符串存储的，需
要使用正则表达式获取 json 数据中 "{}" 符号中的数据内容。

9.5.5 实现车票查询界面功能

车票查询界面功能主要是根据用户填写的出发地、目的地、出发时间信息，到数据库查询
相应的车站代码，然后发送请求获取车票信息，将车票信息解析后显示在表格中。车票查询功
能的业务流程如图 9-12 所示。

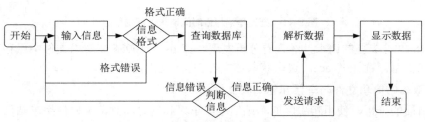

图 9-12　车票查询功能的业务流程

1. 实现车票查询按钮方法

在 main.py 文件的 Main 类中创建 onclick()方法，实现车票查询按钮的单击事件。在该方法获取用户填写的出发地、目的地、出发时间等信息，通过 db.get_Stations_byname()方法以用户填写的目的地为条件，获取车站对应的车站代码。通过 query()方法获取车次信息，使用displayTable()方法将车次信息显示在车票查询界面的表格中，具体代码如下所示：

```python
#车票查询页面查询按钮的事件处理方法
def on_click(self):
    get_from=self.start.toPlainText()              #获取出发地
    get_end=self.end.toPlainText()                 #获取目的地
    get_time=self.start_time.toPlainText()         #获取出发时间
    #设置车辆类型
    chick_list=['G','D','Z','T','K']               #车辆类型列表
    if self.GT.isChecked():
        chick_list[0]='G'
    else:
        chick_list[0]='null'
    if self.DC.isChecked():
        chick_list[1]='D'
    else:
        chick_list[1]='null'
    if self.ZD.isChecked():
        chick_list[2]='Z'
    else:
        chick_list[2]='null'
    if self.TK.isChecked():
        chick_list[3]='T'
    else:
        chick_list[3]='null'
    if self.KS.isChecked():
        chick_list[4]='K'
    else:
        chick_list[4]='null'
    #查询数据库
    from_station=db.get_stations_byname(get_from)
    end_station=db.get_stations_byname(get_end)
    if get_from!="" and get_end!="" and get_time!="":
        #判断车站名称是否存在,时间格式是否正确
        if from_station!=None and end_station!=None and self.rex(get_time):
            time_difference=self.diff_time(get_time)
#如果时差为 0 是查询当前时间的火车票,为 29 是查询 29 天以后的车票,只能查询 30 天内的车票信息
            if time_difference>=0 and time_difference<=29:
                from_station_code=from_station.station_code  #获取出发地的英文缩写
                end_station_code=end_station.station_code     #获取目的地的英文缩写
                #发送查询请求,获取车次信息
                train_data,train_type_data=query(get_time,from_station_code,end_station_code)
                data=[]
                for i in range(5):
                    if chick_list[i]!='null':
                        for item in train_type_data[i]:
                            data.append(item)
```

```
            if len(data)!=0:
                #如果不是空的数据就将车票信息显示在表格中
                self.displayTable(len(data),15,data)
            else:
                messageDialog('警告','没有返回的网络数据！')
        else:
            messageDialog('警告','超出查询日期范围内,不可查询昨天或者29天后的车票信息！')
    else:
        messageDialog('警告','输入站名不存在或者日期格式不正确！')
else:
    messageDialog('警告','请填写车站名称和出发日期！')
```

在上面代码中，用户输入的出发日期要进行校验，因为 12306 官网上只能查询当天起 30 天内的车次信息，所以通过 diff_time()方法校验输入的日期是否在查询的日期范围内。在 Main 类中创建 diff_time()方法校验日期，具体代码如下所示：

```
#获取时间间隔方法
def diff_time(self,get_time):
  new_time=datetime.datetime.now().strftime('%Y-%m-%d')
  get_time=get_time                        #出发时间
  new_time=parse(new_time)                  #当前时间
  get_time= parse(get_time)
  t=get_time - new_time
  day=t.days
  return day
```

2. 实现查询车票信息方法

在项目中创建 query_request.py 文件，该文件路径为 train/query_request.py。在该文件中创建 query()方法进行车票信息的查询。query()方法中把出发地代码、目的地代码、出发时间作为请求参数，使用 requests.get()方法访问车票查询页面的地址以获取车次信息，发送请求代码如下所示：

```
from get_stations import *
import requests,re
data=[]                                    #保存整理好的车次信息
type_data=[]                               #保存车次分类后的数据
#查询车票信息方法
def query(date,from_station,end_station):
  '''（date是出发时间,from_station是出发站,end_station是到达站）'''
  data.clear()                             #清空车次信息
  type_data.clear()                        #清空车次类型信息
  #查询请求的地址
  url='https://kyfw.12306.cn/otn/leftTicket/queryT?leftTicketDTO.train_date={}&
    leftTicketDTO.from_station={}&leftTicketDTO.to_station={}&purpose_codes=ADULT'.format
    (date,from_station,end_station)
  response = requests.get(url)         #发送请求,并获取返回数据
  #将json数据转化为字典类型通过键值对来取值
  result=response.json()
```

服务器返回的车次信息是加密信息，需要对加密信息进行解析后才能使用。返回的加密信息如图 9-13 所示。

× Headers　Preview　Response　Initiator　Timing　Cookies

1 {"httpstatus":200,"data":{"result":["gviUGM7ZGLvPTQL5jTrUgyDq9ZxwEJvz9FPYmBdjWwFVEmjHre%2Fo5zqsZL1698dpJAFr1pfg%2F0

图 9-13　车次加密信息

经过分析，加密信息中每条车次信息的有用数据以"|"符号进行分割，因此需要使用正则表达式去除废数据，保存有用数据。进行解析后的数据是以数组列表形式保存的，数组列表中数据的位置与车次信息字段的对应关系如表 9-6 所示。

表 9-6　车次信息字段与其在数组类表中存放位置的对应关系

数组列表位置	车 次 字 段	数组列表位置	车 次 字 段
1	停运与预定	3	车次
6	出发地	7	目的地
8	出发事件	9	到达时间
10	历时	21	高级软卧
23	软卧	24	软座
26	无座	28	硬座
30	二等座	31	一等座
32	商务座/特等座	—	—

在 query()方法中，加密信息解析与保存车次信息的代码如下所示：

```python
#判断返回数据是否为空
if len(result)!=0:
    #解析加密的车次信息
    for i in result:
    #每一条数据的有用信息都是以'|'分割的,要对数据进行分割处理
        train_list=i.split('|')
        #出发站站名（根据车站代码获取车站名称）
        from_station_name=db.get_stations_bycode(train_list[6]).station_name
        #到达站站名
        end_station_name=db.get_stations_bycode(train_list[7]).station_name
        train_num=train_list[3]    #车次
        from_time=train_list[8]    #出发时间
        end_time=train_list[9]     #到达时间
        last=train_list[10]        #历时
        s_t_seat=train_list[32]    #商务座/特等座
        f_seat=train_list[31]      #一等座
        s_seat=train_list[30]      #二等座
        g_r_seat=train_list[21]    #高级软卧
        r_f_seat=train_list[23]    #软卧
        y_s_seat=train_list[28]    #硬卧
        r_seat=train_list[24]      #软座
        y_seat=train_list[29]      #硬座
        w_seat=train_list[26]      #无座
        train_seat=[train_num,from_station_name,end_station_name,from_time,end_time,
last,s_t_seat,f_seat,s_seat,g_r_seat,r_f_seat,y_s_seat,r_seat,y_seat,w_seat]
        #有的座位会为空,将空改为"--"便于识别
```

```
            train_info=[]
            for i in train_seat:
                if i=="":
                    i="--"
                else:
                    i=i
                train_info.append(i)
            data.append(train_info)
            g_seat=[]
            d_seat=[]
            z_seat=[]
            t_seat=[]
            k_seat=[]
            type_data.append(g_seat)
            type_data.append(d_seat)
            type_data.append(z_seat)
            type_data.append(t_seat)
            type_data.append(k_seat)
            for item in data:
                if item[0][0]=='G':
                    g_seat.append(item)
                if item[0][0]=='D':
                    d_seat.append(item)
                if item[0][0]=='Z':
                    z_seat.append(item)
                if item[0][0]=='T':
                    t_seat.append(item)
                if item[0][0]=='K':
                    k_seat.append(item)
    return data,type_data
```

在上面代码中，服务器的出发站与目地站是车站代码，需要通过 db.get_stations_bycode()方法以车站代码为条件查询相应的车站名称。获取的车次信息中有的座位类型车票会售完，出现空数据，需要对这些空数据进行处理，以"--"符号进行替换，方便后续的统计与显示。保存车次信息时要根据车次类型存储车次信息，因此需要创建一个二维数组列表，根据车次类型将车次信息存储到对应的车次列表中。

3. 实现显示数据方法

在 Main 类中创建 displayTable()方法用于实现车次信息显示功能。在窗口界面中车次信息显示在表格对象中，所以要根据车次信息的记录个数与车次信息的字段个数确定表格的行数与列数，创建出相应的表格对象，再通过 for 循环为表格对象添加相应的车次信息，具体代码如下所示：

```
#所有的列车信息
def displayTable(self,h_num,l_num,data):
    #创建相应的表格对象
    self.model=QStandardItemModel(h_num,l_num)
    #为表格对象添加车次信息
    for row in range(h_num):
        for column in range(l_num):
            #获取表格的单元格对象
            item=QStandardItem(data[row][column])
```

```
    self.model.setItem(row,column,item)
    #将表格对象添加到窗口界面的表格对象中
    self.tableView.setModel(self.model)
#设置表格的格式
#水平方向,将表格拓展到适当的尺寸
self.tableView.horizontalHeader().setSectionResizeMode(QHeaderView.Stretch)
self.tableView.verticalHeader().setVisible(True)        #垂直方向表头可见 ( 表格序号 )
self.tableView.horizontalHeader().setVisible(False)     #水平表头不可见
```

车票查询界面运行结果如图 9-14 所示。

图 9-14　车票查询界面

9.5.6　实现卧铺售票分析界面功能

卧铺售票分析界面功能主要根据用户填写的出发地、目的地信息,到数据库查询相应的车站代码,发送请求查询当天起 5 天内的车票信息,将车票信息解析并处理后显示在表格中,绘制并显示 5 天内不同车次卧铺车票数量的变化趋势图。卧铺售票分析界面的业务流程如图 9-15 所示。

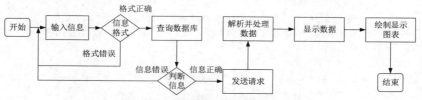

图 9-15　卧铺售票分析界面的业务流程

1. 实现查询卧铺车票信息方法

在 query_request.py 文件中,创建 query_analysis() 方法实现卧铺车票信息的查询。query_analysis() 方法主要根据用户传递的参数进行不同的处理, query_analysis() 方法中有四个参数 date、from_station、end_station、witch_day, date 是查询的出发日期;from_station 是出发站代码;end_station 是目的站代码;witch_day 有三种类型,分别为 1、3、5, 1 代表的是当天查询,3 代表的是三天内查询,5 代表的是五天内查询,保存数据时要根据 witch_day 的类型,将车次信息存储到当天列表、三天内列表、五天内列表。具体代码如下所示：

```python
#用于火车卧铺售票分析
today_list=[]                #保存今天的列车信息,未处理是否有票
three_list=[]                #保存三天列车信息,未处理是否有票
five_list=[]                 #保存五天列车信息,未处理是否有票
today_car_list=[]            #保存今天的列车信息,已经处理是否有票
three_car_list=[]            #保存三天列车信息,已经处理是否有票
five_car_list=[]             #保存五天列车信息,已经处理是否有票
#创建查询卧铺车票信息的方法（date是出发时间,from_station是出发站,end_station是目的站）
def query_analysis(date,from_station,end_station,witch_day):
    #清空列表
    today_list.clear()
    three_list.clear()
    five_list.clear()
    today_car_list.clear()
    three_car_list.clear()
    five_car_list.clear()
    url='https://kyfw.12306.cn/otn/leftTicket/queryT?leftTicketDTO.train_date={}&leftTicketDTO.
        from_station={}&leftTicketDTO.to_station={}&purpose_codes=ADULT'.format(date,
        from_station,end_station)
    response=requests.get(url)#发送请求并获取返回数据
    result=response.json()
    result=result['data']['result']
    if len(result)!=0:
        for i in result:
            #清除无用的数据
            train_list=i.split('|')
            from_station=db.get_stations_bycode(train_list[6]).station_name
            end_station=db.get_stations_bycode(train_list[7]).station_name
            #车次信息
            train_seat=[train_list[3],from_station,end_station,train_list[8],train_list[9],train_list[10],train_list[21],train_list[23],train_list[28]]
            #判断今天的车次
            if witch_day==1:
                #高铁,城际,动车是没有卧铺的,要先将这几种类型的车次进行排除
                if train_seat[0].startswith('G')==False and train_seat[0].startswith('D')==False and train_seat[0].startswith('C')==False:
                    #存放到未处理有无票的列表中
                    today_list.append(train_seat)
                    three_list.append(train_seat)
                    five_list.append(train_seat)
                    #进行有无票的处理
                    new_seat=is_ticket(train_list,from_station,end_station)
                    #存放到处理过有无票的列表中
                    today_car_list.append(new_seat)
                    three_car_list.append(new_seat)
                    five_car_list.append(new_seat)
            #判断三天内的车次
            if witch_day==3:
                if train_seat[0].startswith('G')==False and train_seat[0].startswith
```

```
('D')==False and train_seat[0].startswith('C')==False:
                    three_list.append(train_seat)
                    five_list.append(train_seat)
                    new_seat=is_ticket(train_list,from_station,end_station)
                    three_car_list.append(new_seat)
                    five_car_list.append(new_seat)
            #判断五天内的车次
            if witch_day==5:
                if train_seat[0].startswith('G')==False and train_seat[0].startswith
('D')==False and train_seat[0].startswith('C')==False:
                    five_list.append(train_seat)
                    new_seat=is_ticket(train_list,from_station,end_station)
                    five_car_list.append(new_seat)
```

在上述代码中为了方便卧铺车票数量的统计与显示，要对卧铺车票信息进行处理。在 query_request.py 文件中创建 query_analysis()方法，将卧铺车票信息进行整合，当卧铺的三种类型车票均售完时，该车次的卧铺车票信息设置为"无"，否则设置为"有"，具体代码如下所示：

```
#判断某个车次是否有卧铺车票
def is_ticket(train_list,from_station,end_station):
    if train_list[21]=='有' or train_list[23]=='有' or train_list[28]=='有':
        train_sign='有'
    else:
        if train_list[21].isdigit() or train_list[23].isdigit() or train_list[28].
isdigit():
            train_sign='有'
        else:
            train_sign='无'
    #卧铺车票车次信息（车次,出发地,目的地,出发时间,到达时间,历时,今天,三天内,五天内）
    train_seat=[train_list[3],from_station,end_station,train_list[8],train_list[9
],train_list[10],train_sign]
    return train_seat
```

2. 实现卧铺车票查询按钮方法

在 main.py 文件的 Main 类中创建 analysis_query_click()方法，实现卧铺售票分析界面查询按钮的单击事件方法。该方法获取用户填写的出发站、目地站等信息，通过 db.get_Stations_byname()方法以用户填写的站名为条件，获取车站对应的车站代码。通过 query_analysis()方法获取卧铺车票信息，具体代码如下所示：

```
#卧铺售票分析界面查询按钮的事件处理方法
def analysis_query_click(self):
  get_from=self.textEdit_analysis_start.toPlainText()
  get_end=self.textEdit_analysis_end.toPlainText()
  from_station=db.get_stations_byname(get_from)
  end_station=db.get_stations_byname(get_end)
  self.info_table=[]#存储车次信息
  if get_from!=" " and get_end!=" ":
      #判断车站名称是否正确
      if from_station!=None and end_station!=None:
          from_station=from_station.station_code        #出发站对应的英文缩写
          end_station=end_station.station_code           #目的站对应的英文缩写
          today=datetime.datetime.now()                  #获取当前日期
```

```
three_time_list=[]
five_time_list=[]
#创建三天的日期列表
for i in range(1,3):
    three_time=datetime.timedelta(days=+i)    #三天内的偏移天数
    three_time_list.append((today+three_time).strftime('%Y-%m-%d'))
                                        #格式化三天内的日期
for i in range(3,5):
    five_time=datetime.timedelta(days=+i)
    five_time_list.append((today+five_time).strftime('%Y-%m-%d'))
                                        #格式化五天内的日期
today=today.strftime('%Y-%m-%d')
#查询今天的卧铺车票信息
query_analysis(today,from_station,end_station,1)
#查询三天内的卧铺车票信息
for three_date in three_time_list:
    query_analysis(three_date,from_station,end_station,3)
#查询五天内的卧铺车票信息
query_analysis(five_time_list[0],from_station,end_station,5)
time.sleep(3.5)            #连续发送请求会出现获取失败
query_analysis(five_time_list[1],from_station,end_station,5)
#存储所有类型的车次
info_set=set()            #set()是一种不包括重复元素的集合
#将筛选出来的车次信息进行保存(车次,出发站,目的站,出发时间,到达时间,历时)
for i in five_car_list:
    info_set.add(str(i[0:6]))
#将卧铺车票信息按照车次进行整理,分为当天、三天、五天三种类型
for info in info_set:
    info=eval(info)
    is_today_num=0        #今天是否存在车次信息标志
    for item in today_car_list:
        if info[0] in item:
            is_today_num+=1
            break
    if is_today_num==0:
        info.append('--')
    else:
        info.append(item[6])
        is_three_num=0 #三天内是否存在车次信息标志
    for item in three_car_list:
        if info[0] in item:
            is_three_num+=1
    if is_three_num==0:
        info.append('--')
    else:
        info.append('有')
    is_five_num=0        #五天内是否存在车次信息标志
    for item in five_car_list:
        if info[0] in item:
            is_five_num+=1
    if is_five_num==0:
        info.append('--')
```

```
            else:
                info.append('有')
                self.info_table.append(info)
        else:
            messageDialog('警告','输入站名不存在！')
    else:
        messageDialog('警告','请填写车站名称！')
```

　　处理完卧铺车票信息后，在 analysis_query_click()方法中要实现卧铺车票信息的显示功能。在卧铺售票分析界面的表格中显示不同车次当天、三天内、五天内的卧铺车票信息，并且根据车票数量的紧缺程度显示不同的颜色效果，当天能买到票或者当天买不到票，三天内能买到票，说明车票较多不紧缺，显示绿色；当天买不到票，三天内也买不到票，五天内能买到票，说明车票不充足，轻度紧缺，显示橙色；当天买不到票，三天内买不到票，五天内也买不到票，说明车票紧缺，显示红色。具体代码如下所示：

```
self.tableWidget.setRowCount(len(self.info_table))            #设置表格行数
self.tableWidget.setColumnCount(9)                           #设置列数
#设置表格内容文字大小
font=QtGui.QFont()
font.setPointSize(12)
self.tableWidget.setFont(font)
#根据窗体大小拉伸表格
self.tableWidget.horizontalHeader().setSectionResizeMode(QHeaderView.Stretch)
                                                    #水平方向自适应
self.tableWidget.verticalHeader().setSectionResizeMode(QHeaderView.Stretch)
                                                    #垂直方向根据内容设置高度
#设置表格的表头信息
self.tableWidget.setHorizontalHeaderLabels(['车次','出发站','目的站','出发时间','到达
时间','历时','当天','三天内','五天内'])
#向表格的单元格中添加卧铺车票信息
for row in range(len(self.info_table)):
    mark=0
    for column in range(6,9):
        if column==6:#当天
            if self.info_table[row][column]=='无' or self.info_table[row][column]=='--':
                mark+=1
        if column==7:#三天内
            if self.info_table[row][column]=='无' or self.info_table[row][column]=='--':
                mark+=2
        if column==8:#五天内
            if self.info_table[row][column]=='无' or self.info_table[row][column]=='--':
                mark+=2
    #分数大于等于5说明票非常紧张,用红色表示
    if mark>=5:
        for i in range(len(self.info_table[row])):
            item=QtWidgets.QTableWidgetItem(self.info_table[row][i])
            item.setBackground(QColor(255,0,0))
            self.tableWidget.setItem(row,i,item)
    #分数在1到4之间说明票紧张,用橙色表示
    if mark>=1 and mark<=4:
```

```
        for i in range(len(self.info_table[row])):
            item=QtWidgets.QTableWidgetItem(self.info_table[row][i])
            item.setBackground(QColor(255,170,0))
            self.tableWidget.setItem(row,i,item)
    #分数为 0 说明票不紧张,用绿色表示
    if mark==0:
        for i in range(len(self.info_table[row])):
            item=QtWidgets.QTableWidgetItem(self.info_table[row][i])
            item.setBackground(QColor(85,170,0))
            self.tableWidget.setItem(row,i,item)
    self.show_line()#显示 5 天内卧铺车票数量变化趋势图
```

3. 实现绘制卧铺车票数量变化趋势图方法

在项目中创建一个 chart.py 文件,该文件路径为 train/chart.py。在该文件创建 PlotCanvas()
类以实现卧铺车票数量变化趋势图的绘制功能,PlotCanvas()类的初始化 init()方法中对画布对象
进行初始化设置,PlotCanvas()类的 broken_line()方法进行图表绘制,该方法具有两个参数 number
和 train_list,numaber 中包括每个车次当天、三天内、五天内三个时间段卧铺车票数量列表,train_list
中包括每个车次的信息,具体代码如下所示:

```
import matplotlib
matplotlib.use("Qt5Agg")                                 #声明使用 QT5
from matplotlib.backends.backend_qt5agg import FigureCanvasQTAgg as FigureCanvas
import matplotlib.pyplot as plt
class PlotCanvas(FigureCanvas):
    def __init__(self,parent=None,width=0,height=0,dpi=100):
        #避免中文乱码
        matplotlib.rcParams['font.sans-serif']=['SimHei']
        matplotlib.rcParams['axes.unicode_minus']=False
        #创建图形
        fig=plt.figure(figsize=(width,height),dpi=dpi)
        #初始化画布
        FigureCanvas.__init__(self,fig)
        self.setParent(parent)                            #设置父类
    #绘制折线图方法
    def broken_line(self,number,train_list):
        '''
        linewidth:折线的宽度
        marker:折线的形状
        markerfacecolor:折点实心的颜色
        markersize:折点大小'''
        day_type=['今天','三天内','五天内']                #x 轴折线点
        for index,n in enumerate(number):
            #绘制折线
            plt.plot(day_type,n,linewidth=1,marker='o',markerfacecolor='blue',markersize=8,
                label=train_list[index])
            plt.legend(bbox_to_anchor=(-0.03,1))          #让图例生效,并设置位置
            plt.title('卧铺车票数量走势图')                 #标题名称
```

4. 实现统计卧铺车票数量方法

在 Main 类中创建 statistics_ticket()方法进行卧铺车票数量的统计，对 12306 官网显示车票信息分析可知，一般车票数量少于 20 张的显示数字，多余 20 张的显示"有"字，为了方便统计，具体代码如下所示：

```python
#创建卧铺车票数量统计方法
def statistics_ticket(self,msg):
    number=0                        #初始值
    for i in msg:
        if i=='有':
            number+=20              #'有'20 票
        if i=='无'or i=='--':
            number+=0               #'无'或'--'是 0 票
        if i.isdigit():
            number+=int(i)          #i 是数字,增加相应数字的票数
    return number
```

5. 实现显示卧铺车票数量变化趋势图方法

在 Main 类中创建 show_line()方法进行卧铺车票数量变化趋势图的显示，在该方法中使用 statistics_ticket()方法分别统计不同车次三个时间段中车票的数量，通过 broken_line()方法进行图表绘制，然后将图表显示在卧铺售票分析界面中，具体代码如下所示：

```python
#显示卧铺车票数量的折线图
def show_line(self):
    #遍历车次信息
    train_list=[]                   #保存车次信息
    train_number_list=[]            #按照车次保存车票数量
    for train in self.info_table:
        #清空主窗体的网格布局
        num_list=[]                 #保存车票数量
            if self.horizontalLayout.count()!=0:
                #循环删除管理器控件
                while self.horizontalLayout.count():
                    #获取第一个控件对象
                    item=self.horizontalLayout.takeAt(0)
                    #删除控件
                    widget=item.widget()
                    widget.deleteLater()
        #统计卧铺车票,并处理车次信息
        is_today_num=0              #今天是否存在车次信息标志
        num=0
        for item in today_list:
            if train[0] in item:
                is_today_num+=1
                num=self.statistics_ticket(item[6:9])
                break
        if is_today_num==0:
            num_list.append(0)
        else:
            num_list.append(num)
        is_three_num=0              #三天内是否存在车次信息标志
```

```
        three_num=0
        for item in three_list:
            if train[0] in item:
                is_three_num+=1
                three_num+=self.statistics_ticket(item[6:9])
        if is_three_num==0:
            num_list.append(0)
        else:
            num_list.append(three_num+num_list[0])
        is_five_num=0                          #五天内是否存在车次信息标志
        five_num=0
        for item in five_list:
            if train[0] in item:
                is_five_num+=1
                five_num+=self.statistics_ticket(item[6:9])
        if is_five_num==0:
            num_list.append(0)
        else:
            num_list.append(five_num+num_list[0]+num_list[1])
        train_list.append(train[0])            #添加车次列表
        train_number_list.append(num_list) #添加车票数量
    #根据车次数量更改布局
    if len(train_number_list)>=9:
        self.scrollAreaWidgetContents_2.setMinimumHeight(len(train_number_list)*10)
        self.horizontalLayoutWidget.setGeometry(QtCore.QRect(0,0,951,(len(train_num
ber_list)*10)))
        #创建画布对象
        line=PlotCanvas()
        line.broken_line(train_number_list,train_list) #调用折线图方法
        self.horizontalLayout.addWidget(line)          #将折线图添加至底部水平布局中
```

卧铺售票分析界面运行结果如图 9-16 所示。

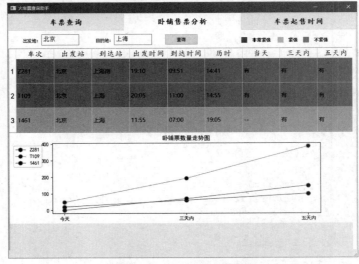

图 9-16　卧铺售票分析界面

9.5.7　实现车票起售时间界面功能

车票起售时间界面功能主要根据用户填写的出发地信息，到数据库查询相应的车站代码，发送请求获取出发地所有的车站名称与车站代码，通过车站名称到数据库中查询相应车票的起售时间，将车票起售时间信息显示到车票起售时间查询界面中，车票起售时间查询界面的业务流程如图 9-17 所示。

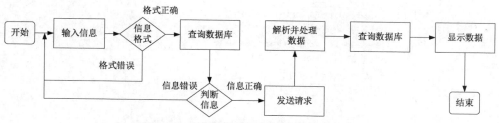

图 9-17　车票起售时间查询界面的业务流程

1. 实现查询车票信息方法

在 query_request.py 文件中，创建 query_station_time()方法进行车票起售时间的查询。该方法发送查询请求后，获取的返回数据是出发地所有车站名称与车站代码，要使用 db.get_time_byname()方法以车站名称为条件获取相应车站的起售时间，具体代码如下所示：

```
#进行车站车票起售时间查询方法
def query_station_time(station_name):
    station_time_dict.clear()
    #发送请求地址
    url='https://www.12306.cn/index/otn/index12306/queryScSname'
    from_data={"station_telecode":station_name}
    response=requests.post(url,data=from_data,verify=True)
    response.encoding='utf-8'              #对请求返回的数据进行编码
    json_data=json.loads(response.text)   #将返回数据转换为json形式
    data=json_data['data']                #获取车站名称与车站代码数据
    #根据站名获取起售时间
    for i in data:
        i=i[4:]
        station_time=db.get_time_byname(i)
        if station_time:
            station_time_dict.update({i:station_time.time})
    return str(station_time_dict)
```

2. 实现车票起售时间查询按钮方法

在 main.py 文件的 Main 类中创建 query_time_click()方法，实现车票起售时间界面查询按钮的单击事件方法。在该方法获取用户填写的出发站信息，通过 db.get_stations_byname()方法以用户填写的站名为条件，获取车站对应的车站代码。通过 query_station_time()方法获取车票的起售时间信息，将车票起售时间信息显示到车票起售时间查询界面中，具体代码如下所示：

```
#车票起售时间界面查询按钮的事件处理方法
def query_time_click(self):
    get_from=self.lineEdit_station.text()
    from_station=db.get_stations_byname(get_from)
    #判断输入参数是否为空
```

```
        if get_from!="":
            #判断车站名称是否存在
            if from_station:
                from_station_code=from_station.station_code
                data=eval(query_station_time(from_station_code))
                #清空主窗体的网格布局
                if self.gridLayout.count()!=0:
                    #循环删除管理器控件
                    while self.gridLayout.count():
                        #获取第一个控件
                        item=self.gridLayout.takeAt(0)
                        #删除控件
                        widget=item.widget()
                        widget.deleteLater()
                i=0
                n=0
                for k in data:
                    x=n%3                                      #每行显示三个数据
                    n+=1
                    if x==0:                                   #设置换行
                      i=i+1
                    #创建布局
                    self.widget=QtWidgets.QWidget()
                    #给布局命名
                    self.widget.setObjectName("widget"+str(n))
                    #设置布局样式
                    self.widget.setStyleSheet('QWidget#'+'widget'+str(n)+"{border:2px
solid #666666; background-color:#FFFFFF;}")
                    #创建 Qlabel 控件,用来显示信息内容,设置在控件 QWidget 中
                    self.label=QtWidgets.QLabel(self.widget)
                    #设置大小和字体
                    self.label.setGeometry(QtCore.QRect(10,10,210,65))
                    font=QtGui.QFont()                         #创建字体对象
                    font.setPointSize(11)                      #设置字体大小
                    font.setBold(True)                         #开启粗体
                    font.setWeight(75)                         #设置文字粗细
                    self.label.setFont(font)                   #设置字体
                    self.label.setText(k+'    '+data[k]) #设置内容,显示站名与起售时间
                    #将动态生成的 widget 布局添加到 gridLayout 中,i 代表行数,x 代表每行的个数
                    self.gridLayout.addWidget(self.widget,i,x)
                    #设置高度为动态高度,根据行数确定高度,每行 90
                    self.scrollAreaWidgetContents.setMinimumHeight((i+1)*100)
                    #设置网格布局控件动态高度
                    self.gridLayout.setGeometry(QtCore.QRect(0,0,950,((i+1)*100)))
            else:
                messageDialog('警告','请填写正确的车站名称! ')
        else:
            messageDialog('警告','请填写车站名称! ')
```

车票起售时间界面运行结果如图 9-18 所示。

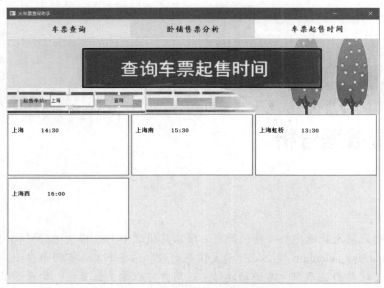

图 9-18　车票起售时间界面

9.6　开发常见问题及功能扩展

开发火车票查询助手时需要注意 12306 网站的网络请求，12306 网站会经常对网络请求连接进行修改，要保证我们使用的网络请求与 12306 网站请求保持一致，火车票查询助手功能才能正常使用。

当前版本的火车票查询助手功能虽已经实现，但是在一些细节方面还存在缺失，在后续版本中可以添加抢票功能，直接通过火车票查询助手进行购票，无须再登录 12306 网站。

第 10 章

腾讯动漫数据分析

本章概述

本章学习腾讯动漫数据分析工具的开发，该工具通过 PyQt5 模块进行可视化界面的设计与实现，使用 requests、selenium 模块进行动漫信息的爬取。整个工具有两个界面，TOP 榜前十名动漫信息界面，该界面显示前十名的动漫信息，用户可以单击红黑比、词云图的查询按钮查看对应动漫的红黑比与词云图信息。TOP 榜前十名动漫信息图表界面，显示前十名动漫收藏数量与评分的统计图表。

知识导读

本章要点（已掌握的在方框中打钩）
☐ 爬取动漫信息
☐ 绘制前十名动漫收藏数量的柱状图与评分折线图
☐ 绘制动漫红黑比饼状统计图
☐ 绘制动漫评论关键词的词云图

10.1　项目开发背景

近几年国内动漫的发展速度极快，越来越多的人喜欢利用空闲时间观看动漫，但是如何找寻一部评价较好、品质较高的动漫却是一个难题。本章使用 Python 语言开发一个腾讯动漫数据分析，为用户分析当前最热门的动漫信息。该工具通过爬虫爬取腾讯动漫 TOP 榜前十名的动漫，对动漫评分、评论等信息进行分析，使用 Pyecharts 模块进行相关图表的绘制，然后将数据与图表显示到 PyQt5 模块创建的可视化界面中。

10.2　系统开发环境及工具

操作环境：Windows 7 及以上操作系统。
开发工具：PyCharm 2019。
开发语言：Python 3.6。
开发所需模块：PyQt5、Pyecharts、requests、selenium、random、time、re 等模块。

10.3　系统功能设计

首先了解腾讯动漫数据分析工具的需求分析，然后完成腾讯动漫数据分析工具的功能模块分析。

10.3.1　需求分析

腾讯动漫数据分析工具的需求主要有以下几点：
（1）爬取腾讯动漫 TOP 榜前十名动漫名称。
（2）根据爬取的动漫名称爬取对应的动漫信息（作者、评分、评论、红黑票等信息）。
（3）显示前十名的动漫信息。
（4）根据前十名动漫的收藏数量与评分数据绘制图表文件并显示。
（5）根据动漫获得红票与黑票数据绘制饼状图并显示。
（6）分析动漫的评论信息，截取关键字词绘制词云图并显示。

10.3.2　功能模块分析

腾讯动漫数据分析工具主要分为 TOP 榜前十名动漫信息界面、TOP 榜前十名动漫图表信息界面。

TOP 榜前十名动漫信息界面，显示前十名的动漫信息（排名、动漫名称、作者名、标签类型、评分、收藏数量、红票、黑票、红黑比、词云图）。用户单击"红黑比"查询按钮，会弹出对应的动漫红票与黑票的统计图表界面。用户单击"词云图"查询按钮，会弹出对应动漫评论关键词的词云图界面。

TOP 榜前十名动漫图表信息界面，显示根据前十名动漫收藏数量与评分数据绘制的图表。

腾讯动漫数据分析工具的功能模块如图 10-1 所示。

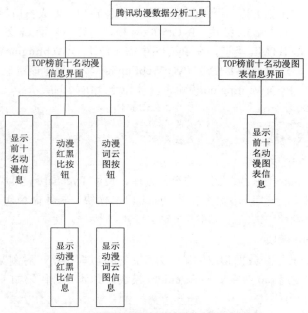

图 10-1　腾讯动漫数据分析工具的功能模块

10.3.3 项目结构

腾讯动漫数据分析工具项目中主要有 TXDM（项目文件夹）、resources（项目图片资源文件夹）、ui（项目可视化窗口 ui 文件夹）、main.py（项目主程序文件）、query.py（爬取数据文件）、show_windows.py（项目运行文件）、showwin.py（弹窗文件）、util.py（项目工具类与工具方法文件）、window.py（可视化窗口 ui 文件的转化文件）。项目结构如图 10-2 所示。

图 10-2 项目结构

10.4 系统功能技术实现

下面学习腾讯动漫数据分析工具项目开发所需要的开发软件的安装和功能技术的实现。

10.4.1 项目相关模块的安装

项目相关模块的安装包括安装 PyQt5 模块、安装 Pyechartsy 模块以及安装 Selenium 模块。

1. 安装 PyQt5 模块

PyQt5 是 Python 的第三方库，用来创建 GUI 可视化窗口，生成窗口界面的 UI 文件，PyQt5 模块的使用需要依赖 PyQt5-tools 模块，PyQt5-tools 模块将窗口界面 ui 文件转化为.py 类型的文件。绘制的图表文件是 HTML 类型，在 PyQt5 中需要使用 QtWebEngineWidgets 对象，目前在 PyQt5 模块中移除了该对象，需要使用 PyQtWebEngine 模块创建该对象。使用 pip 命令安装 PyQt5、PyQt5-tools 与 PyQtWebEngine 模块，具体命令代码如下所示：

```
pip install PyQt5                #安装 PyQt5 模块
pip install PyQt5-tools          #安装 PyQt5-tools 模块
pip install PyQtWebEngine        #安装 PyQtWebEngine 模块
```

2. 安装 Pyechartsy 模块

Pyechartsy 是 Python 用来绘制图表的第三方库，使用 Pyechartsy 模块可以绘制许多既好看又具有强大功能的图表，使用 pip 命令安装 Pyechartsy 模块，具体命令代码如下所示：

```
pip install Pyechartsy          #安装 Pyechartsy 模块
```

3. 安装 Selenium 模块

Selenium 是 Python 用来数据爬取的第三方库，它可以模仿用户对浏览器的操作，实现对复杂操作的数据爬取。使用 pip 命令安装 Selenium 模块，具体命令代码如下所示：

```
pip install Selenium            #安装 Selenium 模块
```

使用 Selenium 模块时需要安装所用浏览器对应的驱动，以 Chrome 浏览器为例，访问

（http://npm.taobao.org/mirrors/chromedriver/）网页进行选择并下载最新版本的 Chrome 浏览器驱动，如图 10-3 所示。

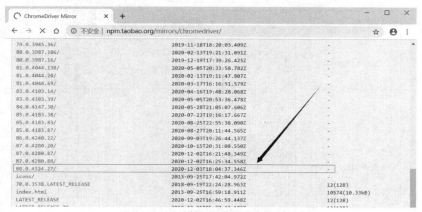

图 10-3　Chrome 浏览器驱动下载

下载完浏览器驱动需要进行相应的环境配置，创建一个存放浏览器驱动的目录，如：D:\WebDriver，将下载的浏览器驱动文件 chromedriver 放到该目录下。然后依次打开我的电脑→属性→系统设置→高级→环境变量→系统变量→Path 进行环境变量配置，将"D:\WebDriver"目录的路径添加到 Path 的值中就完成了环境变量的配置工作。

10.4.2　窗体界面的创建

创建窗体界面文件需要使用 PyQt5 模块的 Qt Designer 工具，在 PyCharm 中执行"Tools-Externa Tools-Qt Designer"操作，可以进入 Qt Designer 工具界面，进行可视化窗口界面的设计。

1. 窗体界面设计

在窗体界面中，TOP 榜前十名动漫信息、TOP 榜前十名动漫图表信息这两个界面需要使用选项卡进行界面切换，选项卡切换功能使用 QTabWidget 控件进行实现。窗体界面的结果如图 10-4 所示。

图 10-4　窗体界面

TOP 榜前十名信息界面使用 Qt Designer 工具中的控件及其属性设置如表 10-1 所示。

表 10-1　TOP 榜前十名信息界面的控件及其属性设置

控 件 名 称	控 件 类 型	控 件 属 性	说　明
MainWindow	QMainWindow	geometry：Width：800，Height：620 windowTitle：腾讯动漫数据分析工具	窗体主体控件
tabWidget	QTabWidget	geometry：x：0，y：1 Width：800，Height：600 font：Family：楷体 Point Size：16 Bold stylesheet： QTabBar::tab{height:50;width:400} currentTabText：TOP 榜前十名信息	用于 TOP 榜前十名动漫信息、TOP 榜前十名动漫图表信息两个界面的切换
tableWidget	QTableWidget	geometry：x：0，y：0 Width：800，Height：600	动漫表格信息显示区域

TOP 榜前十名图表信息界面使用 Qt Designer 工具中的控件及其属性设置如表 10-2 所示。

表 10-2　TOP 榜前十名图表信息界面的控件及其属性设置

控 件 名 称	控 件 类 型	控 件 属 性	说　明
scrollArea	QScrollArea	geometry：x：0，y：0 Width：800，Height：550	显示图表内容区域
horizontalLayout	QHBoxLayout	无	水平布局

腾讯动漫数据分析工具窗体界面控件结构如图 10-5 所示。

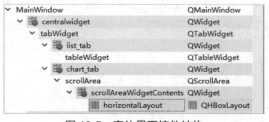

图 10-5　窗体界面控件结构

窗体界面设计完成后，保存文件格式为 window.ui。Python 无法直接使用该类型的文件，需要通过 PyQt5-tools 模块将.ui 类型的文件转化为.py 类型的文件。在 PyCharm 中打开要转化的 ui 文件执行"Tools-Externa Tools-PyUIC"操作，就可以将.ui 类型的文件转化为.py 类型的文件。

2. 窗体界面的实现

生成窗体界面的 window.py 文件后，要在项目中创建一个 main.py 文件，创建文件路径为 TXDM/main.py。在该文件中创建一个 Main 类进行窗体界面的初始化设置，具体代码如下所示：

```
from window import Ui_MainWindow    #导入主窗体 ui 类
```

```
# 导入 PyQt5 相关类与方法
from PyQt5 import QtGui,QtWidgets
from PyQt5.QtWidgets import *
from PyQt5.QtCore import QUrl
from PyQt5.QtWebEngineWidgets import *
#用于绘制图表
from pyecharts.charts import Bar,Line
from pyecharts.charts import Pie
from pyecharts import options as opts
#制作词云图
from PIL import Image
from wordcloud import WordCloud,ImageColorGenerator
import numpy as np
import jieba
#项目所需文件
from showwin import *
from util import *
from query import *
#窗体初始化类
class Main(QMainWindow,Ui_MainWindow):
    def __init__(self):
        super(Main, self).__init__()
        self.setupUi(self)              #设置 ui 文件
        self.show_table()               #显示前十名动漫的表格信息
        self.hwin=HtmlWindows()         #创建一个用来显示红黑票百分比的窗口
        self.pwin=PngWindows()          #创建一个用来显示动漫词云图的窗口
        self.show_chart()               #显示前十名动漫图表信息
```

在项目中创建 show_window.py 文件，该文件路径为 TXDM/show_window.py。在该文件中创建 show_MainWindow()方法，以实例化 Main 类的对象，运行该文件，执行项目，具体代码如下所示：

```
#用来显示启动窗口
import sys
from main import *
from util import *
from query import *
def show_MainWindow():
    app=QApplication(sys.argv)      #创建 QApplication 对象,作为 GUI 程序入口
    main=Main()                     #创建主窗体对象
    main.show()                     #显示主窗体
    sys.exit(app.exec_())           #循环中等待退出程序
#主程序入口
if __name__=="__main__":
    file_name='resources/text/top_list.text'
    data=queryTop()                 #获取动漫排名前十名
    save_text(data,'top_list')      #将数据保存为 text 文件
    queryItem()                     #获取动漫详细信息并保存
    if not is_file(file_name):
        show_MainWindow()           #展示窗口
```

10.4.3 使用爬虫爬取所需数据信息

腾讯动漫数据分析工具通过爬虫爬取动漫信息（作者、评分、评论、红黑票等信息），使用爬虫爬取数据时，需要知道爬取页面的网络地址与请求参数。

1. 分析 TOP 榜动漫信息页面

使用 Chrome 浏览器访问腾讯动漫 TOP 榜排行页面（https://ac.qq.com/Rank/comicRank/type/top），在该页面按下快捷键 F12 可以打开浏览器开发者工具。进行页面刷新，在开发者工具中选择"Elements"选项查看页面的源代码，经过查看分析页面可知，排行榜的动漫名称存储在"ul"标签中，每个"ul"标签中保存 20 条动漫信息，每条动漫信息保存在一个"li"标签中，在"li"标签的 href 属性中保存动漫详情页的后半部分的请求地址，具体情况如图 10-6 所示。

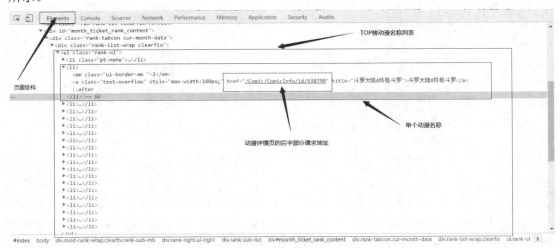

图 10-6　TOP 榜页面源码结构

2. 爬取 TOP 榜前十名动漫信息

在项目中创建 query.py 文件，该文件路径为 TXDM/query.py。创建 queryTop()方法，爬取 TOP 榜前十名的动漫信息，对动漫信息进行解析，然后在 for 循环中拼接完整的动漫详情页请求地址。具体代码如下所示：

```python
from selenium.webdriver.chrome.options import Options
from util import *
def queryTop():
    #获取 TOP 榜前十名的网页链接地址
    url1='https://ac.qq.com/Rank/comicRank/type/top'
    #获取漫画详细信息和评论的网页的网页链接地址域名部分
    url2='https://ac.qq.com'
    req=requests.get(url1)
    bs=BeautifulSoup(req.text,'html.parser')
    data=bs.find('ul',class_="rank-ul")     #从页面上看到一个 ul 中包含 20 个 li 标签
    data=data.find_all('li',limit=10)       #只获取前十个 li 标签
    rank_list=[]                            #用来存储解析后动漫信息的数据
    for item in data:
        num=item.find('em').text
```

```
    url=url2+item.find('a')['href']    #拼接详情页请求地址
    name=item.find('a').text
    rank_list.append({'num':num,'url':url,'name':name})
return rank_list
```

3. 分析 TOP 榜动漫详情页面

访问腾讯动漫 TOP 榜动漫的详情页面，以斗罗大陆动漫为例访问该动漫详情页网络地址链接（https://ac.qq.com/Comic/ComicInfo/id/638790），该动漫请求的前部分 "https://ac.qq.com/" 是腾讯动漫的域名，后部分 "Comic/ComicInfo/id/638790" 是斗罗大陆动漫详情页面在服务器上的地址，也是 TOP 榜页面中斗罗大陆动漫所在 "li" 标签中的 href 的属性值。在该页面按下快捷键 F12，打开浏览器开发者工具，刷新页面，选择开发者工具中 Elements 选项查看页面的源代码，经过查看分析页面源码，可以找到动漫相关信息，具体情况如图 10-7 所示。

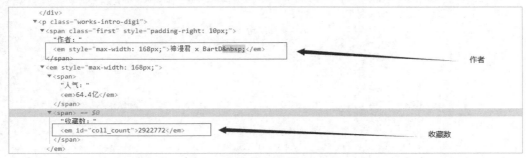

图 10-7　动漫源码界面结构

4. 爬取 TOP 榜动漫详情信息

在 query.py 文件中创建 queryItem()方法，用于爬取 TOP 榜动漫的详细信息。通过 for 循环中全部的动漫详情信息，动漫的评论信息是以 Ajax 方式加载，只有用户下拉滚动条或者使用鼠标滚轮滑动到页面底部，动漫评论信息才能加载完全，所以在爬取动漫评论信息时要使用 Selenium 模块模仿用户滑动屏幕的操作，具体代码如下所示：

```
def queryItem():
    #获取页面的详细信息
    #创建 chrome 参数对象
    opt=Options()
    #把 chrome 设置成无界面模式,爬取数据时不会显示浏览器界面
    opt.add_argument('--headless')
    #创建浏览器驱动对象
    driver=webdriver.Chrome(options=opt)
    data=read_text('top_list')
    data=eval(data)
    for item in data:
        item_list=[]
        file_name='resources/text/'+item['name']+'.text'
        if not is_file(file_name):    #当文件不存在时,请求并下载文件
            url=item['url']
            driver.get(url)                #实例化
            #将页面滚动条翻到最低
            driver.execute_script('window.scrollTo(0,document.body.scrollHeight)')
            time.sleep(0.6)                #等待页面加载完毕
```

```
            html_text =driver.page_source                    #获取 html 页面源码
            bs=BeautifulSoup(html_text,'html.parser')       #创建 bs 对象,用来解析 html 页面
            #动漫的简介
            account=bs.find('p',class_='works-intro-short').text.replace('',''). repl
ace('\n','').replace(' ','')
            title=bs.find('h2',class_='works-intro-title').text       #动漫标题
            author=bs.find('span',class_='first').find('em').text      #动漫作者
            tag_list=[]                                          #获取动漫的标签类型
            tags=bs.find('span',id='tags-show').find_all('a')
            for t in tags:
                tag_list.append(t.text)
            score=bs.find('strong',class_='ui-text-orange').text       #动漫的评分
            ticket=bs.find('em',id='coll_count').text                #动漫的收藏数量
            redticket=bs.find('strong',id='redcount').text           #红票
            #黑票,通过获取 a 标签的上一个兄弟节点
            blackticket=bs.find('a',id="vote-black").find_previous_sibling().text
            comments=bs.find_all('a',class_='comment-content-detail')
            comment_list=[]                                      #获取用户的评论
            for item in comments:
                #去除空格和换行符
                text=item.text.replace('','').replace('\n','').replace(' ','')
                comment_list.append(text)
                item_list.append({'name':title,'author':author,'tags':tag_list,
'score':score,'ticket':ticket,'redticket':redticket,'blackticket':blackticket,'account'
:account,'comments':comment_list})
                save_text(item_list,title)                       #保存到 text 文件中
        else:#文件存在时跳出此次循环
            print('文件已存在! ')
            continue
    driver.close()                                            #关闭浏览器驱动
```

10.4.4　实现 TOP 榜前十名动漫信息界面

TOP 榜前十名动漫信息界面主要是将爬取的动漫信息以表格的形式呈现,表格中显示排名、动漫名称、作者名、标签类型、评分、收藏数量、红票、黑票、红黑比、词云图等信息,在每条信息的红黑比、词云图列创建查询按钮,单击对应的查询按钮,可以查看动漫对应的红黑比与词云图信息,TOP 榜前十名动漫信息界面的业务流程如图 10-8 所示。

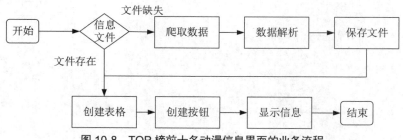

图 10-8　TOP 榜前十名动漫信息界面的业务流程

1. 实现 TOP 榜前十名动漫信息的表格显示方法
在 main.py 文件的 Main 类中创建 show_table()方法,实现 TOP 榜前十名动漫信息显示功能。

在该方法中调用自定义的 read_text()方法获取爬取的动漫信息，然后在 for 循环中将动漫信息添加到表格的单元格对象中，使用 add_percentage_btn()与 add_words_btn()方法创建红黑比与词云图的查询按钮，并为查询按钮绑定相应的事件方法与动漫参数，具体代码如下所示：

```python
def show_table(self):
    #判断是否存在 TOP 榜前十名的文件,不存在就下载相应文件
    file_name='resources/text/top_list.text'
    if not is_file(file_name):
        data=queryTop()                              #获取动漫排名前十名
        save_text(data,'top_list')                   #将数据保存为 text 文件
        queryItem()                                  #请求详细信息并保存
    print('文件已存在！')
    top_list=eval(read_text('top_list'))             #获取排行前十的信息
    #将所需信息存储到 tablelist 列表中
    self.tablelist = []
    for row in range(len(top_list)):
        num=top_list[row]['num']                     #动漫排行
        name=top_list[row]['name']                   #动漫名称
        items=eval(read_text(name))                  #获取详情页内容,并转化为列表
        author=items[0]['author']                    #动漫作者
        tag_list=items[0]['tags']                    #动漫标签
        tags=','.join(tag_list)                      #将列表转化为字符串
        score=items[0]['score']                      #动漫评分
        ticket=items[0]['ticket']                    #收藏数量
        redticket=items[0]['redticket']              #红票数
        blackticet=items[0]['blackticket']           #黑票数
        self.tablelist.append([num,name,author,tags,score,ticket,redticket,blackticet])
        self.tableWidget.setRowCount(len(self.tablelist))#设置表格行数
        self.tableWidget.setColumnCount(10)          #设置列数
        #设置表格内容文字大小
        font=QtGui.QFont()
        font.setPointSize(12)
        self.tableWidget.setFont(font)
        #垂直方向根据内容设置高度
        self.tableWidget.horizontalHeader().setSectionResizeMode(QHeaderView.Stretch)
        self.tableWidget.verticalHeader().setVisible(False)      #垂直方向表头不可见
        self.tableWidget.horizontalHeader().setVisible(True)     #水平表头可见
        #设置表格的表头信息
        self.tableWidget.setHorizontalHeaderLabels(['排名','书名','作者','标签类型','评分','收藏数量','红票','黑票','红黑比','词云图'])
        #向表格中插入数据
    for row_number,row_data in enumerate(self.tablelist):         #获取行数和每行的信息
        self.tableWidget.insertRow(row_number)
        for i in range(len(row_data)+2):
            if i<len(row_data):
                self.tableWidget.setItem(row_number,i,QtWidgets.QTableWidgetItem(str(row_data[i])))
            #添加百分比按钮
            if i==len(row_data):  #第九列
                #传入当前动漫标题
                self.tableWidget.setCellWidget(row_number,i,self.add_percentage_btn(int(row_data[0])-1,str(row_data[1])))
```

```
                    #添加词云图按钮
                    if i==len(row_data)+1:   #第十列
                        #传入当前动漫标题
                        self.tableWidget.setCellWidget(row_number,i,self.add_words_btn(int(
row_data[0])-1,str(row_data[1])))
```

2. 实现添加红黑比查询按钮方法

在 main.py 文件的 Main 类中创建 add_percentage_btn()方法，为 TOP 前十名动漫信息的红黑比列添加查询按钮。在该方法中通过 PyQt5 模块中的 QPushButton 对象创建查询按钮，为按钮设置属性，并绑定事件方法与动漫参数，具体代码如下所示：

```
#列表内添加百分比按钮
def add_percentage_btn(self,num,title):
    widget=QWidget()                          #用来保存按钮
    percentageBtn=QPushButton('查看')         #创建查询按钮
    #设置按钮样式
    percentageBtn.setStyleSheet('''
        text-align:center;
        background-color:DarkSeaGreen;
        height:30px;
        border-style:outset;
        font:13px;''')
    percentageBtn.clicked.connect(lambda:self.click_percentage(num,title))
    #为按钮绑定事件,并传递参数
    hLayout = QHBoxLayout()
    hLayout.addWidget(percentageBtn)
    hLayout.setContentsMargins(5,2,5,2) #设置边距
    widget.setLayout(hLayout)
    return widget
```

3. 实现添加词云图查询按钮方法

在 main.py 文件的 Main 类中创建 add_words_btn()方法，为 TOP 前十名动漫信息的词云图列添加查询按钮，具体代码如下所示：

```
#列表内添加词云图按钮
def add_words_btn(self,num,title):
    widget=QWidget()                          #创建一个widget对象,用来保存按钮
    #查看
    wordsBtn=QPushButton('查看')              #创建查询按钮
    #设置按钮的样式
    wordsBtn.setStyleSheet('''
        text-align:center;
        background-color:DarkSeaGreen;
        height:30px;
        border-style:outset;
        font:13px;''')
    wordsBtn.clicked.connect(lambda:self.click_words(num,title))
                                              #为按钮绑定事件,并传递参数
    hLayout=QHBoxLayout()                     #创建QHBoxLayout对象用来进行水平方向的布局
    hLayout.addWidget(wordsBtn)
    hLayout.setContentsMargins(5,2,5,2) #设置边距
    widget.setLayout(hLayout)
```

```
return widget
```

TOP 榜前十名动漫信息界面运行结果如图 10-9 所示。

排名	书名	作者	标签类型	评分	收藏数	红票	黑票	红黑比	词云图
1	斗罗大...	神漫君 ...	战斗,热血	9.6	2666145	20474	1420	查看	查看
2	航海王	翻翻动...	战斗,热血	9.6	3522462	97432	4567	查看	查看
3	尸兄（...	七度鱼	末日,丧尸	9.8	3297864	515852	14781	查看	查看
4	通灵妃	肉肉	古风,后宫	8.8	5079754	26858	1603	查看	查看
5	一人之下	动漫堂	战斗,搞笑	9.7	5281314	50840	2047	查看	查看
6	19天	幕星社	脑洞,青春	9.9	2858693	17421	169	查看	查看
7	狐妖小...	小新 x ...	古风,妖怪	9.7	5033921	139607	4026	查看	查看
8	中国惊...	权迎升	灵异,搞笑	9.5	3402979	176169	5846	查看	查看
9	英雄再...	SF轻小说	战斗,热血	9.7	1788969	6577	303	查看	查看
10	西行纪	百漫文...	古风,战斗	9.8	1794641	13390	269	查看	查看

图 10-9　TOP 榜前十名动漫信息界面

10.4.5　实现 TOP 榜前十名动漫图表信息界面

TOP 榜前十名动漫图表信息界面主要通过爬取的动漫信息，以动漫的评分与收藏的数据绘制统计图表，并将图表进行显示，动漫的收藏数量以柱状图显示，动漫的评分以折线图显示。TOP 榜前十名动漫图表信息界面的业务流程如图 10-10 所示。

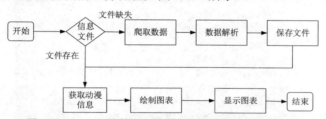

图 10-10　TOP 榜前十名动漫图表信息界面的业务流程

1. 实现 TOP 榜前十名动漫图表的绘制方法

在 main.py 文件的 Main 类中创建 draw_chart()方法，实现 TOP 榜前十名动漫图表的绘制功能。在该方法中通过 Pyecharts 模块提供的 Bar()与 Line()对象分别绘制动漫收藏数量的柱状图与动漫评分的折线图，并将绘制的图像进行保存，具体代码如下所示：

```
#绘制前十名的柱状图与折线图
def draw_chart(self):
    name=[]
    score=[]
    ticket=[]
    for item in self.tablelist:
        name.append(item[1])
        score.append(item[4])
        ticket.append(item[5])
    #创建柱状图
    bar=(
```

```
    Bar()
        .add_xaxis(name)              #设置 x 轴数据
        #设置 y 轴数据
        .add_yaxis(
            "收藏数量",
            ticket,
            yaxis_index=0,
            color="#5793f3",)         #设置颜色
        #设置折线图 y 轴
        .extend_axis(
            yaxis=opts.AxisOpts(
            name="评分",                #y 轴的名称
            min_=0,                    #最小值
            max_=10,                   #最大值
            #位置在左侧
            position="left",
            axisline_opts=opts.AxisLineOpts(
                linestyle_opts=opts.LineStyleOpts(color="#d14a61")#设置颜色),),
                #线样式配置
        ))
        #设置柱状图
        .set_global_opts(
            #设置 x 轴,让文字倾斜 15 度
            xaxis_opts=opts.AxisOpts(axislabel_opts={"rotate":15}),
            yaxis_opts=opts.AxisOpts(
                name="收藏数量",        #y 轴的名称
                min_=0,
                max_=10000000,
                #位置
                position="right",
                offset=0,              #这里是 Y 轴间距,0 即两个 Y 轴重合
                axisline_opts=opts.AxisLineOpts(
                    linestyle_opts=opts.LineStyleOpts(color="#5793f3")),),
        title_opts=opts.TitleOpts(title="TOP 榜前十名收藏数量与评分分析图"),#设置图标标题
        #提示框显示信息,将评分与收藏数量显示在一起
        tooltip_opts=opts.TooltipOpts(trigger="axis", axis_pointer_type="cross"),))
#创建折线图
line=(
    Line()
        .add_xaxis(name)              #设置 x 轴数据
        #设置 y 轴数据
        .add_yaxis(
            "评分",
            score,
            yaxis_index=1,            #Y 轴索引
            color="#675bba",
            label_opts=opts.LabelOpts(is_show=False),))
bar.overlap(line)                     #将折线图重叠到柱状图中
bar.render('resources/html/TOP 榜前十名的评分收藏数量示意图.html')
                                      #将绘制的图表保存为 html 文件
```

2. 实现 TOP 榜前十名动漫图表的显示方法

在 main.py 文件的 Main 类中创建 show_chart()方法，实现 TOP 榜前十名动漫图表的显示功能。该方法通过 QWebEngineView 对象显示 TOP 榜前十名动漫图表文件，具体代码如下所示：

```
#显示前十名的柱状图与折线图方法
def show_chart(self):
    file_name='resources/html/TOP榜前十名的评分收藏数量示意.html'#文件在项目中的路径
    if not is_file(file_name):                      #文件不存在
        self.draw_chart()                           #绘制图表并保存图片
    #文件存在进行显示
    self.frame=QFrame(self)
    self.horizontalLayout.addWidget(self.frame)     #frame对象添加到垂直布局中
    self.hboxLayout=QHBoxLayout(self.frame)         #创建一个水平盒部件用来保存frame对象
    self.myHtml=QWebEngineView()                    #PyQt5中用来打开html文件的对象
    file_path=get_path(file_name)                   #获取文件的绝对路径
    #打开本地html文件
    self.myHtml.load(QUrl(file_path))               #必须使用文件的绝对路径
    self.hboxLayout.addWidget(self.myHtml)
    self.setLayout(self.horizontalLayout)
```

TOP 榜前十名动漫图表信息界面运行结果如图 10-11 所示。

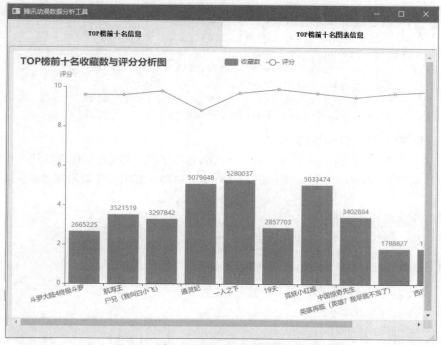

图 10-11　TOP 榜前十名动漫图表信息界面

10.4.6　实现红黑比弹窗界面

红黑比弹窗界面主要根据爬取的动漫信息进行分析处理，使用动漫的红票、黑票数据绘制饼状统计图，并将饼状图显示出来，红黑比弹窗界面的业务流程如图 10-12 所示。

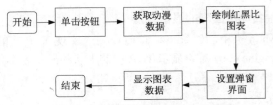

图 10-12 红黑比弹窗界面的业务流程

1. 创建红黑比弹窗界面

在项目中创建 showwin.py 文件，该文件路径为 TXDM/showwin.py。在该文件中创建 HtmlWindows()类设置红黑比弹窗界面，该类继承 PyQt5 模块的窗口对象 QMainWindow，具体代码如下所示：

```python
# 用来显示文件内容的新窗口界面
from PyQt5.QtCore import QUrl,QSize,Qt
from PyQt5.QtGui import QPixmap
from PyQt5.QtWebEngineWidgets import QWebEngineView
from PyQt5.QtWidgets import QMainWindow, QLabel
#用来显示动漫红黑票百分比的窗口界面
class HtmlWindows(QMainWindow):
    def __init__(self):
        super(QMainWindow,self).__init__()
        self.setGeometry(200,200,800,620)           #设置窗口大小
        self.browser=QWebEngineView()               #创建一个浏览器对象
    def show_percentage(self,title,file_path):
        self.setWindowTitle(title)                  #设置窗口标题
        self.browser.load(QUrl(file_path))          #加载相应html文件
        self.setCentralWidget(self.browser)
```

2. 实现红黑比饼状统计图绘制方法

在 main.py 文件的 Main 类中创建 draw_percentage()方法，实现红黑比饼状统计图的绘制功能。在该方法中通过 Pyecharts 模块提供的 Pie()对象，以动漫红票与黑票数据绘制图表，具体代码如下所示：

```python
#绘制动漫红黑票占比的饼图
def draw_percentage(self,num,title,file_name):      #绘制黑红票百分比
    redticket=self.tablelist[num][6]                #红票
    blackticket=self.tablelist[num][7]              #黑票
    ticket_list=[]
    ticket_list.append(redticket)
    ticket_list.append(blackticket)
    attr=['红票','黑票']                             #名称
    #饼图用的数据格式是[(key1,value1),(key2,value2)],所以先使用zip函数将数据进行处理
    pie_obj=(
        Pie()
            .add(
            "",
            [list(z) for z in zip(attr,ticket_list)],
            center=["50%","50%"],
            #标签配置项
```

```
        label_opts=opts.LabelOpts(is_show=False,position="center"),)
    #设置全局,标题设置
    .set_global_opts(title_opts=opts.TitleOpts(title=title+"红黑票占比示意图"))
    #设置提示格式,显示名称,数量,百分比
    .set_series_opts(label_opts=opts.LabelOpts(formatter="{b}:{c}({d}%)")))
pie_obj.render(file_name)
```

3. 实现红黑比查询按钮的单击事件方法

在 main.py 文件的 Main 类中创建 click_percentage()方法,实现红黑比查询按钮的单击事件方法。用户单击红黑比查询按钮时触发该方法,弹出红黑比饼状统计图界面,具体代码如下所示:

```
#单击百分比按钮的事件处理
def click_percentage(self,num,title):
    file_name='resources/html/'+title+'.html'      #文件在项目中的路径
    file_path=get_path(file_name)                   #文件的绝对路径
    if not is_file(file_name):                      #文件不存在,生成相应文件
        self.draw_percentage(num,title,file_name)
        #文件存在,进行显示
        self.hwin.show_percentage(title,file_path)
        self.hwin.show()
```

红黑比弹窗界面运行结果如图 10-13 所示。

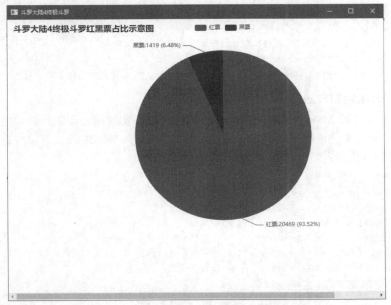

图 10-13　红黑比弹窗界面

10.4.7　实现词云图弹窗界面

词云图弹窗界面主要是通过爬取的动漫信息,以动漫的评论数据截取关键词进行词云图的绘制,并将词云图显示出来,词云图弹窗界面的业务流程如图 10-14 所示。

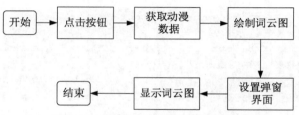

图 10-14　词云图弹窗界面的业务流程

1. 创建词云图弹窗界面

在 showwin.py 文件中创建 PngWindows()方法设置词云图弹窗界面，该类继承 PyQt5 模块的窗口对象 QMainWindow，具体代码如下所示：

```
#用来显示动漫词云图的窗口界面
class PngWindows(QMainWindow):
    def __init__(self):
        super(QMainWindow,self).__init__()
        self.setGeometry(200,200,620,820)
        self.browser=QLabel()
    def show_words(self,title,file_name):
        self.setWindowTitle(title)
        #用来解析图片
        pixmap=QPixmap(file_name)
        scaredPixmap=pixmap.scaled(QSize(610,813))
        #设置图片
        self.browser.setPixmap(scaredPixmap)
        #判断选择的类型,根据类型做相应的图片处理
        self.browser.show()
        self.setCentralWidget(self.browser)
```

2. 实现词云图绘制方法

在 main.py 文件的 Main 类中创建 draw_words()方法，实现词云图的绘制功能。在该方法中通过 jieba 模块将动漫评论的关键词进行截取，使用 Numpy、WordCloud 等模块进行词云图的绘制，具体代码如下所示：

```
#绘制动漫评论词云图
def draw_words(self,title,file_name):
    #获取相应动漫的信息,并转化为列表形式
    data=eval(read_text(title))
    account=data[0]['account']        #动漫简介
    comments=data[0]['comments']      #获取动漫的评论
    comments=''.join(comments)        #将评论转化为字符串格式
    #爬取的评论数据有点少,增多一些
    comments=comments+account
    for i in range(10):
        comments+=comments
    path_img="resources/images/bg.png"
    background_image = np.array(Image.open(path_img))
    cut_text="".join(jieba.cut(comments))
    wordcloud=WordCloud(
        #设置字体,不然会出现"口"乱码,文字的路径是电脑的字体一般路径,可以换成别的
        font_path='/resources/font/simkai.ttf',
```

```
                background_color="white",
            #mask 参数=图片背景,必须要写上,另外有 mask 参数再设定宽高是无效的
                mask=background_image).generate(cut_text)
        wordcloud.to_file(file_name)    #生成词云图片
```

3. 实现词云图查询按钮的单击事件方法

在 main.py 文件的 Main 类中创建 click_words()方法,实现词云图查询按钮的单击事件方法。
用户单击词云图查询按钮时触发该方法,弹出词云图弹窗界面,具体代码如下所示:

```
#点击词云图按钮的事件处理
def click_words(self,num,title):
    file_name = 'resources/images/'+title+'.png'  #文件在项目中的路径
    if not is_file(file_name):                      #文件不存在,生成相应文件
        self.draw_words(title,file_name)
    self.pwin.show_words(title,file_name)
    self.pwin.show()
```

词云图弹窗界面运行结果如图 10-15 所示。

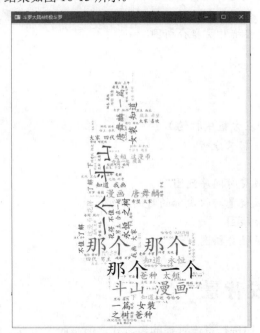

图 10-15　词云图弹窗界面

10.5　开发常见问题及功能扩展

开发腾讯动漫数据分析工具时需要注意动漫评论是以 Ajax 的方式进行加载的,若用户不滚
动到页面最下方,评论数据不会加载完全,存在缺失现象,导致词云图的绘制失败。

当前版本的腾讯动漫数据分析工具功能虽已经实现,但是在一些细节方面还存在缺失。后
续版本中,在为用户提供动漫分析的同时,还要将推荐的动漫进行下载,方便用户浏览。

第 11 章

可视化股票分析

本章概述

　　本章学习股票数据分析助手的开发,该工具通过 PyQt5 模块进行可视化界面的设计与实现,使用 pandas_datareader 模块进行股票数据的获取,该工具主要通过用户选择的股票名称、起止时间、操作按钮等信息,分别绘制、显示股票成交时间序列图、股票成交量与收盘价的时间序列图、股票 k 线图、股票指标相关性分析图。

知识导读

　　本章要点(已掌握的在方框中打钩)
　　☐ 股票数据分析助手需求分析
　　☐ 设计可视化界面
　　☐ 绘制并显示股票成交时间序列图
　　☐ 绘制并显示股票成交量与收盘价的时间序列
　　☐ 绘制并显示股票 k 线图
　　☐ 绘制股票指标相关性分析图

11.1　项目开发背景

　　当今社会炒股成为人们进行资产管理的新方式,但是股票数据不容易查看与理解是许多新手炒股面临的问题。本章通过 Python 语言开发一个简易的股票数据分析助手,帮助炒股新手查看股票数据、总结股票走势规律,迈入炒股的"新世界"。该项目使用 PyQt5 模块进行可视化界面设计,使用 Pandas 模块进行股票数据的处理与获取,使用 Pyecharts 模块进行股票数据相关图表的绘制。

11.2　系统开发环境及工具

　　操作环境：Windows 7 及以上操作系统。

开发工具：PyCharm 2019。

开发语言：Python 3.6。

开发所需模块：PyQt5、Pandas、Pyecharts、datetime、os、re 等模块。

11.3　系统功能设计

首先进行股票数据分析助手的需求分析，然后完成股票数据分析助手的功能模块分析。

11.3.1　需求分析

股票数据分析助手的需求主要有以下几点：

（1）爬取股票数据（苹果、微软、阿里巴巴、腾讯、小米）。

（2）根据用户选择的股票类型与起止时间绘制股票成交量关于日期时间的统计图表，并显示。

（3）根据用户选择的股票类型与起止时间绘制股票成交量与收盘价关于日期时间的统计图表，并显示。

（4）根据用户选择的股票类型与起止时间绘制股票 k 线与日均线的统计图表，并显示。

（5）根据用户选择的股票类型与起止时间绘制股票开盘价、收盘价、最高价、最低价、成交量等指标的相关性图表，并显示。

11.3.2　功能模块分析

股票数据分析助手主要分为爬取股票信息、绘制并显示股票成交量关于日期时间的统计图表、绘制并显示股票成交量与收盘价关于日期时间的统计图表、绘制并显示股票 k 线与日均线的统计图表、绘制并显示股票相关指标的相关性图表等功能。

股票数据分析助手的功能模块如图 11-1 所示。

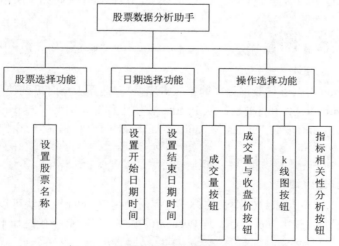

图 11-1　股票数据分析助手的功能模块

11.3.3 项目结构

股票数据分析助手项目中主要有 stock_data（项目文件夹）、resources（项目资源文件夹）、main.py（项目主程序文件）、make_chart.py（项目图表绘制文件）、query_stock.py（爬取股票数据文件）、setting.py（项目配置文件）、show_windows.py（项目运行文件）、window.py（可视化窗口 ui 文件的转化文件）。项目结构如图 11-2 所示。

图 11-2　项目结构

11.4　系统功能技术实现

下面学习股票数据分析助手项目开发所需要的开发软件的安装和功能技术的实现。

11.4.1　项目相关模块的安装

项目相关模块的安装包括安装 PyQt5 模块、安装 Pandas 模块以及安装 Pyecharts 模块。

1. 安装 PyQt5 模块

PyQt5 是 Python 的第三方库，用来创建 GUI 可视化窗口，生成窗口界面的 ui 文件，PyQt5 模块的使用需要依赖 PyQt5-tools 模块，PyQt5-tools 模块将窗口界面 ui 文件转化为.py 类型的文件。绘制的图表文件是 HTML 类型，在 PyQt5 中需要使用 QtWebEngineWidgets 对象，目前在 PyQt5 模块中已经移除该对象，因此需要使用 PyQtWebEngine 模块来创建该对象。使用 pip 命令安装 PyQt5、PyQt5-tools 与 PyQtWebEngine 模块，具体命令代码如下所示：

```
pip install PyQt5                #安装 PyQt5 模块
pip install PyQt5-tools          #安装 PyQt5-tools 模块
pip install PyQtWebEngine        #安装 PyQtWebEngine 模块
```

2. 安装 Pandas 模块

Pandas 是 Python 用来进行数据处理的第三方库，获取股票数据时需要使用 pandas_datareader 对象，pandas_datareader 对象目前已经从 Pandas 模块中移除，需要安装 pandas_datareader 模块才能使用。使用 pip 命令安装 Pandas 与 pandas_datareader 模块，具体命令代码如下所示：

```
pip install pandas                #安装 pandas 模块
pip install pandas_datareader     #安装 pandas_datareader 模块
```

3. 安装 Pyecharts 模块

Pyecharts 是 Python 用来绘制图表的第三方库，使用 Pyecharts 模块可以绘制许多既好看又具有强大功能的图表，使用 pip 命令安装 Pyecharts 模块，具体命令代码如下所示：

```
pip installpyecharts              #安装 pyecharts 模块
```

11.4.2　窗体界面的创建

创建窗体界面文件需要使用 PyQt5 模块的 Qt Designer 工具，在 PyCharm 中执行 "Tools-Externa Tools-Qt Designer" 操作，可以进入 Qt Designer 工具界面，进行可视化窗口界面的设计。

1. 车票查询界面设计

在窗体界面中，股票数据分析助手分为四个区域，股票名称选择区域、股票起止时间设置区域、股票操作选择区域、股票图表显示区域。股票数据分析助手界面的整体效果如图 11-3 所示。

图 11-3　股票数据分析助手界面的整体效果

股票数据分析助手界面使用 Qt Designer 工具中的控件及其属性设置如表 11-1 所示。

表 11-1　控件及其属性设置

控 件 名 称	控 件 类 型	控 件 属 性	说　明
MainWindow	QMainWindow	geometry：Width：1200，Height：800 windowTitle：股票分析助手	窗体主体控件
widget_2	QWidget	geometry：x：2，y：37 Width：120，Height：71 stylesheet： background-color:rgb(217,217,217);	股票选择区域
lable	QLable	geometry：x：8，y：14 Width：54，Height：12 Text：股票代码	股票名称标签
comboBox	QComboBox	geometry：x：8，y：36 Width：102，Height：21 stylesheet： background-color:rgb(255,255,255);	股票类型选择框

续表

控 件 名 称	控 件 类 型	控 件 属 性	说 明
widget_5	QWidget	geometry：x：3，y：149 Width：120，Height：123 stylesheet： background-color:rgb(217,217,217);	股票起止日期选择区域
startdateEdit	QDateEdit	geometry：x：8，y：90 Width：110，Height：22 background-color: rgb(255,255,255);	开始日期选择框
enddateEdit	QDateEdit	geometry：x：8，y：35 Width：110，Height：22	结束日期选择框
widget_7	QWidget	geometry：x：3，y：319 Width：120，Height：132 stylesheet： background-color:rgb(217,217,217);	操作按钮选择区域
correlationButton	QPushButton	geometry：x：12，y：100 Width：96，Height：23 text：指标相关性分析	指标相关性分析按钮
kButton	QPushButton	geometry：x：12，y：70 Width：96，Height：23 text：k 线图	k 线图按钮
volandcloButton	QPushButton	geometry：x：12，y：70 Width：96，Height：23 text：成交量与收盘价	成交量与收盘价按钮
volumeButton	QPushButton	geometry：x：12，y：40 Width：96，Height：23 text：	成交量按钮
widget_8	QWidget	geometry：x：130，y：9 Width：1061，Height：741 stylesheet： background-color:rgb(217,217,217);	图表显示区域
scrollArea	QScrollArea	geometry：x：-1，y：-1 Width：1051，Height：711	图片显示区域
horizontalLayout	QHBoxLayout	—	水平布局

股票数据分析助手窗体界面控件结构如图 11-4 所示。

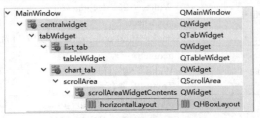

图 11-4　窗体界面控件结构

窗体界面设计完成后，保存文件格式为 window.ui。Python 无法直接使用该类型的文件，需要通过 PyQt5-tools 模块将.ui 类型的文件转化为.py 类型的文件。在 PyCharm 中打开要转化的

ui 文件执行"Tools-Externa Tools-PyUIC"操作，就可以将.ui 类型的文件转化为.py 类型文件。

2. 窗体界面的实现

生成窗体界面的 window.py 文件后，要在项目中创建一个 main.py 文件，该文件路径为 stock_data/main.py。在该文件中创建一个 Main 类进行窗体界面的初始化设置，具体代码如下所示：

```
from window import Ui_MainWindow#导入主窗体ui类
#导入PyQt5相关类与方法
from PyQt5 import QtGui,QtWidgets
from PyQt5.QtWidgets import *
from PyQt5.QtWebEngineWidgets import *
from PyQt5.QtCore import QDate,QDateTime,QTime,QUrl,QSize,Qt
from PyQt5.QtGui import QPixmap
from make_chart import *
#窗体初始化类
class Main(QMainWindow,Ui_MainWindow):
  def __init__(self):
      super(Main,self).__init__()
      self.setupUi(self)    #设置ui文件
      #设置时间控件
      self.startdateEdit.setDateTime(QDateTime(QDate(2017,1,1),QTime(0,0,0)))
                              #设置默认时间
      #起始日期设置日期最大值与最小值,在当前日期的基础上,后一年与前一年
      self.startdateEdit.setMinimumDate(QDate(2017,1,1))
      self.startdateEdit.setMaximumDate(QDate.currentDate())  #系统的当前日期
      #结束时间
      self.enddateEdit.setDateTime(QDateTime(QDate.currentDate(),QTime(0,0,0)))
                          #设置默认时间
      self.enddateEdit.setMinimumDate(QDate(2017,1,1))
      self.enddateEdit.setMaximumDate(QDate.currentDate())      #系统的当前日期
      #设置单击事件
      #点击成交量时间序列图
      self.volumeButton.clicked.connect(self.click_volume)
      #点击成交量与收盘价时间序列图
      self.volandcloButton.clicked.connect(self.click_volandclo)
      #点击k线图
      self.kButton.clicked.connect(self.click_k)
      #点击股票指标相关性分析
      self.correlationButton.clicked.connect(self.click_correlation)
```

在项目中创建 show_window.py 文件，该文件路径为 stock_data/show_window.py。在该文件中创建 show_MainWindow()方法，以实例化 Main 类的对象，运行该文件，执行项目，具体代码如下所示：

```
import sys
#导入相关文件
from main import *
from query_stock import *
def show_MainWindow():
    app=QApplication(sys.argv) #创建QApplication对象,作为GUI程序入口
    main=Main()                #创建主窗体对象
```

```
    main.show()                    #显示主窗体
    sys.exit(app.exec_())          #循环中等待退出程序
#主程序入口
if __name__=="__main__":
    get_stockdata()                #获取股票数据
    show_MainWindow()              #展示窗口
```

11.4.3 实现爬取股票数据功能

股票数据分析助手主要使用 pandas_datareader 模块创建一个 Web 对象用来爬取数据，以股票的代码和起止时间作为参数，借助雅虎财经提供的 API 接口获取对应的股票数据，爬取的股票数据是 DataFrame 类型，数据中包含开盘价、收盘价、最高价、最低价、成交量等信息。在项目中创建 query_stock.py 文件，该文件路径为 stock_data/query_stock.py。在该文件中实现股票查询功能，具体代码如下所示：

```
#获取股票数据
import pandas_datareader.data as web
#是 pandas 中独立出来的模块,需单独安装,用来获取数据,数据格式为 DataFrame 类型
import yfinance as yf #雅虎财经数据 api 接口模块,是对 pandas_datareader 模块的维护
from setting import *
yf.pdr_override()        #需要调用这个函数,为 pandas_datareader 提供维护
#获取股票数据
def get_stockdata():
    for key,value in myDict.items():
        dataframe = web.get_data_yahoo(value,start,end)    #获取数据
        filename='resources/excel/'+key+'.xlsx'            #文件路径
        dataframe.to_excel(filename)                       #数据存储到 excel 文件中
```

11.4.4 实现股票成交量图表查看功能

股票成交量图表的时间序列图查看功能主要根据获取用户选取的股票名称、股票起止时间等信息，读取相应的股票数据并进行处理，绘制股票成交量与时间日期的关系图表，在股票数据分析工具的图表显示区域显示相应图表信息。股票成交量图表查看功能的业务流程如图 11-5 所示。

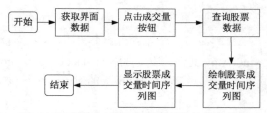

图 11-5 股票成交量图表查看功能的业务流程

1. 实现获取用户设置股票信息方法

在 main.py 文件的 Main 类中创建 getdata()方法，通过 PyQt5 模块的控件方法获取相应控件的值并进行返回，具体代码如下所示：

```
#获取股票数据分析助手界面的数据方法
def getdata(self):
```

```
    stock_name=self.comboBox.currentText()#获得当前选中股票名称
    start_date=self.startdateEdit.date().toString("yyyy-MM-dd")    #获取开始日期
    end_date=self.enddateEdit.date().toString("yyyy-MM-dd")        #获取结束日期
    return stock_name,start_date,end_date
```

2. 实现股票成交量时间序列图绘制方法

在项目中创建 make_chart.py 文件，该文件路径为 stock_data/make_chart.py。在该文件的 make_volume()方法中进行股票成交量时间序列图的绘制。使用 read_excel()方法读取存储在 Excel 表格中的股票数据，通过 Pyecharts 模块的 Line()对象进行股票成交量时间序列图的绘制与保存，具体代码如下所示：

```
#绘制图表
from pandas import read_excel              #读取 excel 文件数据
import matplotlib.pyplot as plt            #绘制图表
#使用 pyecharts 绘制图表
from pyecharts.charts import Kline,Bar,Grid,Line
from pyecharts import options as opts
#制作成交量时间序列图
def make_volume(stock_name,start_date,end_date):
    stock_code=myDict[stock_name]          #股票代码
    #读取 excel 文件,并设置日期为索引
    stock_data=read_excel(excel_path(stock_name),index_col='Date')
    #按照查询日期进行截取,获取某个时间段内的时间序列数据
    data=stock_data.loc[start_date:end_date]
    data.reset_index(inplace=True)         #去除以日期为索引,新加一列以序号为索引
    #将日期列数据转化为日期格式并进行格式化输出
    date=data["Date"].apply(lambda x:x.strftime('%Y%m%d')).tolist()
    volume=data["Volume"].tolist()         #y 轴的数据（股票成交量）
    #成交量时间序列图
    line=(
        Line()
            .add_xaxis(date)               #设置 x 轴的数据
            .add_yaxis(
                series_name=stock_code, #折线图例显示名称
                y_axis=volume,             #设置 y 轴数据
                linestyle_opts=opts.LineStyleOpts(width=1, opacity=0.5),#设置折线样式
                label_opts=opts.LabelOpts(is_show=False)) #是否在折线上显示数值
            .set_global_opts(
                #设置标题
                title_opts=opts.TitleOpts(title="{}股票成交量时间序列图".format
(stock_name)),yaxis_opts=opts.AxisOpts(name="成交量",),        #y 轴的名称
                    datazoom_opts=[
                        opts.DataZoomOpts(
                            is_show=True,
                            type_="inside",              #通过鼠标滚轮来缩放
                            xaxis_index=[0],             #设置第 0 轴和第 1 轴同时缩放
                            range_start=0,               #起始范围
                            range_end=100,),             #结束范围
                        opts.DataZoomOpts(
                            is_show=True,
                            type_="slider",              #通过下方滑块条来进行缩放
                            xaxis_index=[0],             #设置第 0 轴和第 1 轴同时缩放
```

```
                    pos_top="90%",         #设置滑动块的位置
                    range_start=0,         #起始范围
                    range_end=100,)        #结束范围
            ],
        )
    )
    line.render(html_path(stock_name,'成交量'))
```

3. 实现股票成交量时间序列图显示方法

在 main.py 文件的 Main 类中创建 show_volume()方法，在该方法中通过 QWebEngineView 对象将 HTML 文件在股票数据分析助手的图表区域中进行显示，具体代码如下所示：

```
#显示成交量序列图
def show_volume(self,stock_name):
    self.clearsplayout()                       #清空水平布局
    file_name=html_path(stock_name,'成交量')
    #文件存在进行显示
    self.myHtml=QWebEngineView()               #PyQt5 中用来打开 html 文件的对象
    file_path=get_path(file_name)              #获取文件的绝对路径
    #打开本地保存的 html 文件
    self.myHtml.load(QUrl(file_path))          #必须使用文件的绝对路径
    self.horizontalLayout.addWidget(self.myHtml)#将部件添加到右侧布局中
```

4. 实现成交量按钮的单击事件方法

在 main.py 文件的 Main 类中创建 click_volume()方法，用户点击股票数据分析助手操作区域的成交量按钮时触发该方法进行成交量时间序列图的绘制与显示操作，具体代码如下所示：

```
#成交量按钮单击事件方法
def click_volume(self):
    #获取页面数据
    stock_name,start_date,end_date=self.getdata()
    make_volume(stock_name,start_date,end_date)
    self.show_volume(stock_name)
```

成交量时间序列图如图 11-6 所示。

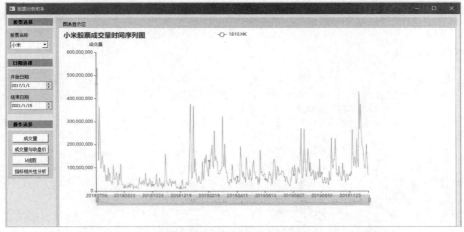

图 11-6 成交量时间序列图

11.4.5 实现成交量与收盘价图表查看功能

股票成交量与收盘价的时间序列图的查看功能主要是获取用户选取的股票名称、股票起止时间信息，根据这些信息读取相应的股票数据并进行处理，绘制股票成交量与收盘价关于时间日期的关系图表，在股票数据分析工具的图表显示区域显示相应图表信息。股票成交量与收盘价图表查看功能的业务流程如图 11-7 所示。

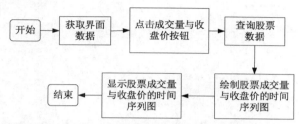

图 11-7 股票成交量与收盘价图表查看功能的业务流程

1. 实现股票成交量与收盘价时间序列图的绘制方法

在 make_chart.py 文件，创建 make_volandclo()方法，在该方法中进行股票成交量时间序列图的绘制。使用 read_excel()方法读取存储在 Excel 表格中的股票数据，通过 Pyecharts 模块的 Line()对象进行股票成交量时间序列图的绘制与保存，具体代码如下所示：

```
#制作成交量与收盘价时间序列图
def make_volandclo(stock_name,start_date,end_date):
    stock_code=myDict[stock_name]           #股票代码
    #读取 excel 文件,并设置日期为索引
    stock_data = read_excel(excel_path(stock_name),index_col='Date')
    #按照查询日期进行截取,获取某个时间段内的时间序列数据
    data=stock_data.loc[start_date:end_date]
    data.reset_index(inplace=True)
    date=data["Date"].apply(lambda x: x.strftime('%Y%m%d')).tolist()
    volume=data["Volume"].tolist()          #y 轴的数据（股票成交量）
    close=data["Close"].tolist()            #y 轴的数据（股票收盘价）
    #股票收盘价与成交量的时间序列图
    line=(
        Line()
            .add_xaxis(date)                #设置 x 轴的数据
            .add_yaxis(
                stock_code,                 #折线图例显示名称
                yaxis_index=0,              #Y 轴索引
                y_axis=volume,              #设置 y 轴数据
                linestyle_opts=opts.LineStyleOpts(width=1,opacity=0.5),#设置折线样式
                label_opts=opts.LabelOpts(is_show=False))
            .add_yaxis(
                "收盘价",
                yaxis_index=1,              #Y 轴索引
                y_axis=close,               #y 轴的数据
                linestyle_opts=opts.LineStyleOpts(width=1,opacity=0.5),
                label_opts=opts.LabelOpts(is_show=False),)
            #设置坐标轴
            .extend_axis(
```

```
        yaxis=opts.AxisOpts(
        name="收盘价（$）",                            #y 轴的名称
        position="right",))
    .set_global_opts(
        title_opts=opts.TitleOpts(
            title="股票收盘价与成交量的时间序列图"),  #设置标题
        yaxis_opts=opts.AxisOpts(name="成交量"), #y 轴的名称
        datazoom_opts=[
            opts.DataZoomOpts(
                is_show=True,
                type_="inside",          #通过鼠标滚轮来缩放
                xaxis_index=[0],         #设置第 0 轴和第 1 轴同时缩放
                range_start=0,           #起始范围
                range_end=100),          #结束范围
            opts.DataZoomOpts(
                is_show=True,
                type_="slider",          #通过下方滑块条来进行缩放
                xaxis_index=[0],         #设置第 0 轴和第 1 轴同时缩放
                pos_top="90%",           #设置滑动块的位置
                range_start=0,           #起始范围
                range_end=100)           #结束范围
        ],))
line.render(html_path(stock_name,'成交量与收盘价'))
```

2. 实现股票成交量与收盘价时间序列图的显示方法

在 main.py 文件的 Main 类中创建 show_volandclo()方法，在该方法中通过 QWebEngineView 对象将 HTML 文件在股票数据分析助手的图表区域中进行显示，具体代码如下所示：

```
#显示成交量与收盘价时间序列图
def show_volandclo(self, stock_name):
    self.clearsplayout()                          #清空水平布局内容
    file_name=html_path(stock_name, '成交量与收盘价')
    #文件存在进行显示
    self.myHtml=QWebEngineView()                  #PyQt5 中用来打开 HTML 文件的对象
    file_path=get_path(file_name)                 #获取文件的绝对路径
    #打开本地 html 文件
    self.myHtml.load(QUrl(file_path))             #必须使用文件的绝对路径
    self.horizontalLayout.addWidget(self.myHtml)  #将部件添加到右侧布局中
```

3. 实现成交量与收盘价按钮单击事件方法

在 main.py 文件的 Main 类中创建 click_volandclo()方法，用户点击股票数据分析助手操作区域的成交量与收盘价按钮时，触发该方法进行成交量与收盘价时间序列图的绘制与显示操作，具体代码如下所示：

```
#成交量与收盘价方法
def click_volandclo(self):
    #获取页面数据
    stock_name,start_date,end_date=self.getdata()
    make_volandclo(stock_name,start_date,end_date)
    self.show_volandclo(stock_name)
    self.show_volume(stock_name)
```

成交量与收盘价的时间序列图如图 11-8 所示。

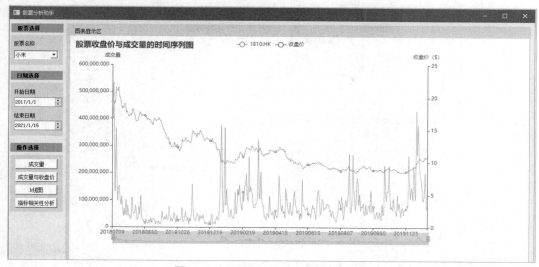

图 11-8 成交量与收盘价的时间序列图

11.4.6 实现股票 k 线图的查看功能

股票 k 线图查看功能主要是获取用户选取的股票名称、股票起止时间信息，根据这些信息读取相应的股票数据并进行处理，绘制股票 k 线图、日均线折线图、成交量柱状图。在股票数据分析工具的图表显示区域显示相应图表信息。股票 k 线图查看功能的业务流程如图 11-9 所示。

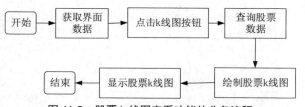

图 11-9 股票 k 线图查看功能的业务流程

1. 实现股票 k 线图与日均线折线图、成交量柱状图的绘制方法

在 make_chart.py 文件，创建 make_k()方法，在该方法中进行股票成交量时间序列图的绘制。使用 read_excel()方法读取存储在 Excel 表格中的股票数据，通过 Pyecharts 模块的 Kline()、Line()、Bar()对象进行股票 k 线图、日均线折线图、成交量柱状图的绘制与保存，具体代码如下所示：

```
#制作股票 k 线图与移动平均线图
def make_k(stock_name,start_date,end_date):
    stock_code=myDict[stock_name]  #股票代码
    #读取 excel 文件，并设置日期为索引
    stock_data=read_excel(excel_path(stock_name),index_col='Date')
    data=stock_data.loc[start_date:end_date]
    data.reset_index(inplace=True)
    date=data["Date"].apply(lambda x:x.strftime('%Y%m%d')).tolist()
```

```
#pyecharts 模块中绘制 k 线图的数据结构为开盘,闭盘,最低价,最高价
stock_data_extracted=data[['Open','Close','Low','High','Volume','Date']]
                                    #股票的列重新排序
volume=data["Volume"].tolist() #y轴的数据(股票成交量)
#移动平均线(通过内置的方法获取均线数据)
stock_data_extracted['close_mean5']=stock_data_extracted["Close"].rolling(5).
mean()#5天的平均线
#10天的平均线
stock_data_extracted['close_mean10']=stock_data_extracted["Close"].rolling(10).
mean()
#20天的平均线
stock_data_extracted['close_mean20']=stock_data_extracted["Close"].rolling(20).
mean()
#绘制 k 线图
kline=(
    Kline()
        .add_xaxis(date)#设置 x 轴数据
        .add_yaxis(stock_name+"K线与均线图",data.iloc[:,:4].values.tolist())
        .set_global_opts(
            xaxis_opts=opts.AxisOpts(is_scale=True, is_show=False),#不显示 x 轴
            yaxis_opts=opts.AxisOpts(is_scale=True,),#y 轴起始坐标可自动调整
            title_opts=opts.TitleOpts(title="价格($)",subtitle=stock_name+"\n"
+stock_code,pos_top="20%"),
            #设置标题与副标题
            axispointer_opts=opts.AxisPointerOpts(
                is_show=True,
                link=[{"xAxisIndex":"all"}],#鼠标悬浮时提示出全部的信息(以 x 轴为索引)
                label=opts.LabelOpts(background_color="#777"),),
            datazoom_opts=[
                opts.DataZoomOpts(
                is_show=True,
                type_="inside",        #通过鼠标滚轮来缩放
                xaxis_index=[0,1],     #设置第 0 轴和第 1 轴同时缩放
                range_start=0,         #起始范围
                range_end=100,),       #结束范围
                opts.DataZoomOpts(
                is_show=True,
                type_="slider",        #通过下方滑块条来进行缩放
                xaxis_index=[0,1],     #设置第 0 轴和第 1 轴同时缩放
                pos_top="90%",         #设置滑动块的位置
                range_start=0,
                range_end=100,)],))
#移动平均线
line=(
    Line()
        .add_xaxis(date)              #设置 x 轴的数据
        .add_yaxis(
            series_name="MA5",        #折线图例显示名称
```

```
            y_axis=stock_data_extracted['close_mean5'].dropna().tolist(),
            linestyle_opts=opts.LineStyleOpts(width=1,opacity=0.5),#设置折线样式
            label_opts=opts.LabelOpts(is_show=False))#是否在折线上显示数值
        .add_yaxis(
            series_name="MA10",
            y_axis=stock_data_extracted['close_mean10'].dropna().tolist(),
            linestyle_opts=opts.LineStyleOpts(width=1,opacity=0.5),
            label_opts=opts.LabelOpts(is_show=False),)
        .add_yaxis(
            series_name="MA20",
            y_axis=stock_data_extracted['close_mean20'].dropna().tolist(),
            linestyle_opts=opts.LineStyleOpts(width=1,opacity=0.5),
            label_opts=opts.LabelOpts(is_show=False),)
        .set_global_opts(xaxis_opts=opts.AxisOpts(type_="category")))
#将 k 线图和移动平均线显示在一个图内
kline.overlap(line)
#成交量柱形图
bar=(
    Bar()
        .add_xaxis(date)
        .add_yaxis(
            "成交量",
            volume,
            label_opts=opts.LabelOpts(is_show=False),
            itemstyle_opts=opts.ItemStyleOpts(color="#008080"))#设置柱体颜色
        .set_global_opts(
            title_opts=opts.TitleOpts(
                title="成交量",                          #设置标题
                pos_top="70%"),                          #设置位置
            legend_opts=opts.LegendOpts(is_show=False),  #鼠标悬浮不显示数值
            ))
#使用网格将多张图标组合到一起显示
grid_chart=Grid()#创建网格对象
#将 k 线图进行添加,并设置位置
grid_chart.add(
    kline,
    grid_opts=opts.GridOpts(pos_left="15%",pos_right="8%",height="55%"),)
#将成交量柱状图进行添加,并设置位置
grid_chart.add(
    bar,
    grid_opts=opts.GridOpts(pos_left="15%",pos_right="8%",pos_top="70%",
height="20%"),)
grid_chart.render(html_path(stock_name,'k 线图'))
```

2. 实现股票 k 线图、日均线折线图、成交量柱状图的显示方法

在 main.py 文件的 Main 类中创建 show_k() 方法，在该方法中通过 QWebEngineView 对象将 HTML 文件在股票数据分析助手的图表区域中进行显示，具体代码如下所示：

```
def show_k(self,stock_name):
    self.clearsplayout()#清空水平布局内容
    file_name=html_path(stock_name,'k线图')
    #文件存在进行显示
    self.myHtml=QWebEngineView()                       #PyQt5中用来打开html文件的对象
    file_path=get_path(file_name)                      #获取文件的绝对路径
    self.myHtml.load(QUrl(file_path))                  #必须使用文件的绝对路径
    self.horizontalLayout.addWidget(self.myHtml)       #将部件添加到右侧布局中
```

3. 实现 k 线图按钮单击事件方法

在 main.py 文件的 Main 类中创建 click_k()方法，用户点击股票数据分析助手操作区域的 k 线图按钮时，触发该方法进行 k 线图、日均线折线图、成交量柱状图的绘制与显示操作，具体代码如下所示：

```
#k线图方法
def click_k(self):
    stock_name,start_date,end_date=self.getdata()
    make_k(stock_name,start_date,end_date)
    self.show_k(stock_name)
```

k 线图、日均线折线图、成交量柱状图的显示结果如图 11-10 所示。

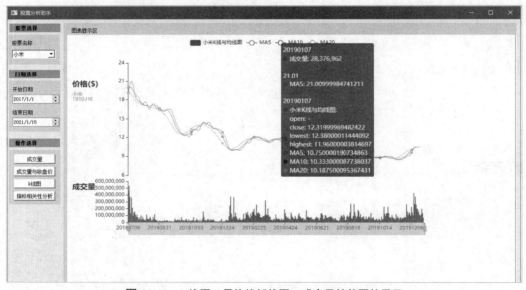

图 11-10　k 线图、日均线折线图、成交量柱状图的显示

11.4.7　实现股票指标相关性分析图的查看功能

股票指标相关性分析图查看功能主要是获取用户选取的股票名称、股票起止时间信息，根据这些信息读取相应的股票数据并进行处理，绘制股票开盘价、收盘价、最高价、最低价、成交量等指标相关性分析图。在股票数据分析工具的图表显示区域显示相应图表信息。股票指标相关性分析图查看功能的业务流程如图 11-11 所示。

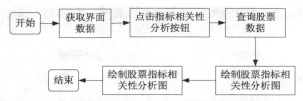

图 11-11 股票指标相关性分析图查看功能的业务流程

1. 实现股票指标相关性分析图绘制方法

在 make_chart.py 文件，创建 make_correlation()方法，在该方法进行股票指标相关性分析图的绘制。使用 read_excel()方法读取存储在 Excel 表格中的股票数据，通过 SeaBorn 模块进行股票指标相关性分析图的绘制与保存，具体代码如下所示：

```
#股票指标相关性分析图表绘制方法
def make_correlation(stock_name,start_date,end_date):
    #读取excel文件,并设置日期为索引
    stock_data=read_excel(excel_path(stock_name),index_col='Date')
    data=stock_data.loc[start_date:end_date]
    tech_rets=data[['Open','Close','Low','High','Volume']]#股票指标
    sns.pairplot(tech_rets.dropna())      #去除naN的值（去除空值）
    plt.savefig(jpg_path(stock_name))     #将股票相关性分析保存为图片
```

2. 实现股票指标相关性分析图的显示方法

在 main.py 文件的 Main 类中创建 show_correlation()方法，在该方法中通过 QPixmap 对象对图片文件进行解析，然后将图表信息在股票数据分析助手的图表区域中进行显示，具体代码如下所示：

```
#股票指标相关性分析图表显示方法
def show_correlation(self,stock_name):
    self.clearsplayout()    #清空水平布局内容
    self.browser=QLabel()  #存放图片
    #解析图片
    pixmap=QPixmap(jpg_path(stock_name))
    scaredPixmap=pixmap.scaled(QSize(800,700))
    #设置图片
    self.browser.setPixmap(scaredPixmap)
    self.browser.show()
    self.horizontalLayout.addWidget(self.browser)#将部件添加到右侧布局中
```

3. 实现股票指标相关性分析按钮单击事件方法

在 main.py 文件的 Main 类中创建 click_correlation()方法，用户点击股票数据分析助手操作区域的指标相关性分析按钮时，触发该方法进行股票开盘价、收盘价、最高价、最低价、成交量等指标相关性分析图的绘制与显示操作，具体代码如下所示：

```
#股票指标相关性分析方法
def click_correlation(self):
    #获取页面数据
    stock_name,start_date,end_date=self.getdata()
    make_correlation(stock_name,start_date,end_date)
    self.show_correlation(stock_name)
```

股票开盘价、收盘价、最高价、最低价、成交量等指标相关性分析结果如图 11-12 所示。

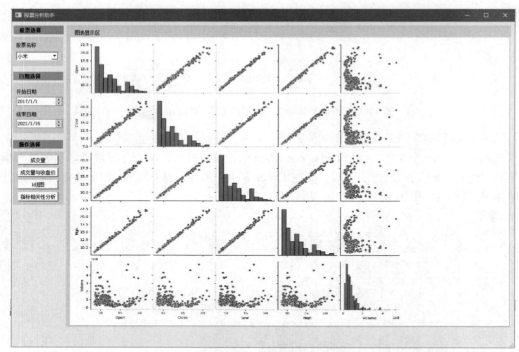

图 11-12　股票开盘价、收盘价等指标相关性分析

11.5　开发常见问题及功能扩展

　　开发股票数据分析助手时需要注意 pandas_datareader 模块需要单独安装，雅虎财经提供的接口主要用来查询国外上市公司以及在香港上市公司的股票信息，查询国内上市公司的股票数据需要通过其他接口进行获取。

　　当前版本的股票数据分析助手主要功能虽已实现，但是在一些细节方面还存在缺失，在后续版本中需要实现对股票数据更多方法的分析，例如选取两个相近或相关领域股票的数据进行相关性分析，比较出这两个股票的变化趋势，方便用户选定投资组合。

第4篇
智能项目篇

在本篇中，主要学习 Python 在智能领域的一些应用，包括车牌自动识别收费系统、人脸识别系统、智能聊天机器人等内容，使读者了解到 Python 语言的使用范围之广及可以开发的不同领域的项目，对 Python 语言开发项目有更深入的学习和了解，为日后进行软件开发工作积累经验。

- 第 12 章　车牌自动识别收费系统
- 第 13 章　人脸识别系统
- 第 14 章　智能聊天机器人

第12章

车牌自动识别收费系统

本章概述

本章学习智能停车场车牌自动识别收费系统的开发，该工具通过 PyQt5 模块进行可视化界面的设计与实现，使用百度 API 接口实现车牌识别功能，数据存储使用 MySQL 数据库。整个系统的主要功能分为识别车牌信息、记录与显示车辆信息、统计停车场月收入、停车场信息警示等。

知识导读

本章要点（已掌握的在方框中打钩）
- ☐ 智能停车场车牌自动识别收费系统需求分析
- ☐ 识别车牌信息
- ☐ 绘制停车场月收入统计图
- ☐ 实现界面显示内容

12.1 项目开发背景

近年来汽车的拥有量与使用量在逐步提高，开车出行面临的一大难题就是寻找停车位。传统的停车场管理方式是通过人工控制闸机放行车辆，记录车辆信息；现代化的停车场管理系统，是通过摄像头识别车辆信息，进行车辆信息的记录，自动控制闸机放行车辆。本章通过 Python 语言开发一个车牌自动识别收费系统，进行车辆信息的统计与费用的统计。该系统使用 Pygame 模块实现系统的显示功能，通过百度 API 接口实现车牌的识别功能。

12.2 系统开发环境及工具

操作环境：Windows 7 及以上操作系统。

开发工具：PyCharm 2019。

开发语言：Python 3.6。

开发所需模块：Pygame、SQLALchemy、cv2、baidu-aip、Matplotlib、datetime 等模块。

数据库：MySQL。

12.3　系统功能设计

首先进行车牌自动识别收费系统的需求分析，然后完成车牌自动识别收费系统功能模块的分析。

12.3.1　需求分析

车牌自动识别收费系统的需求主要有以下几点：

（1）从摄像头获取车辆的图像信息。

（2）根据车辆的图像信息识别车牌信息。

（3）记录当前停车场内车辆的车牌与进入的时间信息。

（4）记录停车场历史车辆信息（车牌号、进入时间、离开时间、进入或离开的标志、停车场车量停满的标志）。

（5）显示最近停车的 10 辆车辆信息。

（6）显示停车时间最长的车辆信息。

（7）绘制当年收费统计表。

（8）显示停车场停满预警信息。

12.3.2　功能模块分析

车牌自动识别收费系统主要分为识别车辆图像信息功能、识别车牌信息功能、记录与显示车辆信息功能、收入统计功能、停车场停满预警功能。

（1）识别车辆图像信息功能，通过 cv2 模块调用摄像头，将车辆图像保存为图片信息。

（2）识别车牌信息功能，通过百度 API 接口识别车辆图片的车牌信息。

（3）记录与显示车辆信息功能，将识别出的车牌信息保存到 MySQL 数据库中，从数据查询相应的数据，进行车辆信息的显示。

（4）收入统计功能，从数据库中查询信息，通过 Matplotlib 模块进行图表的绘制，显示在系统界面中。

（5）停车场停满预警功能，从数据库中查询最近停车场停满车辆的日期，将该日期转化为对应的星期数，在下周相同的星期数之前进行提醒。

车牌自动识别收费系统的功能模块如图 12-1 所示。

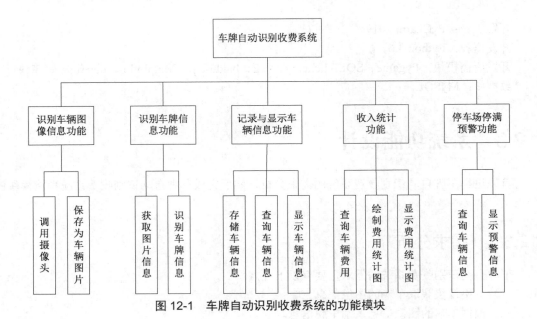

图 12-1　车牌自动识别收费系统的功能模块

12.3.3　项目结构

车牌自动识别收费系统中项目文件主要包括 AiParkingSystem（项目文件夹）、resources（项目资源文件夹）、images（项目图片资源文件夹）、btn.py（创建按钮文件）、db_util.py（数据库操作文件）、main.py（项目主程序文件）、makeChart.py（绘制图表文件）、models.py（数据库模型文件）、plate_recognition.py（识别车牌文件）、setting.py（项目配置文件）、showData.py（项目内容显示文件），项目结构如图 12-2 所示。

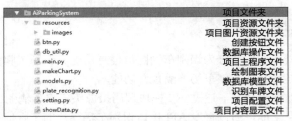

图 12-2　项目结构

12.4　系统数据库设计

从需求分析可以看出项目目前只需要存储停车场当前的车辆信息与停车场历史车辆信息的数据表。

停车场当前车辆信息表中包括编号、车辆车牌号、车辆进入停车场的时间。

停车场历史车辆信息表中包括编号、车辆车牌号、车辆进入停车场的时间、车辆离开停车场的时间、车辆停车的时长、车辆停车的费用、车辆进入或离开停车场的标志、停车场车辆停满的标志。

停车场当前车辆信息表内容如表 12-1 所示。

表 12-1　停车场当前车辆信息表

字　段　名	字　段　类　型	字　段　约　束	说　　明
id	INTEGER	主键、不能为空、自增	编号
car_num	VARCHAR(50)	不能为空，不能重复	车辆车牌号
time	DATETIME	不能为空	进入停车场的时间

停车场历史车辆信息表内容如表 12-2 所示。

表 12-2　停车场历史车辆信息表

字　段　名	字　段　类　型	字　段　约　束	说　　明
id	INTEGER	主键、不能为空、自增	编号
car_num	VARCHAR(50)	不能为空，不能重复	车辆车牌号
start_time	DATETIME	可以为空	进入停车场的时间
end_time	DATETIME	可以为空	离开停车场的时间
hour	INTEGER	可以为空	停车的时长
cost	INTEGER	可以为空	停车的费用
sign	INTEGER	可以为空	进出停车场的标志，0 为入，1 为出
state	INTEGER	可以为空	停车场车辆停满标志，0 为未停满，1 为停满

12.5　系统功能技术实现

下面学习车牌自动识别收费系统项目开发所需要的开发软件的安装和功能技术的实现。

12.5.1　项目相关模块的安装

项目相关模块的安装包括安装 cv2 模块、安装 SQLALchemy 模块、安装 Matplotlib 模块以及安装 baidu-aip 模块。

1. 安装 cv2 模块

cv2 是 Python 的第三方库，用来进行摄像头等硬件操作，使用 pip 命令安装 cv2 模块，具体命令代码如下所示：

```
pip install opencv-python        #安装 cv2 模块
```

2. 安装 SQLALchemy 模块

SQLALchemy 是 Python 用来进行数据库 ORM 操作的第三方库，使用 ORM 操作 MySQL 数据库时需要借助 PyMySQL 模块，使用 pip 命令安装 SQLALchemy 与 PyMySQL 模块，具体命令代码如下所示：

```
pip install PyMySQL              #安装 PyMySQL 模块
pip install SQLALchemy           #安装 SQLALchemy 模块
```

3. 安装 Matplotlib 模块

Matplotlib 是 Python 用来绘制图像的第三方库，使用 pip 命令安装 Matplotlib 模块，具体命令代码如下所示：

```
pip install matplotlib        #安装 matplotlib 模块
```

4. 安装 baidu-aip 模块

baidu-aip 是百度公司为 Python 提供的第三方库，通过该模块可以调用百度的接口，实现相应功能，使用 pip 命令安装 baidu-aip 模块，具体命令代码如下所示：

```
pip install baidu-aip        #安装 baidu-aip 模块
```

安装完 baidu-aip 模块还不能直接使用百度的接口，需要访问百度 AI 开放平台（https://ai.baidu.com/?track=cp:ainsem|pf:pc|pp:tongyong-pinpai|pu:pinpai-baidurengongzhineng|ci:|kw:10003819），单击图 12-3 所示页面的控制台按钮，使用百度账号进行登录，若没有百度账号需要先注册百度账号。

图 12-3　百度 AI 开放平台页面

登录百度 AI 开放平台后台，执行"文字识别—创建应用"操作，按照提示填写应用信息，创建一个应用，创建步骤如图 12-4 所示。

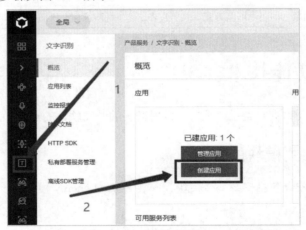

图 12-4　创建应用

创建应用完成后，执行"文字识别—管理应用"操作可以进入应用界面，在该界面可以查看创建的应用，获取应用的 App ID、API Key、Secret Key 三个参数，调用百度接口时需要使用这三个参数，如图 12-5 所示。

图 12-5　获取应用参数

12.5.2　数据库功能的实现

数据库功能的实现包括创建数据库、创建数据库模板文件以及创建数据库操作文件等。

1. 创建数据库

使用 MySQL 数据库可视化工具创建一个名为 park 的空数据库。

2. 创建数据库模板文件

创建 models.py 文件，该文件路径为 AiParkingSystem/models.py。在该文件中导入所需的 SQLALchemy 模块，创建一个数据库连接对象 conn，通过 Python 类创建数据表模型，具体代码如下所示：

```python
from sqlalchemy.ext.declarative import declarative_base
from sqlalchemy import Column,Integer,String,DateTime,Boolean
from sqlalchemy import create_engine
#数据库连接对象
conn=create_engine("mysql+pymysql://root:123456@127.0.0.1:3306/park?charset=utf8")
#数据模型基类
Base=declarative_base()
#停车场现存车辆信息模型
class Park_new(Base):
    '''停车场现存车辆信息'''
    __tablename__='park_new'
    id=Column(Integer,primary_key=True)                      #编号
    car_num=Column(String(50),unique=True,nullable=False)#车牌号
    time=Column(DateTime,nullable=False)                     #进入时间
#停车场历史停车表
class Park_history(Base):
    '''停车场历史车辆信息'''
    __tablename__='park_history'
    id=Column(Integer, primary_key=True)                     #编号
    car_num=Column(String(50),nullable=False)                #车牌号
    start_time=Column(DateTime,nullable=True)                #进入时间
    end_time=Column(DateTime,nullable=True)                  #离开时间
    hour=Column(Integer,nullable=True)                       #停车时长
    cost=Column(Integer,nullable=True)                       #停车费用
    sign=Column(Integer,nullable=False,default=0)#进出停车场的标志,0是进入,1是离开
    state=Column(Integer,nullable=False,default=0)#停车场是否停满的标志,0是未满,1是已满
if __name__=='__main__':
    Base.metadata.create_all(conn)
```

运行 models.py 文件，会根据创建的数据模型类，在 MySQL 数据库中生成相对应的数据表结构。

3. 创建数据库操作文件

创建 db_util.py 文件，该文件路径为 AiParkingSystem/db_util.py。在该文件中创建一个 MysqlOrm()类，对 SQLALchemy 模块中的方法进行封装，方便对停车场当前车辆信息表与停车场历史车辆信息表的数据进行操作，具体代码如下所示：

```python
from sqlalchemy.orm import sessionmaker
from sqlalchemy import func,extract
from models import *#导入模型文件
```

```python
    Session=sessionmaker(bind=conn)
    class MysqlOrm(object):
        def __init__(self):
            self.session=Session()
        #向停车场当前车辆信息表中添加车辆信息方法
        def add_park_new(self,car_num,start_time):
            obj=Park_new(car_num=car_num,time=start_time)
            self.session.add(obj)
            self.session.commit()
        #向停车场历史车辆信息表中添加车辆信息方法
        def add_park_history(self,car_num,start_time,state):
            obj=Park_history(car_num=car_num,start_time=start_time,state=state)
            self.session.add(obj)
            self.session.commit()
    #获取停车场当前车辆信息表中的车辆数目方法
    def get_count(self):
        count=self.session.query(Park_new).count()
        return count
    #根据车牌号查询停车场当前停车表中的车辆对象的方法
    def query_car(self,car_num):
        return self.session.query(Park_new).filter_by(car_num=car_num).first()
    #根据车牌号查询停车场历史停车表中的车辆对象
    def query_carh(self,car_num):
        return self.session.query(Park_history).filter_by(car_num=car_num,sign=0).
first()
        #查询停车场当时车辆信息表中最长的停车时间
        def query_long_time(self):
            car=self.session.query(Park_new).order_by('time').first()
            return car
        #查询停车场历史表中最近的停满时间
        def query_state_time(self):
            car=self.session.query(Park_history).filter_by(state=1).order_by
                (Park_history.start_time.desc()).first()
            return car
        #获取停车场临时表中最近停入的车辆信息
        def query_cars(self):
            cars=self.session.query(Park_new).order_by(Park_new.time.desc()).limit(10)
            return cars
        #获取当年,某个月停车场收费总计
        def query_month_sum(self,year,month):
            sql="select sum(cost)as sum from park_history where sign=1 and date_format
(end_time,'%Y-%m')
                ='{}-{}'".format(year,month)
            sums=self.session.execute(sql)
            return sums.scalar()
        #获取当年,停车场的收费总计
        def query_year_sum(self,year):
            sums=self.session.query(func.sum(Park_history.cost)).filter_by(sign=1
and extract('year',Park_history.end_time)==year).scalar()
            return sums
```

```
#更新停车场历史车辆信息表中的车辆信息
def update_data(self,obj,end_time,hour):
        '''修改停车场历史车辆信息'''
        obj.end_time=end_time
        obj.hour=hour
        obj.cost=hour*3
        obj.sign=1
        self.session.add(obj)
        self.session.commit()
#删除车辆临时表中的车辆信息
def delete_data(self,obj):
        '''删除车辆'''
        self.session.delete(obj)
        self.session.commit()
```

12.5.3　系统窗体界面的实现

系统窗体界面的显示，是通过 Pygame 模块来实现的，在项目中创建 main.py 文件，设置该文件的路径为 AiParkingSystem/main.py。在该文件中设置窗口属性和"游戏循环"，用来进行系统窗口界面的初始化设置，具体代码如下所示：

```
import pygame,sys
import cv2                        #调用摄像头的模块
from plate_recognition import *
from btn import *                 #绘制按钮类文件
from showData import *            #显示信息文件
from setting import *             #项目配置文件
from makeChart import *           #绘制图表文件
import datetime
#pygame 初始化
pygame.init()
#设置窗体名称
pygame.display.set_caption('车牌自动识别收费系统')
#设置窗体大小
SCREEN=pygame.display.set_mode((WIDTH,HIGHT))
#设置背景色
SCREEN.fill(BACKCOLOR)
clock=pygame.time.Clock()
#逻辑循环（游戏循环）
while True:
    #监测事件（获取用户操作）
    for event in pygame.event.get():
        #关闭页面
        if event.type==pygame.QUIT:
            #退出
            pygame.quit()
            sys.exit()
```

运行该文件，可以打开车牌自动识别收费系统的窗体界面。

12.5.4 车辆图像识别功能的实现

车辆图像识别功能主要是调用摄像头获取图像信息，将摄像头的图像信息以图片格式保存，然后在系统窗口界面中加载显示图像信息。车辆图像识别功能的业务流程如图 12-6 所示。

图 12-6 车辆图像识别功能的业务流程

车辆图像识别功能的实现步骤如下所示：

（1）在 main.py 文件的"游戏循环"上方进行摄像头对象初始化操作，具体代码如下所示：

```python
#创建摄像头实例（并进行异常处理）
try:
    cam=cv2.VideoCapture(0)#摄像头的 id,存在多个摄像头要确定每个摄像头的 id
except:
    print('请连接摄像头')
```

（2）在 main.py 文件的"游戏循环"中，保存摄像头识别的图像内容，并将图片内容显示到系统窗口界面中，具体代码如下所示：

```python
#控制帧率
clock.tick(FPS)
#从摄像头读取图片
sucess,img=cam.read()
#保存图片
cv2.imwrite('resources/images/test.jpg',img)
#设置背景
bg=pygame.image.load(img_path+'bg.jpg')
bg=pygame.transform.scale(bg,(1500,500))
SCREEN.blit(bg,(0,0))
#加载图片
image=pygame.image.load('resources/images/test.jpg')
#设置图片大小
image=pygame.transform.scale(image,(640,480))
#绘制车辆图像(在指定位置)
SCREEN.blit(image,(2,2))
#更新界面内容
pygame.display.update()
```

车辆图像识别功能运行结果如图 12-7 所示。

图 12-7 车辆图像识别功能运行结果

12.5.5　按钮的创建与实现

在 Pygame 模块中没有现成的按钮对象，Pygame 模块中的所有元素都是一个 Rect 对象，通过对 Rect 对象设置属性值可以实现自定义按钮的效果。本项目中有两个按钮，为了减少重复代码的书写，创建一个 Button()类，用来进行按钮的实例化。

在项目中创建一个 btn.py 文件，该文件路径为 AiParkingSystem/main.py。Button()类中的 init() 方法进行按钮的初始化设置，set_msg()方法进行按钮文字信息的设置，show_btn()方法用于按钮的显示，具体代码如下所示：

```
#用于创建按钮
import pygame
class Button():
    #初始化方法
    def __init__(self,screen,centerxy,width,height,button_color,text_color,msg,size):
        '''初始化按钮属性'''
        self.screen=screen
        #设置按钮大小
        self.width,self.height=width,height
        #设置按钮颜色
        self.button_color=button_color
        #设置文本颜色
        self.text_color=text_color
        #设置字体
        self.font=pygame.font.SysFont('SimHei',size)
        #创建按钮的 Rect 对象
        self.rect=pygame.Rect(0,0,self.width,self.height)
        #设置 rect 对象中心的位置
        self.rect.centerx=centerxy[0]-self.width/2
        self.rect.centery=centerxy[1]-self.height/2
        #绘制按钮文字信息
        self.set_msg(msg)
    def set_msg(self,msg):
        #将文字信息转换为图像
        self.msg_img=self.font.render(msg,True,self.text_color,self.button_color)
        self.msg_img_rect=self.msg_img.get_rect()#获取图像的矩形对象
        #设置图像矩形对象的中心位置
        self.msg_img_rect.center=self.rect.center
    #显示按钮
    def show_btn(self):
        self.screen.fill(self.button_color,self.rect)
        self.screen.blit(self.msg_img,self.msg_img_rect)
```

在 main.py 文件"游戏循环"的上方进行按钮实例化，具体代码如下所示：

```
#创建识别按钮
button_r=Button(SCREEN,(641,480),150,60,BLUE,WHITE,'识别',25)
#创建收入统计按钮
button_c=Button(SCREEN,(990,470),100,30,RED,WHITE,'收入统计',18)
#单击收入统计按钮的次数
count=0
```

在 main.py 文件"游戏循环"中调用按钮对象的 show_btn()方法显示按钮（需要在 pygame. display.update()之前调用，不然更改的界面内容无法显示），具体代码如下所示：

```
#绘制识别按钮
button_r.show_btn()
#绘制收入统计按钮
button_c.show_btn()
```

12.5.6 车牌识别功能的实现

车牌识别功能是通过应用 App ID、API Key、Secret Key 的值调用百度接口，获取车辆图片中的车牌号。将应用 App ID、API Key、Secret Key 的值保存到 setting.py 文件中，在项目中创建 plate_recognition.py 文件，该文件路径为 AiParkingSystem/plate_recognition.py。在该文件中调用百度接口识别车辆图片获取车牌号，具体代码如下所示：

```
#导入百度 aip 模块
from aip import AipOcr
from setting import *
#获取使用 api 接口所需的 key,是否为空
if APP_ID==''or API_KEY=='' or SECRET_KEY=='':
    print("请在 setting.py 文件中,将申请的 key 进行设置")
#获取车牌信息
client=AipOcr(APP_ID,API_KEY,SECRET_KEY)#初始化对象
"""读取图片（以二进制形式读取）"""
def get_file_content(filePath):
    with open(filePath,'rb') as fp:#图片需用二进制方式读取
        return fp.read()
#调用百度接口识别图片获取车牌号
def get_car_mum():
    #读取图片内容
    image=get_file_content(img_path+'test.jpg')
    """调用车牌识别接口"""
    data=client.licensePlate(image)
    #返回车牌号信息
    return data['words_result']['number']
```

12.5.7 车辆信息记录与显示功能的实现

车辆信息记录与显示功能分为两部分，一部分是记录车辆信息，另一部分是查询车辆信息并显示。

1. 车辆信息记录功能的实现

我们申请的百度接口是免费接口，但是每天只能调用 100 次，如果调用更多次则需要额外付费。为了合理使用免费接口，只有当用户单击"识别"按钮时才会调用 get_car_mum()方法识别车辆信息，获取车辆的车牌号，对车辆信息进行记录。

记录车辆信息时需要判断车辆是进入停车场，还是离开停车场。如果车辆进入停车场，则需要查询停车场是否停满，未停满车辆才能进入停车场，从而在数据库的当前车辆信息表和历

史车辆信息表中分别添加车辆信息；如果车辆离开停车场，则要计算出车辆的停车时长、停车费用等信息，然后删除当前车辆信息表中对应的车辆信息，更新历史车辆信息表中的车辆信息。车辆信息记录功能业务流程如图 12-8 所示。

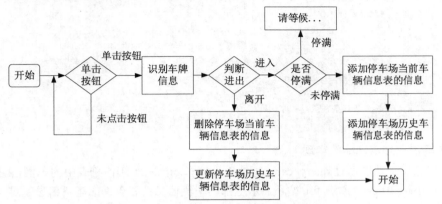

图 12-8　车辆信息记录功能的业务流程

在 Main 文件的"游戏循环"中监听用户操作的 for 循环中，进行"识别"按钮操作的检测，当用户单击时，调用 get_car_num()方法获取车牌号，通过 query_car()方法查询车辆对象是否存在数据库中，如果存在则表明该车辆是进入停车场，如果不存在则表明该车辆已经离开停车场。如果车辆进入停车场且停车场未停满时，通过 add_park_new()与 add_park_history()方法记录车辆信息。如果车辆离开停车场，则使用 delete_data()删除历史车辆信息表中的数据，使用 db.update_data()方法修改历史车辆信息表中的车辆信息，具体代码如下所示：

```
#用户单击鼠标按键
if event.type==pygame.MOUSEBUTTONDOWN:
    if button_r.rect.collidepoint(event.pos):#检测鼠标指针是否在识别按钮上
        try:
            #获取车牌号
            car_num=get_car_num()
            #进入时间
            start_time=datetime.datetime.now()
            #通过车牌号查询停车场当前车辆信息表中对应的车辆信息
            car=db.query_car(car_num)
            #查询停车场中的车辆数目
            count=db.get_count()
            if not car:          #车辆对象不存在,说明该车辆不在停车场中,是进入停车场
                if count<100:     #未停满
                    #向停车场当前车辆信息表添加信息(车牌号、进入时间)
                    db.add_park_new(car_num,start_time)
                #向停车场历史车辆信息表添加信息(车牌号、进入时间、进入标志1,停满标志0)
                    db.add_park_history(car_num,start_time)
                elif count==100:  #刚停满
                    db.add_park_new(car_num)
                    db.add_park_history(car_num,start_time,state=1)
                else:             #已停满
                    print('停车场已停满,请稍后...')
```

```
                continue
        if car:                      #车辆对象存在,说明该车辆在停车场中,是出停车场
            end_time=datetime.datetime.now()
            carh=db.query_carh(car_num)
            #获取时间间隔
            time_diff=get_diff_time(carh.start_time, end_time)
            db.delete_data(car)#删除停车场临时车辆表中的数据
            #更新停车场历史车辆表中的数据(离开时间、停车时长、进出停车场标志)
            db.update_data(carh,end_time,time_diff)
    except:
        print("识别错误")
        continue
```

2. 车辆信息显示功能的实现

车辆信息显示功能通过 query_cars()方法查询停车场当前车辆信息表中的车辆信息,若查询的车辆信息小于 10 条,通过 for 循环显示全部的车辆信息;若查询的车辆信息超过 10 条,只显示最近停入停车场的 10 条车辆信息;

在项目中创建 showData.py 文件,该文件路径为 AiParkingSystem/showData.py。车辆信息显示功能的具体代码如下所示:

```
#绘制停车场车辆信息方法
def draw_text(SCREEN,WHITE):
    count=0                              #记录停车场车辆数目
    cars=None
    try:
        count=db.get_count()             #停车场车辆数量
        cars=db.query_cars()             #停车场最近 10 辆车辆信息
    except:
        pass
    #设置字体
    font_title1=pygame.font.SysFont('SimHei',18)
    font_title2=pygame.font.SysFont('SimHei',14)
    font_content=pygame.font.SysFont('SimHei',12)
    title1=font_title1.render('车位数:{}已用:{}剩余:{}'.format(100,count,100-count),
True,WHITE)
    #获取大标题文字图像位置
    title1_rect=title1.get_rect()
    title1_rect.center=(820,30)
    title2=font_title2.render('车号'+'        '+'时间',True,WHITE)
    #获取小标题文字图像位置
    title2_rect = title1.get_rect()
    title2_rect.center=(880,75)
    line=pygame.Rect(0,0,350,2)
    line.center=(820,60)
    SCREEN.fill(WHITE,line)
    SCREEN.blit(title1,title1_rect)      #绘制标题
    SCREEN.blit(title2,title2_rect)      #绘制标题
    #页面只显示最多 10 辆车的信息
```

```
if cars:
    n=0
    for car in cars:
        n+=1
        #车牌号、进入时间(将文字转为图像)
        text=font_content.render(str(car.car_num)+'    '+str(car.time),True, WHITE)
        text_rect=text.get_rect()
        text_rect.centerx=820
        text_rect.centery=70+20*n
        SCREEN.blit(text,text_rect)#绘制文字内容
```

车辆信息显示功能运行结果如图 12-9 所示。

图 12-9 车辆信息显示功能运行结果

12.5.8 收入统计功能的实现

收入统计功能通过 query_year_sum()方法查询历史车辆信息表中的车辆信息,并获取整个月的停车费用总额。使用 make_chart()方法绘制停车场月收费统计图表,使用 draw_chart()方法显示图表信息。

1. 收入统计按钮单击功能的实现

在 main.py 文件"游戏循环"中进行"收入统计"按钮操作的检测,当用户首次单击"收入统计"按钮时,更改界面大小,绘制停车场月收费图表,再次单击"收入统计"按钮时,更改界面大小,隐藏图表显示区域,具体代码如下所示:

```
#收入统计按钮操作的检测
if button_c.rect.collidepoint(event.pos):      #检测鼠标指针是否在收入统计按钮上
    count+=1                                    #统计单击收入统计按钮的次数
    if count%2==1:                              #第一次单击收入统计按钮,改变大小,显示图表
        size=(1500,484)
        SCREEN=pygame.display.set_mode(size)
        SCREEN.fill(BACKCOLOR)
        #创建收入的图表
        make_chart()
    else:                                       #第二次单击收入统计按钮,改变大小,隐藏图表
        count=0                                 #重置单击次数
```

```
        size=(1000,484)
        SCREEN=pygame.display.set_mode(size)
        SCREEN.fill(BACKCOLOR)
```

2. 绘制停车场月收费统计图方法的实现

在项目中创建 makeChar.py 文件，该文件路径为 AiParkingSystem/makeChar.py。在该文件中通过 Matplotlib 模块进行停车场月收费统计图的绘制，具体代码如下所示：

```python
#制作收入统计图表
import matplotlib
import matplotlib.pyplot as plt
import datetime
from setting import *
from db_util import *
db=MysqlOrm()
def make_chart():
    #获取当前年份
    year=datetime.datetime.now().year
    #创建月份列表
    months=['1 月','2 月','3 月','4 月','5 月','6 月','7 月','8 月','9 月','10 月','11 月','12 月']
    monthDatas=[]#用来存储每月收费的总和
    #循环添每个月份的数据
    for month in range(1,13):
    #对月份格式进行设置
        if month<10:
            month='0'+str(month)
        else:
            month=str(month)
        #获取停车场一个月收入总额
        sum=db.query_month_sum(str(year),month)
        if sum:
            price_sum=int(sum)
            year_sum=year_sum+price_sum#统计年收入
            #将每月收费总和存入列表中
            monthDatas.append(price_sum)
        else:
            monthDatas.append(0)
    maxnum=0
    for m in monthDatas:
        if maxnum<=m:
            maxnum=int(m)
    #matplotlib 不支持中文字体,需要进行设置
    matplotlib.rcParams['font.sans-serif']=['SimHei']        #用黑体显示中文
    plt.figure(figsize=(3.9,5.0))                           #设置生成图片的大小
    #绘制图表
    plt.bar(x=months,height=monthDatas,label='月收费',color="green",alpha=0.5)
    #在柱状图上显示具体数值,ha 参数控制水平对齐方式,va 参数控制垂直对齐方式
    for x,y in zip(months,monthDatas):
        plt.text(x,y,'%.0f'%y,ha='center',va='bottom',fontsize=12,rotation=0)
    #画折线图
    plt.plot(months,monthDatas,"r",marker='.',ms=10,label="月收费")
```

```
#设置标题
plt.title("{}年每月收费统计".format(str(year)))
#为坐标轴设置名称
plt.xlabel("月份")
plt.ylabel("月收费（￥）")
plt.xticks(rotation=45)                            #设置x轴内容的旋转角度
plt.legend(loc="upper left")                       #设置图例的位置
plt.ylim((0,maxnum+10))                            #设置坐标轴的最大、最小值
plt.savefig(img_path+"moonthPriceChart.png")       #将图表保存为图片
```

3. 显示停车场月收费统计图方法的实现

在 showData.py 文件中创建 draw_chart()方法，显示停车场月收费统计图，具体代码如下所示：

```
#显示收费统计方法
def draw_chart(SCREEN):
    #获取当前年份
    year=datetime.datetime.now().year
    sums=0#当年停车场费用总额
    try:
        sums=int(db.query_year_sum(year))
    except:
        pass
    #设置字体
    font=pygame.font.SysFont('SimHei',20)
    font_text=font.render('{}年收费总计：{}元'.format(year,sums),True,WHITE)
    #将文字转化为图像
    font_text_rect=font_text.get_rect()
    font_text_rect.center=(1250,25)
    SCREEN.blit(font_text,font_text_rect)
    #加载收费统计图表
    image=pygame.image.load(img_path+'moonthPriceChart.png')
    #设置图片大小
    image=pygame.transform.scale(image,(395,430))
    SCREEN.blit(image,(1050,40))
```

收费统计功能运行结果如图 12-10 所示。

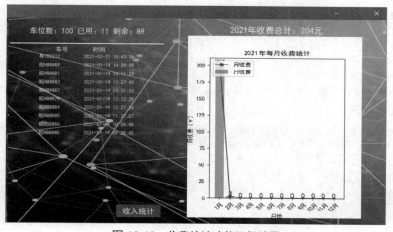

图 12-10　收费统计功能运行结果

12.5.9 停车场预警提示功能的实现

停车场预警提示功能，通过查询历史车辆信息表中是否具有停满标志的车辆信息，从这些信息中找到日期距离现在最近的车辆信息，将这个车辆信息的进入时间转化为星期格式，在下周相同时间或者前一天进行信息提示。

在 showData.py 文件中创建 draw_park_msg()方法，进行警示信息提示，具体方法如下所示：

```python
#绘制停车场预警提示信息方法
def draw_park_msg(SCREEN):
  car=None
  try:
     car=db.query_state_time()
  except:
     pass
  if car:
     #周标记,0 代表周一
     week_num=car.start_time.weekday()#最近停满日期的周标记
     #获取当前时间的周标记
     now_day=datetime.datetime.now().weekday()
     #进行分析,提前一天或者当天进行消息提示
     #最近停满是星期一时
     if week_num==0:                    #停满日期是星期一
        if now_day==6:                  #判断当天是否是星期天
           make_msg(SCREEN,'根据数据分析,明天可能出现车位紧张情况,请提前做好调度！')
        elif now_day==0:                #判断当天是否是星期一
           make_msg(SCREEN,'根据数据分析,今天可能出现车位紧张情况,请提前做好调度！')
     else:停满日期不是星期一
        if now_day+1==week_num:      #前一天进行提示
           make_msg(SCREEN,'根据数据分析,明天可能出现车位紧张情况,请提前做好调度！')
        elif now_day==week_num:      #当天进行提示
           make_msg(SCREEN,'根据数据分析,今天可能出现车位紧张情况,请提前做好调度！')
#显示设置警示提示信息
def make_msg(SCREEN,msg):
    #创建背景块
    bg_rect=pygame.Rect(0,0,640,40)
    font=pygame.font.SysFont('SimHei',18)
    font_img=font.render(msg,True,RED)
    font_img_rect=font_img.get_rect()#获取图像的矩形对象
    font_img_rect.center=bg_rect.center
    SCREEN.fill(YELLOW,bg_rect)
    SCREEN.blit(font_img,font_img_rect)
```

停车场预警提示功能运行结果如图 12-11 所示。

图 12-11 停车场预警提示功能运行结果

12.6 开发常见问题及功能扩展

　　开发车牌自动识别收费系统时需要注意对百度接口的调用次数进行限制，免费的接口每天只可调用 100 次，若不添加限制会因为接口调用次数用尽，导致系统功能无法使用。

　　当前版本的车牌自动识别收费系统主要功能已经实现，但是在一些细节方面还存在不足，可在后续版本中添加图表统计与数据分析，如月停车次数统计、单日最高收入统计等。

第13章

人脸识别系统

本章概述

本章学习人脸识别系统的开发，该系统通过 PyQt5 模块进行可视化界面的设计与实现，使用百度 API 接口实现人脸识别功能。整个系统的主要功能包括保存人脸图像功能、通过人脸图像识别人脸信息功能以及分析并显示人脸信息功能。

知识导读

本章要点（已掌握的在方框中打钩）
- ☐ 人脸识别系统需求分析
- ☐ 识别人脸信息
- ☐ 分析显示人脸信息

13.1 项目开发背景

近年来人脸识别越来越多的应用到人们的日常生活中，比如使用人脸识别进行手机解锁、使用人脸识别进行购物支付、使用人脸识别进行考勤打卡等。本章通过 Python 语言开发一个人脸识别系统，该系统主要用来识别人的性别、颜值、脸型、年龄等信息。该系统通过 Pygame 模块进行界面的显示，通过 cv2 模块进行摄像头的调用，使用百度 API 接口实现人脸图像信息的识别。

13.2 系统开发环境及工具

操作环境：Windows 7 及以上操作系统。
开发系统：PyCharm 2019。
开发语言：Python 3.6。
开发所需模块：Pygame、cv2、PIL、baidu-aip 等模块。

13.3　系统功能设计

首先进行人脸识别系统的需求分析，然后完成人脸识别系统的功能模块分析与业务流程设计。

13.3.1　需求分析

人脸识别系统的需求主要有以下几点：
（1）从摄像头获取人脸的图像信息。
（2）根据人脸的图像识别人脸信息。
（3）显示人脸识别信息。

13.3.2　功能模块分析

人脸识别系统主要分为获取人脸图像功能、识别人脸信息功能以及显示人脸信息功能。
（1）获取人脸图像功能，通过 cv2 模块调用摄像头，将人脸图像保存为图片。
（2）识别人脸信息功能，通过百度 API 接口识别人脸信息。
（3）显示人脸信息功能，将识别出的人脸信息进行分析处理显示到人脸识别系统界面。
人脸识别系统的功能模块如图 13-1 所示。

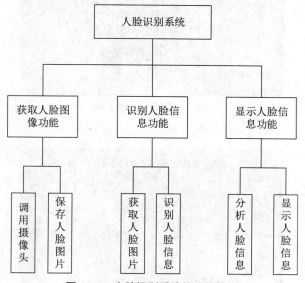

图 13-1　人脸识别系统的功能模块

13.3.3　业务流程设计

人脸识别系统运行后，调用摄像头获取用户的人脸图像，用户单击"检测按钮"后，系统会调用百度 API 接口，获取用户人脸信息，对用户人脸信息分析处理后显示在人脸识别系统界面上，人脸识别系统的业务流程如图 13-2 所示。

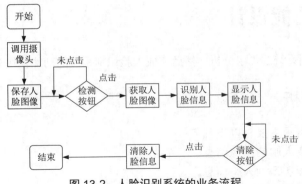

图 13-2　人脸识别系统的业务流程

13.3.4　运行效果预览

人脸识别系统显示用户人脸图像效果如图 13-3 所示。

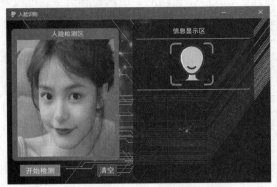

图 13-3　显示用户人脸图像效果

人脸识别系统显示用户人脸信息效果如图 13-4 所示。

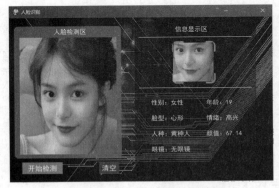

图 13-4　显示用户人脸信息效果

13.3.5　项目结构

人脸识别系统项目中主要包括 AiFaceRecognition（项目文件夹）、resources（项目资源文件夹）、images（项目图片资源文件夹）、ai_face.py（人脸识别文件）、btn.py（创建按钮文件）、main.py（项目主程序文件）、setting.py（项目配置文件）、show.py（项目界面内容显示文件）、util.py（项目工具方法文件）。项目结构如图 13-5 所示。

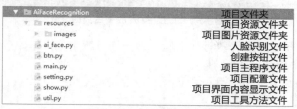

图 13-5　项目结构

13.4　系统功能技术实现

下面学习人脸识别系统项目开发所需要的开发软件的安装和功能技术的实现。

13.4.1　项目相关模块的安装

项目相关模块的安装包括安装 Pygame 模块、安装 cv2 模块、安装 PIL 模块以及安装 baidu-aip 模块。

1. 安装 Pygame 模块

Pygame 是 Python 用来进行游戏开发和创建可视化界面的第三方库，使用 pip 命令安装 Pygame 模块，具体命令代码如下所示：

```
pip install pygame          #安装 pygame 模块
```

2. 安装 cv2 模块

cv2 是 Python 的第三方库，用来进行摄像头等硬件操作，使用 pip 命令安装 cv2 模块，具体命令代码如下所示：

```
pip install opencv-python   #安装 cv2 模块
```

3. 安装 PIL 模块

PIL 是 Python 的第三方库，用来进行图片的裁剪等操作，使用 pip 命令安装 PIL 模块，具体命令代码如下所示：

```
pip install Pillow          #安装 PIL 模块
```

4. 安装 baidu-aip 模块

baidu-aip 是百度公司为 Python 提供的第三方库，通过该模块可以调用百度的接口，实现相应功能，使用 pip 命令安装 baidu-aip 模块，具体命令代码如下所示：

```
pip install baidu-aip       #安装 baidu-aip 模块
```

安装完 baidu-aip 模块还不能直接使用百度的接口，需要访问百度 AI 开放平台（https://ai.baidu.com/?track=cp:ainsem|pf:pc|pp:tongyong-pinpai|pu:pinpai-baidurengongzhineng|ci:|kw:10003819），单击该页面的控制台按钮，使用百度账号进行登录，若没有百度账号需要先注册百度账号。具体情况如图 13-6 所示。

图 13-6　百度 AI 开放平台页面

登录百度 AI 开放平台后台，执行"人脸识别—创建应用"操作，按照提示填写应用信息，创建一个应用，创建步骤如图 13-7 所示。

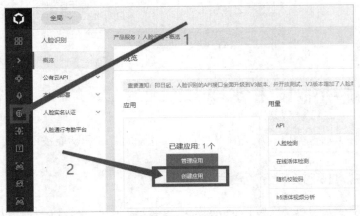

图 13-7　创建应用

填写应用信息时，应用归属要选择个人，这样可以免费使用百度的人脸识别接口，但是每天调用接口的次数有限制。如果应用归属选择公司，则需要付费购买接口的使用权，但是该方式没有接口调用次数限制。具体设置内容如图 13-8 所示。

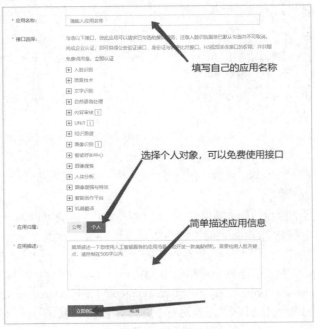

图 13-8　应用内容设置

创建应用完成后，执行"人脸识别—管理应用"操作可以进入应用界面，在该界面可以查看创建的应用，获取应用的 App ID、API Key、Secret Key 三个参数，调用百度接口时需要使用这三个参数，如图 13-9 所示。

图 13-9　获取应用参数

13.4.2　人脸识别系统窗体界面

在项目中创建 setting.py 文件，该文件路径为 AiFaceRecognition/setting.py。在该文件中进行项目所需参数的设置，具体代码如下所示：

```
#密钥设置
APP_ID='创建百度应用的 AppID'
API_KEY='创建百度应用的 API Key'
SECRET_KEY='创建百度应用的 Secret Key'
#窗口大小
WIDTH=650
HIGHT=420
#设置帧率
FPS=60
#设置一些常用颜色
DARKBLUE=(73,119,142)
BACKCOLOR=DARKBLUE#指定背景色
BLACK=(0,0,0)
WHITE=(255,255,255)
GREEN=(0,255,0)
BLUE=(72,61,139)
GRAY=(96,96,96)
RED=(220,20,60)
YELLOW=(255,255,0)
#图片路径
img_path='resources/images/'
```

系统窗体界面的显示是通过 Pygame 模块来实现的，在项目中创建 main.py 文件，该文件路径为 AiFaceRecognition/main.py。在该文件中设置窗口属性和"游戏循环"，用来进行系统窗口界面的初始化设置，具体代码如下所示：

```
import cv2#调用摄像头的模块
from btn import *
from setting import *
from util import *
from ai_face import *
from show import *
pygame.init()
#设置窗体名称
pygame.display.set_caption('人脸识别')
```

```
#设置窗体大小
SCREEN=pygame.display.set_mode((WIDTH,HIGHT))
#设置背景图片
bg=pygame.image.load('resources/images/bg.jpg')  #加载背景图片
bg=pygame.transform.scale(bg,(WIDTH,HIGHT))       #设置背景图片大小
#创建时钟对象
clock=pygame.time.Clock()
SHOW_FLAG=False
#逻辑循环（游戏循环）
while True:
    #监测事件（获取用户操作）
    for event in pygame.event.get():
        #退出系统
        if event.type==pygame.QUIT:
            pygame.quit()
            sys.exit()
    #设置帧率
    clock.tick(FPS)
    #设置背景图片
    SCREEN.blit(bg,(0,0))
    #更新界面
    pygame.display.update()
```

运行该文件，可以打开人脸识别系统的窗体界面。

13.4.3　人脸图像获取功能的实现

人脸图像获取功能主要是调用摄像头获取图像信息，将摄像头的图像信息以图片格式保存，然后在系统窗口界面中加载显示图片内容。人脸图像获取功能的业务流程如图 13-10 所示。

图 13-10　人脸图像获取功能的业务流程

人脸图像识别功能的实现步骤如下所示：

（1）在 main.py 文件的"游戏循环"上方进行摄像头对象初始化操作，具体代码如下所示：

```
#创建摄像头实例（并进行异常处理）
try:
    cam=cv2.VideoCapture(0)#摄像头的 id,存在多个摄像头要确定每个摄像头的 id
except:
    print('请连接摄像头')
```

（2）在项目中创建 show.py 文件，该文件路径为 AiFaceRecognition/show.py。在该文件中创建 show_face_box()方法，进行人脸图像显示区域的设置，具体代码如下所示：

```
import pygame
from setting import *
from util import *
def show_face_box(SCREEN):
```

```
#设置字体
font=pygame.font.SysFont('SimHei',16)
font_text=font.render('人脸检测区',True,WHITE)
font_text_rect = font_text.get_rect()#获取图像的矩形对象
#设置图像矩形对象的中心位置
font_text_rect.center=(150,35)
#加载人脸图像显示区域背景图片
box=pygame.image.load(img_path+'/box.png')
SCREEN.blit(box,(10,20))
SCREEN.blit(font_text,font_text_rect)
```

（3）在 main.py 文件的"游戏循环"中，保存摄像头识别的图像内容，并将图片内容显示到系统窗口界面中，具体代码如下所示：

```
#从摄像头读取图片
sucess,img=cam.read()
#保存图片
cv2.imwrite('resources/images/test.jpg',img)
#绘制人脸图像显示区域
show_face_box(SCREEN)
#加载人脸图像
image=pygame.image.load(img_path+'tst.jpg')
#绘制人脸图像(在指定位置)
SCREEN.blit(image,(25,50))
```

人脸图像显示效果如图 13-11 所示。

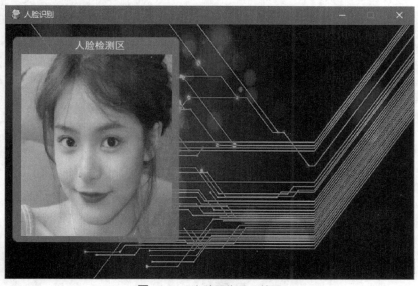

图 13-11 人脸图像显示效果

13.4.4 按钮的创建与实现

在 Pygame 模块中没有现成的按钮对象，Pygame 模块中的所有元素都是一个 Rect 对象，通过对 Rect 对象设置属性值可以实现自定义按钮的效果。本项目中有两个按钮，为了减少重复代码的书写，创建一个 Button()类，用来进行按钮的实例化。

在项目中创建一个 btn.py 文件，该文件路径为 AiFaceRecognition/ai_face.py。Button()类中的 init()方法进行按钮的初始化设置，set_msg()方法进行按钮文字信息的设置，show_btn()方法用于按钮的显示，具体代码如下所示：

```python
#用于创建按钮
import pygame
class Button():
    #初始化方法
    def __init__(self,screen,centerxy,width,height,button_color,text_color,msg,size):
        '''初始化按钮属性'''
        self.screen=screen
        #设置按钮大小
        self.width,self.height=width,height
        #设置按钮颜色
        self.button_color=button_color
        #设置文本颜色
        self.text_color=text_color
        #设置字体
        self.font=pygame.font.SysFont('SimHei',size)
        #创建按钮的 Rect 对象
        self.rect=pygame.Rect(0,0,self.width,self.height)
        #设置 rect 对象中心的位置
        self.rect.centerx=centerxy[0]-self.width/2
        self.rect.centery=centerxy[1]-self.height/2
        #绘制按钮文字信息
        self.set_msg(msg)
    def set_msg(self,msg):
        #将文字信息转换为图像
        self.msg_img=self.font.render(msg,True,self.text_color,self.button_color)
        self.msg_img_rect=self.msg_img.get_rect()#获取图像的矩形对象
        #设置图像矩形对象的中心位置
        self.msg_img_rect.center=self.rect.center
    #显示按钮
    def show_btn(self):
        self.screen.fill(self.button_color,self.rect)
        self.screen.blit(self.msg_img,self.msg_img_rect)
```

在 main.py 文件"游戏循环"的上方进行按钮实例化，具体代码如下所示：

```python
#创建检测按钮
button_r=Button(SCREEN,(130,400),100,30,GREEN,WHITE,'开始检测',18)
#创建清除按钮
button_c=Button(SCREEN,(270,400),50,30,RED,WHITE,'清空',18)
#人脸识别信息是否显示的标志
SHOW_FLAG=False
```

在 main.py 文件"游戏循环"中调用按钮对象的 show_btn()方法显示按钮（需要在

pygame.display.update()之前调用，不然更改的界面内容无法显示），具体代码如下所示：

```
#绘制识别按钮
button_r.show_btn()
#绘制收入统计按钮
button_c.show_btn()
```

13.4.5　人脸识别功能的实现

人脸识别功能是通过应用 App ID、API Key、Secret Key 的值调用百度接口，获取人脸图片中的信息。将应用 App ID、API Key、Secret Key 的值保存到 setting.py 文件中，在项目中创建 ai_face.py 文件，该文件路径为 AiFaceRecognition/ai_face.py。在该文件中调用百度接口识别人脸图片获取人脸信息，具体代码如下所示：

```
import base64
from aip import AipFace
from setting import *
#创建百度人脸识别接口对象
client=AipFace(APP_ID,API_KEY,SECRET_KEY)
#读取图片方法
def read_img(file_path):
    with open(file_path,"rb") as f:
        data=f.read()
    return data
#获取人脸信息方法
def face_check():
    """
    人脸识别 demo
    :param img_data:二进制的图片数据
    :return:
    """
    #读取人脸图片图片
    img_data=read_img(img_path+"test.jpg")
    #进行图片编码
    data=base64.b64encode(img_data)
    image=data.decode()
    imageType="BASE64"
    """调用人脸检测"""
    options={}                       #参数列表,可以查看百度 api 文档查看所有的参数
    #要获取的参数为年龄,性别,美丑,脸型,表情,人种,眼镜
    options["face_field"] = "age,gender,beauty,faceshape,emotion,race,glasses"
                                     #接口需要返回的信息
    options["max_face_num"]=10       #检测图片中人脸的个数,最大值为 10
    """带参数调用人脸检测"""
    res=client.detect(image,imageType,options)
    try:
        res_list=res['result']
    except Exception as e:
        res_list=None
    return res_list
```

13.4.6 "检测"按钮事件方法的实现

"检测"按钮的功能分为两部分,一部分是调用百度接口获取人脸识别信息,另一部分是将人脸信息进行保存。

当用户单击"检测"按钮时才会调用 face_check()方法识别人脸信息,然后将人脸信息保存为.text 文件。"检测"按钮功能的业务流程如图 13-12 所示。

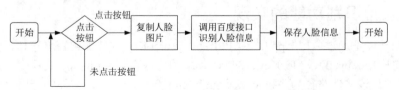

图 13-12 "检测"按钮功能的业务流程

1. "检测"按钮的监听

在 Main 文件的"游戏循环"中监听用户操作的 for 循环,对"检测"按钮操作进行监听,当用户单击时,调用 copy_img()方法复制人脸图片,使用 face_check()方法识别人脸图片,获取人脸信息,通过 save_data()方法保存人脸信息,具体代码如下所示:

```
#用户单击鼠标按键
if event.type==pygame.MOUSEBUTTONDOWN:
    if button_r.rect.collidepoint(event.pos):#检测鼠标指针是否在检测按钮上
        print("单击识别")
        #进行复制图片
        copy_img()
        SHOW_FLAG=True#改变标识
        try:
            #调用人脸识别接口
            res_data=face_check()
            print('已识别')
            #保存人脸信息
            save_data(str(res_data))
        except:
            print("识别错误")
            continue
```

2. 复制图片方法与保存人脸信息方法的实现

在项目中创建 util.py 文件,该文件路径为 AiFaceRecognition/main.py。在该文件中创建 copy_img()方法复制图片,方便之后对人脸区域的裁剪。创建 save_data()方法进行人脸信息的保存,具体代码如下所示:

```
import shutil
from PIL import Image
from setting import *
#复制人脸图片方法
def copy_img():
    local_img_name=img_path+'tst.jpg'       #人脸图片路径
    copy_file_path=img_path+'copy.jpg'      #复制图片路径
    shutil.copy(local_img_name,copy_file_path)
#保存信息
def save_data(data):
```

```
                #以写模式打开对应文件,若不存在自动创建一个同名的文件
                file=open(file_path+'info_data.text','w',encoding='utf-8')
                file.write(data)              #写入数据
                file.close()
        #读取文件
        def read_data():
                #以读模式打开对应文件,若不存在自动创建一个同名的文件
                file=open(file_path+'info_data.text','r',encoding='utf-8')
                data=file.readline()          #读取数据
                file.close()
                return data
```

13.4.7 人脸信息的显示

人脸信息显示功能分为人脸信息显示区域与人脸信息的显示两种功能。

1. 设置人脸信息显示区域

在 show.py 文件中创建 show_infodata_box()方法,进行人脸信息区域内容的设置与显示,具体代码如下所示:

```
        def show_infodata_box(SCREEN):
                #设置字体
                font=pygame.font.SysFont('SimHei',16)
                font_text=font.render('信息显示区',True,WHITE)
                font_text_rect = font_text.get_rect()                #获取图像的矩形对象
                #设置标题位置
                font_text_rect.center=(450,30)
                #加载图片框图片
                box=pygame.image.load(img_path+'box2.png')
                line_rect=pygame.Rect(320,50,280,1)                  #上分割线
                imgbox=pygame.image.load(img_path+'img_bg.png')      #人脸截图显示区域背景图
                line=pygame.Rect(320,180,280,1)                      #下分割线
                imgbox=pygame.transform.scale(imgbox,(110,110))      #设置背景图大小
                #绘制区域内容
                SCREEN.blit(box,(310,10))
                SCREEN.blit(font_text, font_text_rect)
                SCREEN.fill(WHITE,line_rect)
                SCREEN.blit(imgbox,(400,60))
                SCREEN.fill(WHITE, line)
```

人脸信息显示区域的效果如图 13-13 所示。

图 13-13 设置人脸信息显示区域

2. 人脸信息的显示

在 show.py 文件中创建 show_infodata_text()方法，实现人脸信息的显示，在该方法中需要根据百度人脸识别接口文档中的参数创建相应的字典，方便人脸信息的显示，通过 read_data()方法读取人脸信息，通过 cut_img()方法裁剪人脸图片，获取识别的人脸区域，具体代码如下所示：

```python
#设置人脸信息参数字典
#性别参数字典
sex_dict={'male':'男性','female':'女性'}
#脸型参数字典
face_type={'square':'正方形','triangle':'三角形','oval':'椭圆','heart':'心形','round':'圆形'}
#情绪参数字典
emotion_type={'angry':'愤怒','disgust':'厌恶','fear':'恐惧','happy':'高兴','sad':'伤心','surprise':'惊讶','neutral':'无情绪'}
#眼镜参数字典
glass_type={'none':'无眼镜','common':'普通眼镜','sun':'墨镜'}
#人种参数字典
race_type={'yellow':'黄种人','white':'白种人','black':'黑种人','arabs':'阿拉伯人'}
#人脸信息显示方法
def show_infodata_text(SCREEN):
    #获取文件内容
    data=eval(read_data())
    data=data['face_list'][0]#全部的人脸信息
    #识别出的人脸区域坐标
    left=data['location']['left']
    upper=data['location']['top']
    right=data['location']['left']+data['location']['width']
    lower=data['location']['top']+data['location']['height']
    sex=sex_dict[data['gender']['type']]              #识别的性别
    age=data['age']                                   #识别的年龄
    face=face_type[data['face_shape']['type']]        #识别的脸型
    emotion=emotion_type[data['emotion']['type']]     #识别的情绪
    race=race_type[data['race']['type']]              #识别的人种
    beauty=data['beauty']                             #识别的颜值
    glass=glass_type[data['glasses']['type']]         #识别的人脸眼镜信息
    cut_img(left,upper,right,lower)                   #裁剪人脸
    #加载截图
    img=pygame.image.load(img_path+'/screenshot.jpg')
    #设置图片的尺寸
    img=pygame.transform.scale(img,(100,100))
    #设置字体
    font=pygame.font.SysFont('SimHei',16)
    #设置人脸信息
    font_text1=font.render('性别：{}'.format(sex)+'      '+'年龄：{}'.format(age),True,WHITE)
    font_text2=font.render('脸型：{}'.format(face)+'       '+'情绪：{}'.format(emotion),True,WHITE)
    font_text3=font.render('人种:{}'.format(race)+'      '+'颜值:{}'.format(beauty),True,WHITE)
    font_text4=font.render('眼镜：{}'.format(glass),True,WHITE)
    #绘制人脸信息
```

```
SCREEN.blit(img,(405,65))
SCREEN.blit(font_text1,(350,210))
SCREEN.blit(font_text2,(350,250))
SCREEN.blit(font_text3,(350,290))
SCREEN.blit(font_text4,(350,330))
```

在上面代码中使用到 read_data()、cut_img()方法，在 util.py 文件中创建 read_data()方法，该方法读取人脸识别信息的 text 文件，获取人脸信息。创建 cut_img()方法，使用识别的人脸区域坐标裁剪人脸图片，具体代码如下所示：

```
#读取文件方法
def read_data():
    #以读模式打开对应文件,若不存在自动创建一个同名的文件
    file=open(file_path+'info_data.text','r',encoding='utf-8')
    data=file.readline()                    #读取数据
    file.close()
    return data
#裁剪图片方法
def cut_img(left,upper,right,lower):
    img=Image.open(img_path+'copy.jpg')     #打开复制的人脸图片
    #设置图像裁剪区域(x左上,y左上,x右下,y右下)(left,upper,right,lower)
    box1=(left,upper,right,lower)
    image=img.crop(box1)                    #图像裁剪
    image.save(img_path+'screenshot.jpg')   #存储裁剪得到的图像
```

人脸信息显示效果如图 13-14 所示。

图 13-14　人脸信息显示效果

13.4.8　"清除"按钮事件方法的实现

单击"检测"按钮，人脸信息显示标志设置为 True，调用 show_infodata_text()显示人脸信息。单击"清除"按钮，人脸信息显示标志设置为 False，清除人脸信息。"清除"按钮的监听代码如下所示：

```
if button_c.rect.collidepoint(event.pos):    #检测鼠标指针是否在清除按钮上
    SHOW_FLAG=False                           #改变标识
```

人脸信息显示区域的绘制与人脸信息的绘制需要通过 if 语句进行判断，具体代码如下所示。

```
#绘制信息显示框
show_infodata_box(SCREEN)
#显示人脸识别内容（人脸识别区域,年龄,性别,人种,颜值）
if SHOW_FLAG:
    #显示识别信息
    show_infodata_text(SCREEN)
else:
    show_infodata_box(SCREEN)
```

13.5　开发常见问题及功能扩展

开发人脸识别系统时需要注意对百度接口的调用次数进行限制，免费的接口每天只可调用 100 次，若不添加限制会因为接口调用次数用尽，导致系统功能无法使用。在界面内容绘制时，要注意内容的层级与代码执行的先后顺序，避免界面内容被覆盖。

当前版本的人脸识别系统主要功能已经实现，但是在一些细节方面还存在缺失，在后续版本中可以添加人脸图像的对比功能，判断是否是同一个人。

第14章

智能聊天机器人

本章概述

本章学习智能聊天机器人的开发，通过 Flask 框架创建 Web 作为微信公众号的服务器端，使用"青云客" API 接口实现智能机器人的聊天、笑话、天气等功能。通过微信公众号的语音识别服务，将用户发送的语音信息转化为文字信息，然后发送给用户。还可以对图片信息进行处理，将用户发送的图片信息返回给用户。

知识导读

本章要点（已掌握的在方框中打钩）

- ☐ 智能聊天机器人需求分析
- ☐ 微信公众号的注册
- ☐ 内网穿透工具的使用
- ☐ 聊天、笑话、天气功能的实现
- ☐ 语音识别功能的实现
- ☐ 图片信息回复功能的实现

14.1 项目开发背景

现在越来越多的企业使用微信公众号进行宣传与消息推送，但是微信公众号的自动回复消息功能只能设置一些固定的信息，进行一些简单的消息回复。本章通过 Python 语言开发一个智能聊天机器人，用户可以在微信公众号体验与机器人聊天、讲笑话以及播报天气信息等功能。

14.2 系统开发环境及工具

操作环境：Windows 7 及以上操作系统。
开发工具：PyCharm 2019。
开发语言：Python 3.6。
开发所需模块：Flask、Lxml、requests 等模块。
内网穿透工具：Natapp。

14.3 系统功能设计

首先进行智能聊天机器人的需求分析，然后完成智能聊天机器人的功能模块分析。

14.3.1 需求分析

智能聊天机器人的需求主要有以下几点：

（1）获取用户输入的信息。

（2）若用户发送"笑话"、查询"笑话"等信息，机器人会将信息返回给用户。

（3）若用户发送"北京天气"，机器人会查询北京的天气信息，并将信息返回给用户。

（4）用户可以通过机器人在微信公众号聊天。

（5）识别用户的语音信息，将语音信息转化为文字信息。

14.3.2 功能模块分析

智能聊天机器人主要分为关注回复功能、文字回复功能、图片回复功能和语音识别功能。

（1）关注回复功能，用户关注公众号后，向用户发送消息提示，接收该公众号的消息。

（2）聊天功能，用户可以在公众号通过文字的方式进行简单交流。

（3）讲笑话功能，用户输入"笑话"文字时，机器人会查询相关的笑话文章发送给用户。

（4）查看天气功能，用户发送"地名天气"文字信息时，机器人会爬取查询地的天气信息，将天气信息发送给用户。

（5）图片回复功能，将用户发送的表情或者图片返还给用户。

（6）语音识别功能，将用户发送的语音信息转化为文字信息。

智能聊天机器人的功能模块如图 14-1 所示。

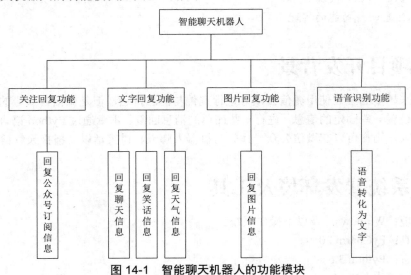

图 14-1　智能聊天机器人的功能模块

14.3.3　项目结构

　　智能聊天机器人项目采用 Flask 框架创建，Flask 项目具有轻量级、项目结构可以自由创建的特点。智能聊天机器人项目主要包括 wechart_robot（项目文件夹）、app.py（项目运行文件）、config.py（项目配置文件）、message.py（消息处理与回复文件）、robot.py（智能机器人文件）。项目结构如图 14-2 所示。

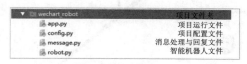

图 14-2　项目结构

14.4　系统功能技术实现

　　下面学习智能聊天机器人项目开发所需要的开发软件的安装和功能技术的实现。

14.4.1　项目相关模块的安装

　　项目相关模块的安装包括安装 Flask 模块和 Lxml 模块。

1. 安装 Flask 模块

　　Flask 是 Python 的一个 Web 框架，它具有轻便、灵活、可以根据开发需求进行个性化定制等特点，Flask 项目的项目结构并不是固定结构，可以自由创建。使用 pip 命令安装 Flask 模块，具体命令代码如下所示：

```
pip install Flask        #安装 Flask 模块
```

2. 安装 Lxml 模块

　　Lxml 是 Python 的一个第三方解析库，Lxml 模块主要用来进行 HTML 与 XML 文件的解析，它支持 XPath 解析方式，并且解析效率很高，使用 pip 命令安装 Lxml 模块，具体命令代码如下所示。

```
pip install lxml        #安装 lxml 模块
```

　　在 Windows 操作系统下安装 Lxml 模块有时会出现错误，可能是缺少相关的 Microsoft Visual C++文件，需要先安装缺少的 Microsoft Visual C++文件，再执行 Lxml 模块的安装命令。

14.4.2　微信公众号的创建

　　在进行项目的开发之前，需要申请注册一个微信公众号，访问微信公众平台官方网站（https://mp.weixin.qq.com/），单击"立即注册"按钮，进行微信公众号的注册，注册步骤如下。

　　（1）选择注册账号类型，如图 14-3 所示。

　　（2）填写基本信息，不能填写注册过公众号、小程序、服务号、企业号任意一种类型的邮箱，也不能填写与微信号绑定的邮箱，如图 14-4 所示。

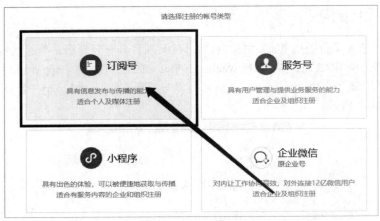

图 14-3　选择注册账号类型

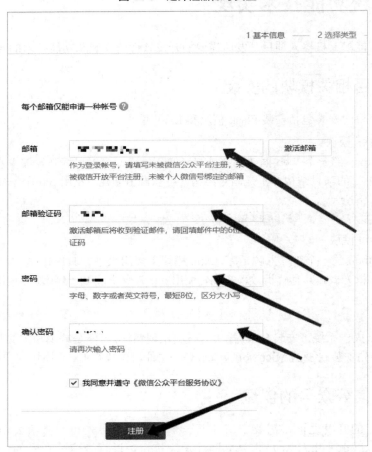

图 14-4　填写基本信息

（3）因为智能聊天机器人的公众号仅用于个人使用，因此选择订阅号即可，如图 14-5 所示。

图 14-5 选择公众号类型

（4）填写个人信息，账号主题选择"个人"，如图 14-6 所示。

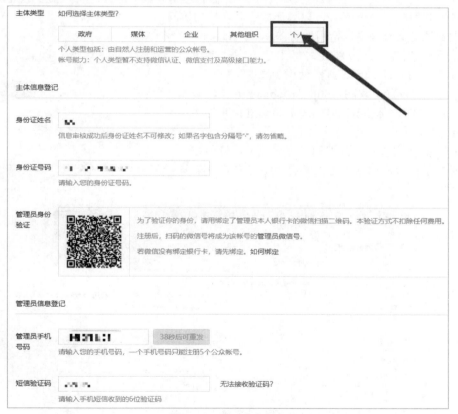

图 14-6 填写个人信息

（5）使用注册的账号登录微信公众平台，进行公众号基本设置，如图 14-7 所示。

图 14-7　设置公众号信息

14.4.3　内网穿透工具

进行微信公众号开发时，需要配置服务器域名进行 Token 验证，但是我们开发使用的计算机通常在一个局域网内（内网），微信公众号无法直接访问我们的计算机，需要通过内网穿透工具将内网映射为一个公网 IP，以方便微信公众号的访问。

内网穿透工具有许多，常用的有 Ngrok、Natapp、小米球、花生壳等。从方便性与易用性考虑，使用 Natapp 工具即可。Natapp 工具的使用步骤如下：

（1）访问 Natapp 官网（http://natapp.cc/），单击"免费注册"按钮，通过手机号与短信验证进行账号注册，如图 14-8 所示。

图 14-8　注册 Natapp 账号

（2）Natapp 可以免费注册两条域名隧道，使用注册的账号登录后台，执行"购买隧道—免费隧道"操作，填写域名映射配置，购买隧道，如图 14-9 所示。

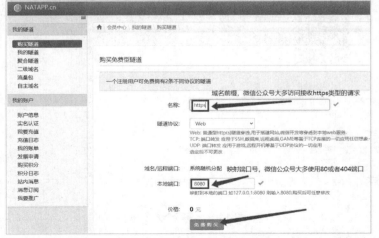

图 14-9　服务器域名映射

（3）执行"我的隧道"操作可以查看购买的隧道信息，将 AuthToken 的值保存，Natapp 工具的运行需要使用这个值，如图 14-10 所示。

ID	名称	隧道类型	authtoken			
rjodko186n	https	免费型		隐藏	点击复制	更换

图 14-10　查看购买的隧道信息

（4）在 Natapp 官网的首页单击"客户端下载"按钮，根据计算机系统选择相应版本，以 Windows 64 位版本下载为例，如图 14-11 所示。

图 14-11　客户端下载

（5）将下载的压缩包进行解压，解压文件夹中若缺少 config.ini 文件，需要在该文件夹中创建 config.ini 文件，以记事本方式打开该文件填写购买隧道的 AuthToken 值，进行工具配置，具体代码如下所示：

```
#将本文件放置于 natapp.exe 文件的同级目录下 程序将读取 [default] 段
#在命令行参数模式如 natapp -authtoken=xxx 等相同参数将会覆盖掉此配置
#命令行参数 -config= 可以指定任意 config.ini 文件
[default]
authtoken=购买条隧道的 authtoken
clienttoken=          #对应客户端的 clienttoken,将会忽略 authtoken,若无请留空,
log=none              #log 日志文件,可指定本地文件,none=不做记录,stdout=直接屏幕输出,默认为 none
loglevel=ERROR        #日志等级 DEBUG,INFO,WARNING,ERROR 默认为 DEBUG
http_proxy=           #代理设置,如 http://10.123.10.10:3128 非代理上网用户请务必留空
```

14.4.4　域名测试

域名测试包括创建 Flask 项目视图函数以及获取映射的域名。

1. 创建 Flask 项目视图函数

在项目中创建 app.py 文件，该文件路径为 wechart_robot/app.py。在文件中进行 Flask 项目的设置与视图函数的创建。具体代码如下所示：

```
#导入 Flask 类
from Flask import Flask,request,make_response    #导入 Flask 模块
from config import*                              #导入配置文件
from message import*                             #导入消息处理模块
app=Flask(__name__)                              #创建 Flask 应用程序实例对象
#装饰器的作用是将路由映射到视图函数 index
@app.route('/')                                  #路由
def index():                                     #视图函数
```

```
    return 'Hello Worldhhhhh'
#主程序入口
if __name__=='__main__':
    app.run(port='8080')        #可以指定运行的主机IP地址,端口,是否开启调试模式
```

2. 获取映射域名

双击 natapp.exew 文件,运行 Natapp 工具,将窗口中的映射域名复制,如图 14-12 所示。

图 14-12　获取服务器域名

运行 app.py 文件,在浏览器中访问 http://eh2i5i.natappfree.cc,如果访问成功,则会出现如图 14-13 所示的页面。

图 14-13　域名访问成功

14.4.5　微信公众号服务器域名配置

微信公众号收发数据时要进行 Token 值的校验,需要对消息进行处理。在项目中创建 message.py 文件,该文件路径为 wechart_robot/message.py。在该文件中创建一个 Message() 类进行 Token 值的设置。进行微信公众号服务器域名设置时需要向服务器发送 GET 请求,创建一个 Get() 类继承 Message() 类进行 GET 请求的处理。具体代码如下所示:

```
import time                          #时间模块
import hashlib                       #进行字符串加密
from lxml import etree               #解析 1xml 文件
from Flask import make_response      #返回 json 数据
from config import*                  #导入配置文件
from robot import*                   #导入聊天机器人
#消息类
class Message(object):
    def __init__(self,req):
        self.request=req             #接受请求
        #自定义的 Token 值,同微信公众号域名设置时的 Token 值一致
        self.token=TOKEN
#GET 请求处理类,用于进行微信的签名验证
class Get(Message):
    def __init__(self,req):
        super(Get,self).__init__(req)  #继承父类初始化方法
```

```
            self.signature = req.args.get('signature')      #微信后台返回的签名
            self.timestamp = req.args.get('timestamp')       #时间戳
            self.nonce=req.args.get('nonce')                 #微信返回随机数
            self.echostr=req.args.get('echostr')             #微信返回随机数字符串
            self.return_code='Invalid'
        #微信签名验证方法
        def verify(self):
            #将 Token、时间戳、随机数进行排序
            data=sorted([self.token,self.timestamp,self.nonce])
            #拼接成字符串
            string=''.join(data).encode('utf-8')
            #以 sha1 方式对字符串进行加密
            hashcode=hashlib.sha1(string).hexdigest()
            #校验签名
            if self.signature==hashcode:
                self.return_code=self.echostr
```

在 app.py 文件中创建 message()视图方法，在该方法中进行 GET 与 POST 请求的处理与回复。具体代码如下所示：

```
@app.route('/message',methods=['GET','POST'])        #路由映射
def message():
    #GET 请求的处理
    if request.method=="GET":
        #将请求转化为 Get 消息对象并进行处理
        message=Get(request)
        message.verify()                             #签名验证
        return message.return_code
```

在微信公众平台后台，执行"设置→基本设置→启用"操作设置微信公众号服务器域名，填写好配置信息，就可以对微信公众号的自动回复功能进行个性化开发，如图 14-14 所示。

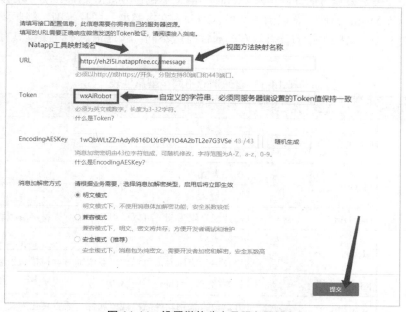

图 14-14　设置微信公众号服务器域名

在对文件公众号服务器域名配置时，要确保 app.py 文件与 Natapp 工具都处于运行状态。

14.4.6　智能机器人的实现

为了提高开发效率，本章通过"青云客"API 接口来实现智能机器人的功能。"青云客"智能机器人具有无须注册、无须安装等优势，并具有人工智能聊天、笑话、天气、翻译、藏头诗、歌词、计算等功能。

在项目中创建 robot.py 文件，该文件路径为 wechart_robot/robot.py。在该文件中通过 request.get()方法访问"青云客"接口，获取查询信息，具体代码如下所示：

```python
import requests,urllib
#不用注册,不用申请 key,拿来就用!
def qingyunke(msg):
    #msg用来进行查询的参数（聊天、笑话、天气），目前仅支持文字类型的参数
    #"青云客"接口地址
    url='http://api.qingyunke.com/api.php?key=free&appid=0&msg={}'.format(urllib.parse.quote(msg))
    html=requests.get(url)        #获取返回信息
    res=html.json()["content"]    #进行解析
    print("原话>>",msg)
    print("青云客>>",res)
    #返回信息
    return res
```

14.4.7　消息请求处理

通过查看微信公众号开发文档发现，微信公众号发送与接收的消息是 XML 格式的，消息分为两大类，一类是公众号的订阅信息，该种类消息不包含 MsgId 属性；另一类是普通消息，该种类消息包含 MsgId 属性。普通消息又可以细分为文本类型、图片类型、视频类型、短视频类型、定位类型等，这些种类的消息具有的属性有所不同，普通消息不同类型具有的属性如表 14-1 所示。

表 14-1　普通消息不同类型属性表

消 息 类 型	属　　性	描　　述
text	Content	文本类型
		消息内容
image	PicUrl	图片类型
		图片链接
	MediaId	图片消息媒体 id，可以调用获取临时素材接口拉取数据
voice	MediaId	语音类型
		语音消息媒体 id，可以调用获取临时素材接口拉取数据
	Format	语音格式，如 amr、speex 等
	Recognition	开启语言识别功能后出现该属性，语音转化为文字

消 息 类 型	属　　性	描　　述
video	MediaId	视频类型
		视频消息媒体 id，可以调用获取临时素材接口拉取数据
	ThumbMediaId	视频消息缩略图的媒体 id，可以调用多媒体文件下载接口拉取数据
shortvideo	MediaId	短视频消息
		视频消息媒体 id，可以调用获取临时素材接口拉取数据
	ThumbMediaId	视频消息缩略图的媒体 id，可以调用获取临时素材接口拉取数据
location	Location_X	定位类型
		地理位置纬度
	Location_Y	地理位置经度
	Scale	地图缩放大小
	Label	地理位置信息
link	Title	链接类型
		消息标题
	Description	消息描述
	Url	消息链接

在 message.py 文件中创建 Post()类，该类继承 message()类对消息进行处理，具体代码如下所示：

```
#POST请求处理类,用于进行微信公众号消息的处理
class Post(Message):
    #初始化方法,设置接受人、发送人、消息类型等信息
    def __init__(self,req):
        super(Post,self).__init__(req)
        self.xml=etree.fromstring(req.stream.read())  #读取微信后台返回的xml字符
        self.MsgType=self.xml.find("MsgType").text              #消息类型
        self.ToUserName = self.xml.find("ToUserName").text      #关注人（发送方）
        self.FromUserName=self.xml.find("FromUserName").text    #公众号（接收方）
        self.CreateTime=self.xml.find("CreateTime").text        #消息创建时间
        if self.MsgType!='event':
            self.MsgId=self.xml.find("MsgId").text  #不是订阅消息的普通消息具有该属性
    #创建消息类型及其参数的字典
    type_dict={
        'text':['Content'],                                     #文字消息
        'image':['PicUrl','MediaId'],                           #图片消息
        'voice':['MediaId','Format','Recognition'],             #语音消息
        'video':['MediaId','ThumbMediaId'],                     #视频消息
        'shortvideo':['MediaId','ThumbMediaId'],                #短视频消息
        'location':['Location_X','Location_Y','Scale','Label'], #位置消息（定位）
        'link':['Title','Description','Url'],                    #链接消息
        'event':['Event']}                                      #订阅（关注）
    #开启语音识别功能后,语音xml中会多出一个Recognition字段用来保存识别内容
```

```
          #根据消息类型获取相对应的参数
          attributes=type_dict[self.MsgType]
          #获取对应的参数值
          self.Event=self.xml.find("Event").text if 'Event' in attributes else '抱歉,
您还未订阅本公众号.'
          self.Content=self.xml.find("Content").text if 'Content' in attributes else
'抱歉,暂未支持此消息.'
          self.PicUrl=self.xml.find("PicUrl").text if 'PicUrl' in attributes else
'不要一言不和就斗图'
          self.MediaId=self.xml.find("MediaId").text if 'MediaId' in attributes else
'不要一言不和就斗图'
          self.Format=self.xml.find("Format").text if 'Format' in attributes else
'抱歉,暂未支持此消息.'
          self.ThumbMediaId=self.xml.find("ThumbMediaId").text if 'ThumbMediaId' in
attributes else '抱歉,暂未支持此消息.'
          self.Location_X=self.xml.find("Location_X").text if 'Location_X' in attributes
else '抱歉,暂未支持此消息.'
          self.Location_Y=self.xml.find("Location_Y").text if 'Location_Y' in attributes
else '抱歉,暂未支持此消息.'
          self.Scale=self.xml.find("Scale").text if 'Scale' in attributes else '抱歉,
暂未支持此消息.'
          self.Label=self.xml.find("Label").text if 'Label' in attributes else '抱歉,
暂未支持此消息.'
          self.Title=self.xml.find("Title").text if 'Title' in attributes else '抱歉,
暂未支持此消息.'
          self.Description=self.xml.find("Description").text  if  'Description'  in
attributes else '抱歉,暂未支持此消息.'
          self.Url=self.xml.find("Url").text if 'Url' in attributes else '抱歉,暂未支
持此消息.'
          #在微信公众号中开启语音识别功能,语音消息中才会出现此属性
          self.Recognition=self.xml.find("Recognition").text if 'Recognition' in
attributes else '抱歉,暂未支持此消息.'
```

14.4.8 聊天、笑话、天气功能的实现

用户向公众号发送消息后，消息发送到服务器，对消息类型处理后，调用"青云客"接口，获取相应的信息，将信息返回给用户，聊天、笑话、天气功能的业务流程如图 14-15 所示。

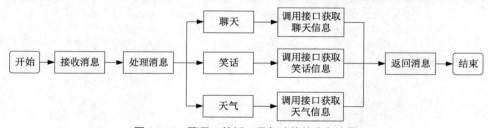

图 14-15 聊天、笑话、天气功能的业务流程

聊天、笑话、天气功能发送的消息都属于文本类型，将它们整合为一个 text()方法进行消息回复。在 message.py 文件中创建 Reply 类，该类继承 Post()类用来进行消息回复，具体代码如下所示：

```
#消息回复类
class Reply(Post):
    #初始化方法,进行 XML 消息格式设置
    def __init__(self,req):
        super(Reply,self).__init__(req)
        #返回的 XML 消息首部
        self.xml=f'<xml><ToUserName><![CDATA[{self.FromUserName}]]></ToUserName>'\
            f'<FromUserName><![CDATA[{self.ToUserName}]]></FromUserName>'\
            f'<CreateTime>{str(int(time.time()))}</CreateTime>'
    #回复文字类型的消息方法
    def text(self,Content):
        #调用青云客机器人进行回复,获取回复信息
        content=qingyunke(Content)
        content=content.replace('{br}','\n')
        #补全 XML 消息内容部分
        self.xml+=f'<MsgType><![CDATA[text]]></MsgType>'\
            f'<Content><![CDATA[{content}]]></Content></xml>'
    #回复错误信息
    def erro_msg(self):
        content='不支持该输入方式,请换用其他输入方式 qaq'
        self.xml+=f'<MsgType><![CDATA[text]]></MsgType>'\
            f'<Content><![CDATA[{content}]]></Content></xml>'
    #将回复信息进行返回
    def reply(self):
        #将 XML 字符串传递到 response 返回值中
        response=make_response(self.xml)
        response.content_type='application/xml'
        return response
```

在 app.py 文件的 message()视图方法中对 POST 请求进行处理,首先将消息请求转化为 Reply()类型,然后根据消息类型调用相应的消息回复方法,具体代码如下所示:

```
#处理 POST 类型请求
elif request.method=="POST":
    message=Reply(request)                    #将请求转化为 post 消息对象进行处理
    #根据消息类型进行相应处理
    if message.MsgType=='event':              #处理关注
        #subscribe(订阅)、unsubscribe(取消订阅)
        if message.Event=='subscribe':
            message.follow_text()
            return message.reply()            #返回消息
        elif message.MsgType=='text':         #处理文字消息
            message.text(message.Content)
            return message.reply()            #返回消息
        elif message.MsgType=='image':        #处理图片消息
            message.image(message.MediaId)
            return message.reply()            #返回消息
        elif message.MsgType=='voice':        #处理语音消息
            message.voice(message.MediaId)
            return message.reply()            #返回消息
        else:
            message.erro_msg()
```

聊天、笑话、天气功能运行结果如图 14-16 所示。

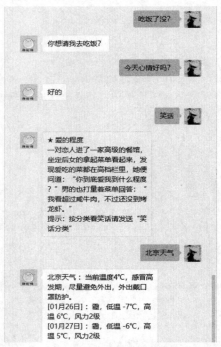

图 14-16 聊天、笑话、天气功能运行结果

14.4.9 语音识别功能的实现

实现语音识别功能，需要开启语音识别服务。在微信公众平台后台执行"开发—接口权限—对话服务—接收消息—接收语音识别结果—开启"操作，开启语音识别服务如图 14-17 所示。

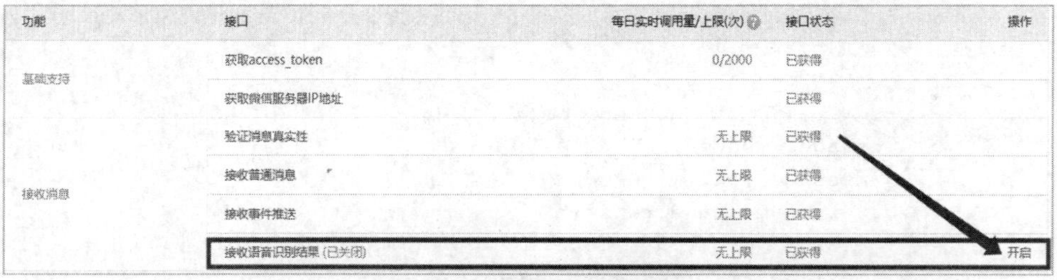

功能	接口	每日实时调用量/上限（次）②	接口状态	操作
基础支持	获取access_token	0/2000	已获得	
	获取微信服务器IP地址		已获得	
	验证消息真实性	无上限	已获得	
接收消息	接收普通消息	无上限	已获得	
	接收事件推送	无上限	已获得	
	接收语音识别结果 (已关闭)	无上限	已获得	开启

图 14-17 开启语音识别服务

在 Reply 类中创建 voice()方法，将语音消息转化为文字信息发送给用户，具体代码如下所示：

```
#处理语音消息方法（将语音识别为文字进行返回）
def voice(self):
    #识别的文字内容
    content=self.Recognition
    #补全 XML 消息内容
```

```
self.xml+=f'<MsgType><![CDATA[text]]></MsgType>'\
        f'<Content><![CDATA[{content}]]></Content></xml>'
```

14.4.10　关注、订阅消息回复功能的实现

在 Reply 类中创建 follow_text()方法，当用户关注公众号时，调用该方法，向用户发送订阅信息，具体代码如下所示：

```
#关注回复信息方法
def follow_text(self):
    Content='感谢您关注《豆趣大乐园》\n 为您提供天气,笑话,聊天等功能'
    self.xml+=f'<MsgType><![CDATA[text]]></MsgType>'\
            f'<Content><![CDATA[{Content}]]></Content></xml>'
```

关注、订阅消息回复功能运行结果如图 14-18 所示。

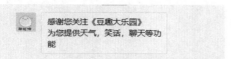

图 14-18　关注、订阅消息回复功能运行结果

14.4.11　图片消息回复功能的实现

在 Reply 类中创建 image()方法，当用户发送图片消息时，调用该方法，将用户发送的图片消息返回给用户，具体代码如下所示：

```
#图片消息回复方法（将原图进行返回）
def image(self,MediaId):
    self.xml+=f'<MsgType><![CDATA[image]]></MsgType>'\
            f'<Image><MediaId><![CDATA[{MediaId}]]></MediaId></Image></xml>'
#关注回复信息方法
def follow_text(self):
    Content='感谢您关注《豆趣大乐园》\n 为您提供天气,笑话,聊天等功能'
    self.xml+=f'<MsgType><![CDATA[text]]></MsgType>' \
            f'<Content><![CDATA[{Content}]]></Content></xml>'
```

图片消息回复功能运行结果如图 14-19 所示。

图 14-19　图片消息回复功能运行结果

14.5　开发常见问题及功能扩展

　　开发智能聊天机器人需要注意在设置公众号服务器域名信息时，保证 Flask 项目与 Natapp 工具都要运行，否则配置域名信息会失败。Natapp 工具每次重启或者间隔一段时间后都会重新映射域名，所以在域名发生变更时，要对公众号服务器域名进行重新配置。

　　当前版本的智能聊天机器人的主要功能已经实现，但是在一些细节方面还存在不足，在后续版本可添加成语接龙、猜谜语等功能。

第5篇
项目管理篇

在本篇中，主要学习软件开发后期需要做的工作，包括软件接口设计、软件测试与发布等内容。通过本篇的学习，读者将对项目的管理有初步的了解，对实际项目开发有深切的体会，为日后进行软件项目管理工作积累经验。

第15章

软件接口设计

本章概述

接口泛指实体把自己提供给外界的一种抽象化物,由内部操作分离出外部沟通方法,使其能被内部修改而不影响外界其他实体与其交互的方式。本章将详细介绍软件接口设计,其中包括接口的定义、接口的类型、接口设计规范、接口安全要求、接口安全控制策略等内容。

知识导读

本章要点(已掌握的在方框中打钩)
☐ 接口的定义
☐ 软件项目接口类型
☐ 软件接口设计规范
☐ 接口安全要求
☐ 接口的安全控制策略

15.1　什么是接口

接口(硬件类接口)是指同一计算机不同功能层之间的通信规则。

接口(软件类接口)是指对协定进行定义的引用类型。其他类型实现接口,以保证它们支持某些操作。接口必须由类提供的成员或实现它的其他接口指定。与类相似,接口可以包含方法、属性、索引器和事件。

接口一般来讲分为两种:

(1)程序内部的接口:方法与方法、模块与模块之间的交互,程序内部抛出的接口,如登录发帖,发帖就必须要登录,如果不登录就不能发帖,发帖和登录这两个模块之间就要有交互,因此会抛出一个接口,进行内部系统调用。

(2)系统对外的接口:从别人的网站或服务器上获取资源或信息,对方不会提供数据库共享,只能提供一个写好的方法来获取数据,如购物网站和第三方支付之间,购物网站支付时可以选择第三方支付方法,但第三方不会提供自己的数据库给购物网站,只会提供一个接口,供购物网站进行调用。

15.2　软件项目接口类型

在开发项目的过程中我们需要了解项目接口的类型，例如：人机接口、软件与硬件结构、软件间接口以及通信接口等知识。

15.2.1　人机接口

人机接口是指人与计算机之间建立联系、交换信息的输入/输出设备的接口，这些设备包括键盘、显示器、打印机、鼠标器等。

人机接口是计算机和人机交互设备之间的交接界面，通过接口可以实现计算机与外设之间的信息交换。通过人机接口为操作人员提供了友好的加工界面。人机接口与人机交互设备一起完成两个任务：

（1）信息形式的转换。

（2）信息传输的控制。

人机交互的主要优点如下：

（1）操作简单。

（2）提高工作效率。

（3）操作安全，出现误操作时，用户界面会提示。

15.2.2　软件与硬件结构

软件—硬件接口是指软件系统中软件与硬件之间的接口。例如软件与接口设备之间的接口。

硬件：计算机的硬件是计算机系统中各种设备的总称。计算机的硬件应包括 5 个基本部分，即运算器、控制器、存储器、输入设备、输出设备，上述各基本部件的功能各异。其中运算器应能进行加、减、乘、除等基本运算；存储器不仅能存放数据，而且也能存放指令，计算机应能区分是数据还是指令；控制器应能自动执行指令；操作人员可以通过输入、输出设备与主机进行通信。计算机内部采用二进制来表示指令和数据。操作人员将编好的程序和原始数据送入主存储器中，然后启动计算机工作，计算机应在不需干预的情况下启动完成逐条取出指令和执行指令的任务。

软件：计算机的外观、主机内的元件都是看得见的东西，一般称它们为计算机的硬件，那么计算机的软件是什么呢？即使打开主机，也看不到软件在哪里。既看不见也摸不到，听起来好像很抽象，但是，如果没有软件，就像植物人一样，空有躯体却无法行动。

当你启动计算机时，计算机会执行开机程序，并且启动系统，然后你会启动 Word 来编辑文件，或是使用 Excel 来制作表格，或是使用 IE 浏览器来上网等，以上所提到的操作系统、打开的程序和文件，都属于计算机的软件，通常就是我们所说的 App。

1. 软件包括

（1）应用软件：应用程序包，面向对象的程序设计语言等。

（2）系统软件：操作系统，语言编译解释系统服务性程序。

2. 硬件与软件的关系

硬件和软件是一个完整的计算机系统互相依存的两大部分，它们的关系主要体现在以下几个方面。

（1）硬件和软件互相依存。

硬件是软件赖以工作的物质基础，软件的正常工作是硬件发挥作用的唯一途径。计算机系统必须要配备完善的软件系统才能正常工作，且充分发挥其硬件的各种功能。

（2）硬件和软件协同发展。

计算机软件随硬件技术的迅速发展而发展，而软件的不断发展与完善又促进硬件的更新，两者密切地交织发展，缺一不可。

（3）硬件和软件无严格界线。

随着计算机技术的发展，在许多情况下，计算机的某些功能既可以由硬件实现，也可以由软件来实现。因此，硬件与软件在一定意义上说没有绝对严格的界面。

3. 硬件产品和软件产品的区别

（1）结构组成不同。

（2）研发流程不同。

（3）研发和生产成本不同。

（4）盈利模式不同。

（5）产品研发模式侧重点不同。

15.2.3 软件间接口

软件间接口是软件系统中程序之间的接口。包括软件系统与其他系统或子系统之间的接口、程序模块之间的接口，程序单元之间的接口等。

软件的未来其实在很大程度上要指望软件接口的前景。我们知道，计算机世界里的接口这两个字具有两种众所周知的含义：其一是指软件本身的狭义"接口"，比如各种软件开发 API 等。其二则指的是人与软件之间的交互界面。

我们把这种人—软件之间的接口称作"用户界面"，也就是"UI"。这里要讨论前一种定义：软件不同部分之间的交互接口。通常就是所谓的 API—应用程序编程接口，其表现的形式是源代码。API 的发明和发展大大促进了计算机产业的进步，同时 API 几乎决定着日常运算的各个方面。

大多数程序员秉承为软件用户设计优秀的用户界面思想，这一点早已深入人心。另一方面，如何实现合理的软件 API 却只为少数人所重视。历史证明，所有在应用上获得成功的软件或者 Web 应用无一不是首先在 API 的设计上满足了用户的需求，即便这些用户几乎从不直接使用这些 API。

15.2.4 通信接口

通信接口（communication interface）是指中央处理器和标准通信子系统之间的接口。下面将会介绍几种常见的通信接口：

1. 标准串口（RS232）

RS232 通信线路简单，只要一根交叉线即可与 PC 主机进行点对点双向通信。线缆成本低，但传输速度慢、不适于长距离通信。消费类 PC 机也逐渐取消了该接口，目前多存在于工控机及部分通信设备中。

2. GPIB

GPIB 最大的特点是可用一条总线连接若干个仪器，组成一个自动测试系统。该通信速率较低，常用于发送控制类命令，适用于受电气干扰轻微的实验室或生产现场。由于普通的 PC 机及工控机较少提供 GPIB 接口，所以需要购买专用的控制卡、安装驱动程序后才能与仪器通信。

3. 以太网

目前大多数设备都配有 LAN 网络接口，俗称"水晶头"，该特点是可灵活组网、多点通信、传输距离不限、高速率等优点，使其成为目前主流的通信方式。

该接口本身主要是用于路由器与局域网的连接。但是，局域网类型是多种多样的，所以这也就决定了路由器的局域网接口类型也可能是多样的。不同的网络有不同的接口类型，常见的以太网接口主要有 AUI、BNC 和 RJ-45 接口，还有 FDDI、ATM、光纤接口，这些网络都有相应的网络接口。在仪器行业或者系统集成行业，大多的工程师也会选择通过网口写入命令对仪器做控制。

4. USB

作为最常用的接口，USB 只有 4 根线，两根电源两根信号，信号是串行传输的，因此 USB 接口也称为串行口。

USB 接口的 4 根线一般是这样分配的：黑线：gnd、红线：vcc、绿线：data、白线：data。USB 的主要作用是对设备内的数据进行存储或者设备通过 USB 接口对外部信息进行读取识别；除此以外，USB 也是做二次开发的有效接口。虽然 USB 3.0 的技术已经在笔记本计算机等领域应用的非常成熟，但是在仪器领域，受处理速度和架构的影响，多见的还是 USB 2.0 的技术。

5. 无线

除了常见的通信接口外，无线连接也是一种非常重要的通信方式，它的特点是：无实体线连接，传输速率快，有很多仪器设备内部都直接内置了 802.11 无线接口。可以将仪器与无线路由相连接，或连接到手机的 WIFI 热点形成组网。

6. 多机同步接口

其实多机同步接口不同于上文提到的 USB、LAN 等常见通信接口，而是功率分析仪类的设备为保证同时测量得到通道数加多设计的接口。通过线缆连接两台仪器即可同时测试多路型号，保证了信号测试的同步性。

总结：

（1）在对通信速率要求不高、不需要长距离通信，只存在一台主机、一台仪器的场合下，使用串口可以更快地开始测量。

（2）在需要与校准源、信号发生器等仪器同时连接，且它们均提供 GPIB 接口时，可以将设备的通信方式改为 GPIB，可组成小型网络。

（3）以太网接口是我们所推荐的连接方式，短距离通信时可以用一根双绞线直接与工控机或笔记本计算机相连。远距离通信时，还可以增加交换机，实现一台主机控制多个仪器。

（4）在某些特殊场合下，不具备进行有线通信的条件时，可以使用致远 PA2000mini、PA8000 系列功率分析仪所特有的无线通信接口。例如，某同事与客户在动车牵引车内测量时，就是将功率分析仪、PC 主机同时连接到手机 WIFI 热点上，然后在 PC 主机上远程无线操作仪器。

（5）PA 系列功率分析仪内置 FTP 服务器，在以太网或无线连接建立后，可以通过 PC 主机或手机的浏览器进行访问，将仪器内存储的测量数据直接下载到 PC 主机硬盘，或手机存储空间中。

15.3　软件接口设计规范

软件接口在设计的时候需要一定的规范，才能保证接口设计的合格与标准，所以下面来学习一下软件接口设计的规范。

15.3.1　基本内容

接口设计规范的基本内容有以下几点：
（1）接口的名称标识。
（2）接口的功能定义。
（3）各个接口的数据特性。
（4）接口在该软件系统中的地位和作用。
（5）接口在该软件系统中与其他程序模块和接口之间的关系。
（6）接口的规格和技术要求，包括它们各自适用的标准、协议或约定。
（7）各个接口的资源要求，包括硬件支持、存储资源分配等。
（8）接口程序的数据处理要求。
（9）接口的特殊设计要求。
（10）接口对程序编制的要求。

15.3.2　体系结构设计原则

体系结构设计原则有以下几点：

1. 合适性

即体系结构是否适合于软件的"功能性需求"和"非功能性需求"。高水平的设计师能设计出恰好满足客户需求的软件，并且使开发方和客户方获取最大的利益，而不是不惜代价设计出最先进的软件。

2. 结构稳定性

详细设计阶段的工作如用户界面设计、数据库设计、模块设计、数据结构与算法设计等，都是在体系结构确定之后开展的，而编程和测试则是更后面的工作，因此体系结构应在一定的时间内保持稳定。

软件开发最怕的就是需求变化，但"需求会发生变化"是个无法逃避的现实。人们希望在需求发生变化时，最好只对软件做些简单的修改，不需要改动软件的体系结构。如果当需求发生变化时，程序员必须去修改软件的体系结构，那么这表示这个软件的系统设计是失败的。

高水平的设计师应当能够分析需求文档，判断出哪些需求是稳定不变的，哪些需求是可能变动的。于是根据那些稳定不变的需求设计体系结构，而根据那些可变的需求设计软件的"可扩展性"。

3. 可扩展性

可扩展性是指软件扩展新功能的容易程度。可扩展性越好，表示软件适应"变化"的能力越强。

4. 可复用性

由经验可知，通常在一个新系统中，大部分的内容是成熟的，只有小部分内容是创新的。一般可以相信成熟的东西总是比较可靠的（即具有高质量），而大量成熟的工作可以通过复用来快速实现（即具有高生产率）。

可复用性是设计出来的，而不是偶然碰到的。要使体系结构具有良好的可复用性，设计师应当分析应用域的共性问题，然后设计出一种通用的体系结构模式，这样的体系结构才可以被复用。

15.4　接口的安全控制策略

在设计开放平台接口过程中，往往会涉及接口传输安全性相关的问题，本节对接口加密及签名的相关知识做了一个总结。

15.4.1　安全评估

安全评估的基本概念有以下几点：

1. 基本目标

安全评估与测试实现以下目标：

（1）衡量系统和能力开发进展。

（2）为协助在开发、生产、运营和维护系统能力过程中的风险管理提供相应的知识。

（3）专长就是对系统生命周期在开发过程提供系统强度和弱点的初期认知。

（4）能够在部署系统之前识别技术操作和系统中的缺陷以便及时纠正行为。

（5）安全评估和测试包含广泛的现行和基于时间点的测试方法用于确定脆弱性及其相关风险。

2. 策略

测试和评估策略应用于获取/开发流程所需的能力要求以及技术驱动所需的能力要求。

（1）审计需求：符合相关法律法规的要求。

（2）合规：等级保护、分级保护。

（3）业务驱动：提升核心竞争力、减少开支和更快速部署新的应用功能。组织更新外包服务商的监控流程以及管理与外包的风险。

3. 安全评估目标

（1）确定测试的范围：评估的网络范围是多少？

（2）是否需要查看用户的相关工作？如密码、文件和日志条目或用户行为。

（3）评估哪些信息的机密性、完整性和可用性。

（4）涉及哪些隐私问题？

（5）如何评估流程，以及评估到什么程度。

4．评估流程

评估流程如图 15-1 所示。

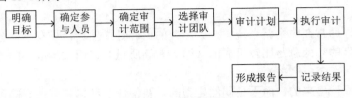

图 15-1　评估流程

1）内部审计

优点：

（1）熟悉组织的内部运转。

（2）工作效率高。

（3）评估工作更加灵活，随时开始工作。

（4）可实现持续改进安全态势。

缺点：

（1）手段和技术受限。

（2）可能存在利益冲突，有些问题不愿意暴露。

2）外部审计

优点：

（1）经验丰富。

（2）不了解内部组织目标和政治，客观，保持中立。

缺点：

（1）成本高。

（2）对系统不了解，需要花费时间去了解。

（3）仍然需要处理增加的资源来组织它们并监督它们的工作。

15.4.2　访问控制

访问控制就是将系统中的所有功能标识出来，组织起来，托管起来，然后提供一个简单的唯一的接口，这个接口的一端是应用系统，另一端是权限引擎。权限引擎主要是检测谁是否对某资源具有实施某个动作（运动、计算）的权限。返回的结果有三种：有、没有、权限引擎异常。

访问控制是网络安全防范和保护的主要策略，它的主要任务是保证网络资源不被非法使用，它是保证网络安全最重要的核心策略之一。按用户身份及其所归属的某项定义组来限制用户对某些信息项的访问，或限制对某些控制功能的使用的一种技术。

访问控制涉及三个基本概念，即主体、客体和访问授权。

（1）主体：是一个主动的实体，它包括用户、用户组、终端、主机或一个应用，主体可以访问客体。

（2）客体：是一个被动的实体，对客体的访问要受控。它可以是一个字节、字段、记录、程序、文件，或者是一个处理器、存储器、网络接点等。

（3）授权访问：指主体访问客体的允许，授权访问对每一对主体和客体来说是给定的。例如：授权访问有读写、执行，读写客体是直接进行的，而执行是搜索文件、执行文件。对用户的访问授权是由系统的安全策略决定的。

访问控制的常用技术有：

1）入网访问控制：

（1）权限控制。

（2）属性安全控制。

（3）目录级安全控制。

（4）服务器安全控制。

2）访问控制策略：

（1）自主访问控制。

（2）强制访问控制。

（3）基于角色的访问控制。

15.4.3　入侵检测

入侵检测系统（intrusion detection system，IDS）是一种对网络传输进行即时监视，在发现可疑传输时发出警报或者采取主动反应措施的网络安全设备。它与其他网络安全设备的不同之处在于，IDS 是一种积极主动的安全防护技术。IDS 最早出现在 1980 年 4 月。80 年代中期，IDS 逐渐发展成为入侵检测专家系统（IDES）。1990 年，IDS 分化为基于网络的 IDS 和基于主机的 IDS。后又出现分布式 IDS。目前，IDS 发展迅速，已有人宣称 IDS 可以完全取代防火墙。

入侵检测是指"通过对行为、安全日志、审计数据或其他网络上可以获得的信息进行操作，检测到对系统的闯入或闯入的企图"。入侵检测是检测和响应计算机误用的学科，其作用包括威慑、检测、响应、损失情况评估、攻击预测和起诉支持。

方法有很多，如基于专家系统入侵检测方法、基于神经网络的入侵检测方法等。目前一些入侵检测系统在应用层入侵检测中已有实现。

入侵检测通过执行以下几点来实现：

（1）监视、分析用户及系统活动。

（2）异常行为模式的统计分析。

（3）评估重要系统和数据文件的完整性。

（4）系统构造和弱点的审计。

（5）识别反映已知进攻的活动模式并向相关人士报警。

（6）操作系统的审计跟踪管理，并识别用户违反安全策略的行为。

15.4.4　动态口令认证

动态口令认证系统是一种采用时间同步技术的系统，采用了基于时间、事件和密钥三变量而产生的一次性密码来代替传统的静态密码。

每个动态密码卡都有一个唯一的密钥，该密钥同时存放在服务器端，每次认证时动态密码卡与服务器分别根据同样的密钥，同样的随机参数（时间、事件）和同样的算法计算了认证的动态密码，从而确保密码的一致性，从而实现了用户的认证。因每次认证时的随机参数不同，所以每次产生的动态密码也不同。由于每次计算时参数的随机性保证了每次密码的不可预测性，从而在最基本的密码认证这一环节保证了系统的安全性。解决因口令欺诈而导致的重大损失，防止恶意入侵或人为破坏，解决由口令泄密导致的入侵问题。

随着信息化进程的深入和计算机技术的发展，网络化已经成为企业信息化的发展大趋势。人们在享受信息化带来的众多好处的同时，网络安全问题已成为信息时代人类共同面临的挑战，网络信息安全问题成为当务之急。

为了解决这些安全问题，各种安全机制、策略和工具被研究和应用。然而，即使在使用了现有的安全工具和机制的情况下，网络的安全仍然存在很大隐患。

这些安全隐患主要可以归结为以下几点：

（1）每一种安全机制都有一定的应用范围和应用环境。

（2）安全工具的使用受到人为因素的影响。

（3）系统的后门是传统安全工具难于考虑到的地方。

（4）黑客的攻击手段在不断更新。

15.4.5　安全审计

信息安全审计主要是指对系统中与安全有关活动的相关信息进行识别、记录、存储和分析。信息安全审计的记录用于检查网络上发生了哪些与安全有关的活动，谁（用户）对这个活动负责。

安全审计是一个新概念，它指由专业审计人员根据有关的法律法规、财产所有者的委托和管理当局的授权，对计算机网络环境下的有关活动或行为进行系统的、独立的检查验证，并做出相应评价。安全审计（security audit）是通过测试公司信息系统对一套确定标准的符合程度来评估其安全性的系统方法。

安全审计涉及四个基本要素：控制目标、安全漏洞、控制措施和控制测试。其中，控制目标是指企业根据具体的计算机应用，结合单位实际制定出的安全控制要求。安全漏洞是指系统的安全薄弱环节，容易被干扰或破坏的地方。控制措施是指企业为实现其安全控制目标所制定的安全控制技术、配置方法及各种规范制度。控制测试是将企业的各种安全控制措施与预定的安全标准进行一致性比较，确定各项控制措施是否存在、是否得到执行、对漏洞的防范是否有效，评价企业安全措施的可依赖程度。显然，安全审计作为一个专门的审计项目，要求审计人员必须具有较强的专业技术知识与技能。

15.4.6　防止恶意代码

恶意代码是一种程序，它通过把代码在不被察觉的情况下镶嵌到另一段程序中，从而达到破坏被感染计算机数据、运行具有入侵性或破坏性的程序、破坏被感染计算机数据的安全性和完整性的目的。按传播方式，恶意代码可以分成五类：病毒、木马、蠕虫、移动代码和复合型病毒。

恶意代码的危害主要表现在以下几个方面：

（1）破坏数据：很多恶意代码发作时直接破坏计算机的重要数据，所利用的手段有格式化硬盘、改写文件分配表和目录区、删除重要文件或者用无意义的数据覆盖文件等。

（2）占用磁盘存储空间：引导型病毒的侵占方式通常是病毒程序本身占据磁盘引导扇区，被覆盖的扇区的数据将永久性丢失、无法恢复。文件型的病毒利用一些 DOS 功能进行传染，检测出未用空间把病毒的传染部分写进去，所以一般不会破坏原数据，但会非法侵占磁盘空间，文件会不同程度的加长。

（3）抢占系统资源：大部分恶意代码在动态下都是常驻内存的，必然抢占一部分系统资源，致使一部分软件不能运行。恶意代码总是修改一些有关的中断地址，在正常中断过程中加入病毒体，干扰系统运行。

（4）影响计算机运行速度：恶意代码不仅占用系统资源覆盖存储空间，还会影响计算机运行速度。比如，恶意代码会监视计算机的工作状态，伺机传染激发；还有些恶意代码会为了保护自己，对磁盘上的恶意代码进行加密，CPU 要多执行解密和加密过程，额外执行了上万条指令。

恶意代码的防范有以下几点：

为了确保系统的安全与畅通，已有多种恶意代码的防范技术，如恶意代码分析技术、误用检测技术、权限控制技术和完整性技术等。

恶意代码分析是一个多步过程，它深入研究恶意软件结构和功能，有利于对抗措施的发展。按照分析过程中恶意代码的执行状态可以把恶意代码分析技术分成静态分析技术和动态分析技术两大类。

1. 静态分析技术

静态分析技术就是在不执行二进制程序的条件下，利用分析工具对恶意代码的静态特征和功能模块进行分析的技术。该技术不仅可以找到恶意代码的特征字符串、特征代码段等，而且可以得到恶意代码的功能模块和各个功能模块的流程图。由于恶意代码从本质上是由计算机指令构成的，因此根据分析过程是否考虑构成恶意代码的计算机指令的语义，可以把静态分析技术分成以下两种：

1）基于代码特征的分析技术。在基于代码特征的分析过程中，不考虑恶意代码的指令意义，而是分析指令的统计特性、代码的结构特性等。比如在某个特定的恶意代码中，这些静态数据会在程序的特定位置出现，并且不会随着程序拷贝副本而变化，所以，完全可以使用这些静态数据和其出现的位置作为描述恶意代码的特征。当然有些恶意代码在设计过程中，考虑到信息暴露的问题而将静态数据进行拆分，甚至不使用静态数据，这种情况就只能通过语义分析或者动态跟踪分析得到具体信息了。

2）基于代码语义的分析技术。基于代码语义的分析技术要求考虑构成恶意代码的指令的含义，通过理解指令语义建立恶意代码的流程图和功能框图，进一步分析恶意代码的功能结构。因此，在该技术的分析过程中首先使用反汇编工具对恶意代码执行体进行反汇编，然后通过理解恶意代码的反汇编程序了解恶意代码的功能。从理论上讲，通过这种技术可以得到恶意代码的所有功能特征。但是，目前基于语义的恶意代码分析技术主要还是依靠人工来完成，人工分析的过程需要花费分析人员的大量时间，对分析人员本身的要求也很高。

采用静态分析技术来分析恶意代码最大的优势就是可以避免恶意代码执行过程对分析系统的破坏。但是它本身存在以下两个缺陷：

（1）由于静态分析本身的局限性，导致出现问题的不可判定。

（2）绝大多数静态分析技术只能识别出已知的病毒或恶意代码，对多态变种和加壳病毒则无能为力，无法检测未知的恶意代码。

2. 动态分析技术

动态分析技术是指恶意代码执行的情况下，利用程序调试工具对恶意代码实施跟踪和观察，确定恶意代码的工作过程，对静态分析结果进行验证。根据分析过程中是否需要考虑恶意代码的语义特征，将动态分析技术分为以下两种：

1）外部观察技术。外部观察技术是利用系统监视工具观察恶意代码运行过程中系统环境的变化，通过分析这些变化判断恶意代码功能的一种分析技术。

通过观察恶意代码运行过程中系统文件、系统配置和系统注册表的变化就可以分析恶意代码的自启动实现方法和进程隐藏方法：由于恶意代码作为一段程序在运行过程中通常会对系统造成一定的影响，有些恶意代码为了保证自己的自启动功能和进程隐藏的功能，通常会修改系统注册表和系统文件，或者会修改系统配置。

通过观察恶意代码运行过程中的网络活动情况可以了解恶意代码的网络功能。恶意代码通常会有一些比较特别的网络行为，比如通过网络进行传播、繁殖和拒绝服务攻击等破坏活动，或者通过网络进行诈骗等犯罪活动，或者通过网络将搜集到的机密信息传递给恶意代码的控制者，或者在本地开启一些端口、服务等后门等待恶意代码控制者对受害主机的控制访问。

虽然通过观测恶意代码执行过程对系统的影响可以得到的信息有限，但是这种分析方法相对简单，效果明显，已经成为分析恶意代码的常用手段之一。

2）跟踪调试技术。跟踪调试技术是通过跟踪恶意代码执行过程使用的系统函数和指令特征分析恶意代码功能的技术。在实际分析过程中，跟踪调试可以有两种方法：

（1）单步跟踪恶意代码执行过程，即监视恶意代码的每一个执行步骤，在分析过程中也可以在适当的时候执行恶意代码的一个片段，这种分析方法可以全面监视恶意代码的执行过程，但是分析过程相当耗时。

（2）利用系统 hook 技术监视恶意代码执行过程中的系统调用和 API 使用状态来分析恶意代码的功能，这种方法经常用于恶意代码检测。

3. 误用检测技术

误用检测也被称为基于特征字的检测。它是目前检测恶意代码最常用的技术，主要源于模式匹配的思想。其检测过程中根据恶意代码的执行状态又分为静态检测和动态检测：静态检测是指脱机对计算机上存储的所有代码进行扫描；动态检测则是指实时对到达计算机的所有数据进行检查扫描，并在程序运行过程中对内存中的代码进行扫描检测。

误用检测的实现过程为：根据已知恶意代码的特征关键字建立一个恶意代码特征库；对计算机程序代码进行扫描；与特征库中的已知恶意代码关键字进行匹配比较，从而判断被扫描程序是否感染恶意代码。

4. 权限控制技术

恶意代码要实现入侵、传播和破坏等必须具备足够权限。首先，恶意代码只有被运行才能实现其恶意目的，所以恶意代码进入系统后必须具有运行权限。其次，被运行的恶意代码如果要修改、破坏其他文件，则它必须具有对该文件的写权限，否则会被系统禁止。另外，如果恶意代码要窃取其他文件信息，它也必须具有对该文件的读权限。

权限控制技术通过适当的控制计算机系统中程序的权限，使其仅仅具有完成正常任务的最小权限，即使该程序中包含恶意代码，该恶意代码也不能或者不能完全实现其恶意目的。

5. 完整性技术

恶意代码感染、破坏其他目标系统的过程，也是破坏这些目标完整性的过程。完整性技术就是通过保证系统资源，特别是系统中重要资源的完整性不受破坏，来阻止恶意代码对系统资源的感染和破坏。

校验和法是完整性控制技术对信息资源实现完整性保护的一种应用，它主要通过 Hash 值和循环冗余码来实现，即首先将未被恶意代码感染的系统生成检测数据，然后周期性地使用校验方法检测文件的改变情况，只要文件内部有一个比特发生了变化，校验和值就会改变。运用校验和法检查恶意代码有三种方法：

（1）在恶意代码检测软件中设置校验和法。对检测的对象文件计算其正常状态的校验和并将其写入被查文件中或检测工具中，而后进行比较。

（2）在应用程序中嵌入校验和法。将文件正常状态的校验和写入文件本身中，每当应用程序启动时，比较现行校验和与原始校验和，实现应用程序的自我检测功能。

（3）将校验和程序常驻内存。每当应用程序开始运行时，自动比较检查应用程序内部或别的文件中预留保存的校验和。

校验和法能够检测未知恶意代码对目标文件的修改，但存在两个缺点：

（1）校验和法实际上不能检测目标文件是否被恶意代码感染，它只是查找文件的变化，而且即使发现文件发生了变化，既无法将恶意代码消除，又不能判断所感染的恶意代码类型。

（2）校验和法常被恶意代码通过多种手段欺骗，使之检测失效，而误判断文件没有发生改变。

在恶意代码对抗与反对抗的发展过程中，还存在其他一些防御恶意代码的技术和方法，比如常用的有网络隔离技术和防火墙控制技术，以及基于生物免疫的病毒防范技术、基于移动代理的恶意代码检测技术等。

15.4.7　接口加密

加密主要分为对称加密和非对称加密，下面简单对它们进行介绍。

对称加密：它的特点是文件加密和解密使用相同的密钥，即加密密钥也可以用作解密密钥，这种方法在密码学中叫作对称加密算法，如 AES。

非对称加密：它的特点是加密和解密使用的是不同的密钥，即公钥加密则私钥解密，私钥加密则公钥解密，如 RSA。

采取非对称加密的优缺点如下所示：

优点：相对于对称加密，非对称加密安全性远远高于对称加密，能够保证在数据传输中数据被劫持之后不被破解。

缺点：由于非对称加密，密钥为 1024bit 时最多能加密 117 个字符，而且加解密相对于对称加密速度会慢，目前接口和 App 交互数据较多时，只能采取分段加密之后拼装，解密时候也需要分段解密，不适用当前使用场景。

签名、验签的加密方式：

签名是数据加密时加入这一数据的特性，根据算法进行计算；验签是指，当数据解密时，根据相同的算法重新计算此数据的特性，计算后，跟加密时生成的唯一特性进行比较，如果相同，证明数据是正确的，没有损坏或篡改。

　　加密方式，可以用非对称加密、对称加密和签名一起使用，因为签名是验证数据是否完整，不可少，非对称加密对数据内容大小有限制，且效率没有对称加密效率高，但是安全性高，所以应用的方式应该是，数据首先进行对称加密，再进行签名，把数据加密的密钥进行非对称加密，数据解密的时候，首先进行非对称解密，还原出对数据加密的密钥，再用此密钥解密加密数据。

15.5　本章小结

　　本章主要是对软件接口进行学习，针对接口的类型的讲解，让读者明白了接口分为内部接口与外部接口两种类型，内部接口供应系统进行内部调用；外部接口为第三方提供服务。通过接口设计规范的讲解，可以帮助读者树立一种正确的、规范化的接口设计思想，为读者在未来进一步学习 Python 奠定坚实的基础。

第16章

软件测试与发布

本章概述

本章主要讲解项目运行后对项目功能的测试和发布。通过本章内容的学习，读者不仅可以了解一些测试常用的工具以及在测试过程中需要注意的原则和事项，更重要的是可以学习到软件测试中的各种测试类型。

知识导读

本章要点（已掌握的在方框中打钩）
☐ 测试需求
☐ 测试环境
☐ 测试软件类型
☐ 测试工具
☐ 测试报告

16.1 测试需求

确切地讲，所谓的测试需求就是在项目中要测试什么。我们在测试活动中，首先需要明确测试需求（What），才能决定怎么测（How），测试时间（When），需要多少人（Who），测试的环境是什么（Where），测试中需要的技能、工具以及相应的背景知识，测试中可能遇到的风险等等，以上所有的内容结合起来就构成了测试计划的基本要素。而测试需求是测试计划的基础与重点。

就像软件的需求一样，测试需求根据不同的公司环境，不同的专业水平，不同的要求，详细程度也是不同的。但是，对于一个全新的项目或者产品，测试需求力求详细明确，以避免测试遗漏与误解。

16.1.1 测试需求的分析

测试需求需要考虑以下几个层面的因素：

第一层：测试阶段。系统测试阶段，需求分析更注重于技术层面，即软件是否实现了具备的功能。如果某一种流程或者某一角色能够执行一项功能，那么我们相信具备相同特征的业务或角色都能够执行该功能。为了避免测试执行的冗余，可不再重复测试。而在验收测试阶段，更注重于不同角色在同一功能上能否走通要求的业务流程。因此需要根据不同的业务需要而测试相同的功能，以确保系统上线后不会有意外发生。但是否有必要进行大量的重复性的测试，要看测试管理者对测试策略与风险的平衡能力了。

目前，大多数的测试都会在系统测试中完成，验收测试只是对于系统测试的回归。此种情况也是合理的，关键看测试周期与资源是否允许，以及各测试阶段的任务划分。

第二层：待测软件的特性。不同的软件业务背景不同，所要求的特性也不相同，测试的侧重点自然也不相同。除了需要确保要求实现的功能正确，银行/财务软件更强调数据的精确性，网站强调服务器所能承受的压力，ERP 强调业务流程，驱动程序强调软硬件的兼容性。在做测试分析时需要根据软件的特性来选取测试类型，并将其列入测试需求当中。

第三层：测试的焦点。测试的焦点是指根据所测的功能点进行分析、分解，从而得出的着重于某一方面的测试，如界面、业务流、模块化、数据、输入域等。目前关于各个焦点的测试也有不少的指南，那些已经是很好的测试需求参考了，在此仅列出业务流的测试分析方法。

任何一套软件都会有一定的业务流，也就是用户用该软件来实现自己实际业务的一个流程。简单来说，在做测试需求分析时需要列出以下类别：

（1）常用的或规定的业务流程。

（2）各业务流程分支的遍历。

（3）明确规定不可使用的业务流程。

（4）没有明确规定但是应该不可以执行的业务流程。

（5）其他异常或不符合规定的操作。

根据软件需求理出业务的常规逻辑，按照以上类别提出思路，一项一项列出各种可能的测试场景，同时借助于软件的需求以及其他信息，来确定该场景应该导致的结果，便形成了软件业务流的基本测试需求。

完成以上步骤之后，将业务流中涉及的各种结果以及中间流程分支回顾一遍，确定是否还有其他场景可能导致这些结果，以及各中间流程之间的交互可能产生的新的流程，从而进一步补充与完善测试需求。

一般来说，一个完整的测试流程如图 16-1 所示。

16.1.2 测试范围

软件测试是保证软件质量必不可缺的手段，在整个软件生命周期中，一定会有软件测试这一角色。

软件测试的工作范围来源于软件的质量属性。一般来讲，软件的质量属性有以下几个维度：功能、性能、可靠性、安全性、可服务性、易用性等。

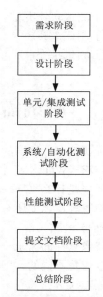

图 16-1　完整的测试流程

1. 功能

即软件有没有实现预期需要实现的功能，简单的功能可以是实现两个数的加法，复杂的功能比如说实现 QQ 的即时消息功能。对于复杂的功能，一般都可以将其不断分解小的特性来评估。

2. 性能

软件的性能主要指软件运行的速度快不快，消耗的系统资源（CPU，内存，带宽，磁盘等）多不多。人们总是期望软件能够运行得尽可能快，消耗的系统资源尽可能少。

3. 可靠性

可靠性主要指软件对一些异常场景是否有足够的支撑。常见的可靠性场景有断电重启，断网重连。系统级的可靠性方案有双机部署（VCS），集群部署（RAC）等，以及一些分布式系统（如 Redis）的 master/slave 机制等。

4. 安全性

安全性指系统的服务只会对有权限使用系统的用户提供，不能通过其他非法途径获得系统的服务。常见的安全问题有 SQL 注入、中间人攻击、验证码/密码的暴力破解等，安全性在这些场景下要求产品能防止 SQL 注入，Web 要能够防止中间人伪造，有密码和验证码的系统要防止密码和验证码被暴力破解。

5. 可服务性

可服务性指的是系统的安装，部署，升级，维护要简单，便捷。

6. 易用性

易用性主要指的是产品的用户体验要好，比如界面要好看，菜单的文字描述要简洁明了等等。

16.2　测试环境搭建

测试环境（Testing environment）是指对测试运行的软件和硬件环境的描述，以及任何其他与被测软件交互的软件，包括驱动和桩。测试环境是指为了完成软件测试工作所必需的计算机硬件、软件、网络设备、历史数据的总称。稳定和可控的测试环境，可以使测试人员花费较少的时间完成测试用例的执行，也无须为测试用例、测试过程的维护花费额外的时间，并且可以保证每一个被提交的缺陷都可以在任何时候被准确地重现。

测试环境=软件+硬件+网络+数据准备+测试工具。简单地说，经过良好规划和管理的测试环境，可以尽可能地减少环境的变动对测试工作的不利影响，并可以对测试工作的效率和质量的提高产生积极的作用。

搭建测试环境前后要注意以下几点：

1. 搭建测试环境前，确定测试目的

首先要确定是功能测试，稳定性测试，还是性能测试。测试目的不同，搭建测试环境时应注意的点也不同。比如要进行功能测试，那么我们就不需要大量的数据，需要覆盖率高，测试数据要求尽量真实，这对硬件环境配置的好坏要求不是太苛刻，为提高覆盖率，就要配置不同

的硬件环境。如要进行性能测试，就需要大量的数据，测试数据应尽可能符合实际的数据分配，这时可能需要大量的设备来给测试对象施加压力，要提前准备大量设备。

2. 测试环境要尽可能模拟真实环境

这个对测试人员要求很高，因为很多测试人员没有去过用户使用现场，要完全模拟用户使用环境根本不可能。这时我们就应该通过技术支持人员、销售人员了解，尽可能模拟用户使用环境，选用合适的操作系统和软件平台，了解符合测试软件运行的最低要求及用户使用的硬件配置，了解用户常用的软件，避免所有配置所有操作系统下都要进行测试，没有侧重点，浪费时间。

这样一方面可以在测试执行过程中解决软件产品与其他协同工作产品之间的兼容性，避免软件发布给用户之后才发现问题。另一方面也可以用来检验产品是不是用户真正需要的。多种情况下，测试环境都是真空环境，完全纯净的平台，测试时没有问题，一旦拿到现场，与其他软件并存，出现硬件配置等问题，这个就是搭建测试环境时没有考虑用户的使用环境。

3. 确保无毒环境

很多测试项目都是因为搭建的测试环境感染病毒，导致测试软件经常出现莫名其妙的崩溃，运行不起来等现象，导致测试中断。所以杀毒是必要的，但是杀毒的时间也应掌握好，具体可按照下列步骤进行：选择 PC 机—安装操作系统—安装杀毒软件杀毒—安装驱动程序及用户常用软件及浏览器杀毒—安装测试软件—杀毒，安装测试软件后杀毒时要注意如果不是使用正版杀毒软件，很可能我们安装的测试软件的一些文件被当作可疑文件或者病毒被清除，导致测试软件直接不可用。

要确保杀毒软件正版，如果不是正版，建议在安装测试软件前，卸载掉杀毒软件。测试过程中，要注意 U 盘的使用以及测试环境与外网的控制。每次使用 U 盘前，要在其他机器上先杀毒。当测试环境与外网联通时，不建议使用共享方式互访测试机。当小范围 PC 机与外界隔离起来做测试环境时，可以禁掉可移动存储设备的使用，只允许一台 PC 机使用，这台 PC 机上安装杀毒软件，进行资料传送时，先拷贝到这台机器上杀毒，然后以共享的方式进行资料的传送。经过这些措施可以很好地防止病毒感染测试环境，确保无毒环境。

4. 营造独立的测试环境

测试过程中要确保我们的测试环境独立，避免测试环境被占用，影响测试进度及测试结果，比如设备联网后，是不是其他测试组也在共用，这样就可能影响我们的测试结果。有时开发人员为确定问题会使用我们的测试环境，这样会打乱我们的测试活动，更严重的是影响测试进度。为避免这种情况，测试人员在提交缺陷单时，提供详细的复现步骤以及尽可能多的信息，让开发人员根据缺陷单，在开发环境中复现和定位问题。

5. 构建可复用的测试环境

当我们刚搭建好测试环境，安装测试软件之前及测试过程中，对操作系统及测试环境进行备份是必要的，这样一来可以为我们下轮测试时直接恢复测试环境，避免花费重新搭建测试环境的时间，二来在当测试环境遭到破坏时，可以恢复测试环境，避免测试数据丢失，重现问题。构建可"复用"的测试环境，往往要用到如 ghost、Drive Image 等磁盘备份工具软件。这些工具软件，主要实现对磁盘文件的备份和还原功能。在应用这些工具软件之前，我们首先要做好以下几件十分必要的准备工作：

（1）确保所使用的磁盘备份工具软件本身的质量可靠性，建议使用正版软件。

（2）利用有效的正版杀毒软件检测要备份的磁盘，保证测试环境中没有病毒。

（3）在备份时，为减少镜像文件的体积，要删除掉 Temp 文件夹下的所有文件，要删除掉 Win386.swp 文件或_RESTORE 文件夹，这样 C 盘就不至于过分膨胀，选择采用压缩方式进行镜像文件的创建，可使要备份的数据量大大减小。

（4）最后，再进行一次彻底的磁盘碎片整理，将 C 盘调整到最优状态。

对于刚安装的操作系统、驱动程序等安装完成之后，测试程序安装之前，也要进行备份工作，这样可以防止不同项目交叉进行时发生故障。当使用相同操作系统时，直接恢复即可。

完成了这些准备工作，我们就可以用备份工具逐个创建各种组合类型的测试环境的磁盘镜像文件了。对已经创建好的各种镜像文件，要将它们设置成系统、隐含、只读属性，这样一方面可以防止意外删除、感染病毒。另一方面可以避免在对磁盘进行碎片整理时，频繁移动镜像文件的位置，从而可节约整理磁盘的时间。同时还要记录好每个镜像文件的适用范围，所备份的文件的信息等内容。

测试环境的搭建和维护处在重要的位置，它的好坏直接影响测试结果的真实性和准确性。维护测试环境需要大量的精力，不是一个人能完成的，需要我们大家积极配合。

16.3 软件测试类型

软件测试是指使用人工或者自动的手段来运行或测定某个软件产品系统的过程，其目的在于检验是否满足规定的需求或者弄清预期的结果与实际结果的区别。

软件测试按照所做工作的不同，可以分为多种类型，常见的软件测试的分类如图 16-2 所示。

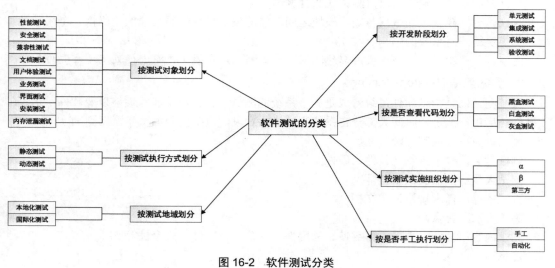

图 16-2 软件测试分类

16.3.1 按开发阶段划分

1. 单元测试（Unit Testing）

单元测试，又称模块测试。对软件的组成单位进行测试，其目的是检验软件基本组成单位的正确性。测试的对象是软件的最小单位：模块。

测试阶段：编码后或者编码前。

测试对象：模块。

测试人员：白盒测试的工程师或开发人员。

测试依据：代码和注释+详细文档。

测试方法：白盒测试。

测试内容：模块接口测试、局部数据测试、路径测试、错误处理测试、边界测试。

注意：

①学习测试依据时，可以对比软件测试的"V"模型结合记忆。

②白盒测试不是单元测试，单元测试是白盒测试。

③测试驱动开发：测试人员先编写测试用例，开发人员根据测试用例写程序。

2. 集成测试（Integration Testing）

集成测试也称联合测试（联调）、组装测试，是将程序模块采用适当的集成策略组装起来，对系统的接口及集成后的功能进行正确性检测的测试工作。集成主要目的是检查软件单位之间的接口是否正确。

测试阶段：一般是单元测试之后。

测试对象：模块间的接口。

测试人员：白盒测试的工程师或开发工程师。

测试依据：单元测试的文档+概要设计文档。

测试方法：黑盒测试与白盒测试（灰盒测试）。

测试内容：模块之间数据传输、模块之间功能冲突、模块组装功能的正确性、全局数据结构、单模块缺陷对系统的影响。

注意：单元测试是一个模块内部的测试，集成测试是在模块之间进行测试（至少两个）。

3. 系统测试（System Testing）

系统测试，是指将软件系统看成是一个系统的测试。包括对功能、性能以及软件所运行的软硬件环境进行测试。时间大部分在系统测试执行阶段，包括回归测试和冒烟测试。

测试阶段：集成测试阶段之后。

测试对象：整个系统（软件、硬件）。

测试人员：黑盒测试工程师。

测试依据：需求规格说明文档。

测试方法：黑盒测试。

测试内容：功能、界面、可靠性、易用性、性能、兼容性、安全性等。

注意：

①系统测试是从完整的角度，全面去看待问题，不再看模块。

②虽然系统测试包括冒烟测试和回归测试，但三者之间是有严格的先后顺序的，即先冒烟、再系统、后回归。

（1）回归测试（Regression Testing）：指修改了旧的代码之后，重新进行测试以确认修改没有引入新的错误或导致其他代码产生错误（自动回归测试将大幅度降低系统测试、维护升级等阶段的成本）。

在整个软件测试过程中占有很大的工作比重，软件开发的各个阶段都会进行多次回归测试。随着系统的庞大，回归测试的成本越来越大，通过正确的回归测试策略来改进回归测试的效率和有效性是很有意义的。

（2）冒烟测试（Smoke Testing）：该术语来自硬件，指对一个硬件或一组硬件进行更改或修复后，直接给设备加电。如果没有冒烟，则该组件就通过了测试，也可以理解为该种测试耗时短。

冒烟测试的对象是每一个新编译的需要正式测试的软件版本，目的是确认软件基本功能正常，可以进行后续正式的测试工作。

冒烟测试的执行者是版本编译人。

冒烟测试一般在开发人员开发完毕后送给测试人员来进行测试时，测试人员会先进行冒烟测试，保证基本功能正常，不阻碍后续测试。

4. 验收测试（Acceptance Testing）

验收测试（交付测试）是部署软件之前的最后一个测试操作。它是技术测试的最后一个阶段，也称为交付测试。验收测试的目的是确保软件准备就绪，按照项目合同、任务书、双方约定的验收依据文档，向软件购买方展示该软件系统满足原始需求。

测试阶段：系统测试通过后。

测试对象：整个系统（包括软硬件）。

测试人员：主要是最终用户或者需求方。

测试依据：用户需求、验收标准。

测试方法：黑盒测试。

测试内容：同系统测试（功能、各类文档等）。

下面我们以手机为例，针对买回来的新手机以及它的美颜功能来进行测试。

（1）当买回来的手机，它的美颜功能有问题时，我们只针对美颜功能的代码进行测试，就是单元测试。

（2）对于新买回来的手机，检测手机通讯录是否可以增添、删除、更改手机号码，打电话时需要手动输入电话，也可以在手机中查找，这就是集成测试。

（3）新手机都会有一个合格标签，原因是出厂前手机厂商会对某一个型号的手机功能全部测试一遍，包括手机硬件本身，手机自带的 App 等，这个叫系统测试。

（4）当修好新买回来的手机的美颜功能以后，用户除了会查看美颜功能是否完好，还会查看其他功能是否也完好，这个叫回归测试。

（5）对于新买回来的手机，我们做的第一件事是将常用的手机功能试一遍，第二件事情就是将所有功能都试一遍，这个叫冒烟测试。

（6）对于新买回来的手机，一般都有 7 天包退，30 天包换，我们一般都是在 7 天内把手机的所有功能都试一遍，这叫验收测试。

16.3.2　按测试实施组织划分

1. α 测试

α 测试（Alpha Testing）是由一个用户在开发环境下进行的测试，也可以是公司内部的用户在模拟实际操作环境下进行的测试。

α 测试的目的是评价软件产品的 FLURPS（即功能、局域化、可使用性、可靠性、性能和支持）。

2. β 测试

β 测试（Beta Testing）是一种验收测试。β 测试由软件的最终用户们在一个或多个客房场所进行。

α 测试与 β 测试的区别：

（1）α 测试是指把用户请到开发方的场所来测试，β 测试是指在一个或多个用户的场所进行的测试。

（2）α 测试的环境是受开发方控制的，用户的数量相对比较少，时间比较集中。β 测试的环境是不受开发方控制的，用户数量相对比较多，时间不集中。

（3）α 测试先于 β 测试执行。通用的软件产品需要较大规模的 β 测试，测试周期比较长。

3. 第三方测试

介于开发方和用户方之间的组织测试。

16.3.3　按测试执行方式划分

1. 静态测试

静态测试（Static Testing）是指不运行被测程序本身，仅通过分析或检查源程序的语法、结构、过程、接口等来检查程序的正确性，对需求规格说明书、软件设计说明书、源程序做结构分析、流程图分析、符号执行来找错。分析如下：

（1）检查项：代码风格和规则审核；程序设计和结构的审核；业务逻辑的审核；走查、审查与技术复审手册。

（2）静态质量：度量所依据的标准是 ISO9166。在该标准中，软件的质量用以下几个方面来衡量，即功能性（Functionality）、可靠性（Reliability）、可用性（Usability）、有效性（Efficiency）、可维护性（Maintainability）、可移植性（Portability）。

（3）静态测试：代码静态分析和文档测试都属于静态测试。

2. 动态测试

动态测试（Dynamic Testing）是指通过运行被测程序，检查运行结果与预期结果的差异，并分析运行效率、正确性、健壮性等性能。

（1）动态测试由三部分组成：构造测试用例、执行程序、分析程序的输出结果。

（2）大多数软件测试都属于动态测试。

16.3.4　按是否查看代码划分

1. 黑盒测试

黑盒测试（Black-box Testing）也是功能测试，测试中把被测的软件当成一个黑盒子，不关心盒子的内部结构是什么，只关心软件的输入数据和输出数据。

2. 白盒测试

白盒测试（White-box Testing）又称结构测试、透明盒测试、逻辑驱动测试或基于代码的测试。白盒测试是指打开盒子，去研究里面的源代码和程序结果。

白盒测试也是接口测试的一种。

3. 灰盒测试

灰盒测试（Gray-Box Testing）是介于白盒测试和黑盒测试之间的一种，灰盒测试多用于集成测试阶段，不仅关注输入、输出的正确性，同时也关注程序内部的情况。

灰盒测试：功能+接口。

16.3.5　按是否手工执行划分

1. 手工测试

手工测试（Manual Testing）是由人一个一个的输入用例，然后观察结果，和机器测试相对应，属于比较原始但是必需的一种。

优点：自动化测试无法代替探索性测试、发散思维类无既定结果的测试。

缺点：执行效率慢，量大易错。

2. 自动化测试

所谓自动化测试（Automation Testing），就是在预设条件下运行系统或应用程序，评估运行结果。（预先条件包括：正常条件和异常条件）。简单来说，自动化测试就是把人为驱动的测试行为，转化为机器执行的一种过程。

自动化测试有：测试自动化、性能测试自动化、安全测试自动化。一般情况下，我们说的自动化是指功能测试的自动化。

自动化测试按照测试对象来分，还可以分为接口测试、UI 测试等。接口测试的 ROI（产出投入比）要比 UI 测试高。

自动化实施的步骤：

（1）完成功能测试，版本基本稳定。

（2）根据项目特性，选择适合项目的自动化工具，并搭建环境。

（3）提取手工测试的测试用例转换为自动化测试的用例。

（4）通过工具、代码实现自动化的构造输入、自动检测输出结果是否符合预期。

（5）生成自动测试报告。

（6）持续改进、脚本优化。

16.3.6　按测试对象划分

1. 性能测试

检查系统是否满足需求规格说明书中规定的性能。通常表现在以下几个方面：

（1）对资源利用（如内存、处理机周期等）进行的精确度量。

（2）执行间隔。

（3）日志事件（如中断、报错等）。

（4）响应时间。

（5）吞吐量（TPS）。

（6）辅助存储区（如缓冲区、工作区的大小等）。

（7）对处理精度等进行的监测。

2. 安全测试

安全测试是一个相对独立的领域，需要更多的专业知识。例如 Web 的安全测试，需要熟悉各种网络协议、防火墙、CDN，熟悉各种操作系统的漏洞、熟悉路由器等。

3. 兼容性测试

兼容性测试主要是指软件之间能否很好的运作，会不会有影响。软件和硬件之间能否发挥很好的效率工作，会不会导致系统的崩溃。

最常见的兼容性测试就是浏览器的兼容性测试，不同浏览器在 CSS、JS 解析上的不同会导致页面显示不同。例如常见的 IE8 的兼容性。

4. 文档测试

国家有关计算机软件产品开发文件编制指南中共有 16 种文件，可分为 3 大类。

（1）开发文件：可行性研究报告、软件需求说明书、数据要求说明书、概要设计说明书、详细设计说明书、数据库设计说明书、模块开发卷宗。

（2）用户文件：用户手册、操作手册。用户手册的作用：改善易安装性、改善软件的易学性与易用性、改善软件可靠性、降低技术支持成本。

（3）管理文件：项目开发计划、测试计划、测试分析报告、开发进度月报、项目开发总结报告。

在实际的测试中，最常见的就是用户文件的测试，例如手册说明书等。

文档测试关注的点：文档的术语、文档的正确性、文档的完整性、文档的一致性、文档的易用性。

5. 易用性测试（用户体验测试）

易用性（Useability）是交互的适应性、功能性和有效性的集中体现。又叫用户体验测试。

6. 业务测试

业务测试是指测试人员将系统的整个模块串接起来运行，模拟真实用户实际的工作流程，满足用户需求定义的功能来进行测试的过程。

7. 界面测试

界面测试（简称 UI 测试），测试用户界面的功能模块的布局是否合理、整体风格是否一致、各个控件的放置位置是否符合客户使用习惯。此外，还要测试界面操作便捷性，导航简单易懂性，页面元素的可用性，界面中文字是否正确，命名是否统一，页面是否美观，文字、图片组合是否完美等。

8. 安装测试

安装测试是指测试程序的安装、卸载。最典型的就是 App 的安装、卸载。

9. 内存泄漏测试

内存泄漏的检测：

（1）对于不同的程序可以使用不同的方法来进行内存泄漏的检查，还可以使用一些专门的工具来进行内存问题的检查，例如 MemProof、AQTime、Purify、BundsChecker 等。有些开发工具本身就带有内存问题检查机制，要确保程序员在编写程序和编译程序的时候打开这些功能。

（2）通过代码扫描分析工具来检查。

16.3.7　按测试地域划分

1. 国际化测试

软件的国际化和软件的本地化是开发面向全球不同地区用户使用的软件系统的两个过程。而本地化测试和国际化测试则是针对这类软件产品进行的测试。由于软件的全球化普及，还有软件外包行业的兴起，软件的本地化和国际化测试俨然成了一个独特的测试专门领域。

本地化和国际化测试与其他类型的测试存在很多不同之处。下面是本地化和国际化测试的一些要点。

（1）本地化后的软件在外观上与原来版本是否存在很大的差异，外观是否整齐、不走样。

（2）是否对所有界面元素都进行了本地化处理，包括对话框、菜单、工具栏、状态栏、提示信息（包括声音的提示）、日志等。

（3）在不同的屏幕分辨率下界面是否正常显示。

（4）是否存在不同的字体大小，字体设置是否恰当。

（5）日期、数字格式、货币等是否能适应不同国家的文化习俗。例如，中文是年月日，而英文是月日年。

（6）排序的方式是否考虑了不同语言的特点。例如，中文按照第一个字的汉语拼音顺序排序，而英文按照首字母排序。

（7）在不同的国家采用不同的度量单位，软件是否能自适应和转换。

（8）软件是否能在不同类型的硬件上正常运行，特别是在当地市场上销售的流行硬件上。

（9）软件是否能在 Windows 或者其他操作系统的当地版本上正常运行。

（10）联机帮助和文档是否已经翻译，翻译后的链接是否正常。正文翻译是否正确、恰当，是否有语法错误。

软件本地化和国际化测试是一个综合了翻译行业和软件测试行业的测试类型。它要求测试人员具备一定的翻译能力、语言文化，同时具备测试人员的基本技能。

2. 本地化测试

本地化测试（Localization Testing），本地化测试的对象是软件的本地化版本。本地化测试的目的是测试特定目标区域设置的软件本地化质量。本地化测试的环境是在本地化的操作系统上安装本地化的软件。从测试方法上可以分为基本功能测试，安装/卸载测试，当地区域的软硬件兼容性测试。测试的内容主要包括软件本地化后的界面布局和软件翻译的语言质量，包含软件、文档和联机帮助等部分。

本地化就是翻译产品的 UI，有时也更改某些初始设置以使产品适合于另一个地区。本地化测试检查针对特定目标区域性或区域设置的产品本地化质量。此测试基于全球化测试的结果，后者验证对特定区域性或区域设置的功能性支持。本地化测试只能在产品的本地化版本上进行。可本地化性测试不对本地化质量进行测试。

16.4 测试工具

软件测试工具是通过一些工具能够使软件的一些简单问题直观地显示在读者的面前，这样能使测试人员更好地找出软件错误的所在。软件测试工具分为自动化软件测试工具和测试管理工具。自动化软件测试工具存在的价值是为了提高测试效率，用软件来代替一些人工输入。测试管理工具是为了复用测试用例，提高软件测试的价值。一个好的软件测试工具和测试管理工具结合起来使用将会使软件测试效率大大地提高。

随着软件快速交付需求的增长，越来越多的企业开始通过 DevOps 方法加速软件开发速度。但是，"鱼"和"熊掌"不可兼得，有时候软件的快速交付，并不能完全保证质量。而测试自动化可有效解决软件快速交付问题，并能确保质量。尤其是随着人工智能和 ML 的出现，新一代测试工具正在以高性能、智能化测试为特色，提供服务。下面介绍一下目前最流行的一些软件测试工具。

1. WinRunner

WinRunner 是一种企业级的功能测试工具，用于检测应用程序是否能够达到预期的功能及正常运行。通过自动录制、检测和回放用户的应用操作，WinRunner 能够有效地帮助测试人员对复杂的企业级应用的不同发布版进行测试，提高测试人员的工作效率和质量，确保跨平台的、复杂的企业级应用无故障发布及长期稳定运行。

WinRunner 最主要的功能是自动重复执行某一固定的测试过程，它以脚本的形式记录下手工测试的一系列操作，在环境相同的情况下重放，检查其在相同的环境中有无异常的现象或与预期结果不符的地方。可以减少由于人为因素造成结果错误，同时也可以节省测试人员的测试时间和精力。功能模块主要包括：GUI map、检查点、TSL 脚本编程、批量测试、数据驱动等几部分。

2. LoadRunner

LoadRunner 是一种预测系统行为和性能的工业标准级负载测试工具。通过以模拟上千万用户实施并发负载及实时性能监测的方式来确认和查找问题，LoadRunner 能够对整个企业架构进行测试。通过使用 LoadRunner，企业能最大限度地缩短测试时间，优化性能和加速应用系统的发布周期。LoadRunner 是一种适用于各种体系架构的自动负载测试工具，它能预测系统行为并优化系统性能。LoadRunner 的测试对象是整个企业的系统，它通过模拟实际用户的操作行为和实行实时性能监测，来帮助用户更快地查找和发现问题。此外，还能支持广泛的协议和技术，为特殊环境提供特殊的解决方案。

3. QTP

QTP 是一个 B/S 系统的自动化功能测试的利器，软件程序测试工具。Mercury 的自动化功能测试软件 QuickTest Professional，可以覆盖绝大多数的软件开发技术，简单高效，并具备测试用例可重用的特点。Mercury QuickTest Pro 是一款先进的自动化测试解决方案，用于创建功能和回归测试。它自动捕获、验证和重放用户的交互行为。Mercury QuickTest Pro 为每一个重要软件应用和环境提供功能和回归测试自动化的行业最佳解决方案。

4. TestDirector

TestDirector 基于 Web 的测试管理工具，它不仅能够系统地控制整个测试过程，创建整个测试工作流的框架和基础，使整个测试管理过程变得更为简单和有组织；而且能够帮助维护一个测试工程数据库，并且能够覆盖应用程序功能性的各个方面。另外 TestDirector 还提供了直观和有效的方式来计划和执行测试、收集测试结果并分析数据。还专门提供了一个完善的缺陷跟踪系统。并可以同 Mercury 公司的测试工具、第三方或者自主开发的测试工具、需求和配置管理工具、建模工具的整合功能。因此，可以通过它进行需求定义、测试计划、测试执行和缺陷跟踪，即整个测试过程的各个阶段。

5. SilkTest

SilkTest 是面向 Web 应用、Java 应用和传统的 C/S 应用，进行自动化的功能测试和回归测试的工具。它提供了用于测试的创建和定制的工作流设置、测试计划和管理、直接的数据库访问及校验等功能，使用户能够高效率地进行软件自动化测试。

为提高测试效率，SilkTest 提供多种手段来提高测试的自动化程度，包括测试脚本的生成、测试数据的组织、测试过程的自动化、测试结果的分析等方面。在测试脚本的生成过程中，SilkTest 通过动态录制技术，录制用户的操作过程，快速生成测试脚本。在测试过程中，SilkTest 还提供了独有的恢复系统（Recovery System），允许测试可在 24×7×365 全天候无人看管条件下运行。在测试过程中一些错误导致被测应用崩溃时，错误可被发现并记录下来，之后，被测应用可以被恢复到它原来的基本状态，以便进行下一个测试用例的测试。

6. Selenium

Selenium 是为正在蓬勃发展的 Web 应用开发的一套完整的测试系统。Selenium 测试直接运行在浏览器中，就像真正的用户在操作一样。它的主要功能包括：测试与浏览器的兼容性—测试应用程序是否能够很好地工作在不同浏览器和操作系统之上。测试系统功能—创建衰退测试检验软件功能和用户需求。支持自动录制动作和自动生成。Selenium 的核心 Selenium Core 基于 JsUnit，完全由 Java 编写，因此可运行于任何支持 Java 的浏览器上，包括 IE、Mozilla Firefox、Chrome、Safari 等。

7. TPT

TPT 是针对嵌入式系统的基于模型的测试工具，特别是针对控制系统的软件功能测试。TPT 支持所有的测试过程，包括测试建模、测试执行、测试评估以及测试报告的生成。

TPT 软件由于首创使用分时段测试（Time Partition Testing），使得控制系统的软件测试技术得以极大提升。同时由于 TPT 软件支持众多业内主流的工具平台和测试环境，能够更好地利用客户已有的投资，实现各种异构环境下的自动化测试。针对 MATLAB/Simulink/Stateflow 以及 TargetLink，TPT 提供了全方位的支持进行模型测试。

16.5　软件测试原则与注意事项

软件测试从不同的角度出发会派生出两种不同的测试原则，从用户的角度出发，就是希望通过软件测试能充分暴露软件中存在的问题和缺陷，从而考虑是否可以接受该产品，从开发者的角度出发，就是希望测试能表明软件产品不存在错误，已经正确地实现了用户的需求，确立人们对软件质量的信心。

一般情况下，测试原则是从用户和开发者的角度出发进行软件产品测试的，通过测试，可以为用户提供放心的产品，并对优秀的产品进行认证。为了达到上述的原则，那么需要注意以下几点：

（1）应当把"尽早和不断测试"作为开发者的座右铭。

（2）程序员应该避免检查自己的程序，测试工作应该由独立的专业的软件测试机构来完成。

（3）设计测试用例时应该考虑到合法的输入和不合法的输入以及各种边界条件，特殊情况下要制造极端状态和意外状态，比如网络异常中断、电源断电等情况。

（4）一定要注意测试中的错误集中发生现象，这和程序员的编程水平和习惯有很大的关系。

（5）对测试错误结果一定要有一个确认的过程，一般由 A 测试出来的错误，一定要有一个 B 测试来确认，严重的错误可以召开评审会进行讨论和分析。

（6）制定严格的测试计划，并把测试时间安排得尽量宽松，不要希望在极短的时间内完成一个高水平的测试。

（7）回归测试的关联性一定要引起充分的注意，修改一个错误而引起更多的错误出现的现象并不少见。

（8）妥善保存一切测试过程文档，意义是不言而喻的，测试的重现性往往要靠测试文档。

16.6 测试报告

测试报告是指把测试的过程和结果写成文档，对发现的问题和缺陷进行分析，为纠正软件存在的质量问题提供依据，同时为软件验收和交付打下基础。

测试报告是测试阶段最后的文档产出物。优秀的测试经理或测试人员应该具备良好的文档编写能力。

一份详细的测试报告包含足够的信息，包括产品质量和测试过程的评价，测试报告基于测试中的数据采集以及对最终的测试结果分析。

1. 版本测试报告

版本测试报告主要反映开发人员提交的测试版本的质量状况。测试用例设计与执行、缺陷概况及问题概要是版本测试报告中的主要内容。内容结构如图 16-3 所示。

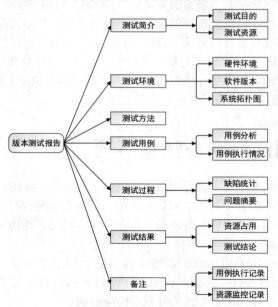

图 16-3　版本测试报告结构

版本测试报告每个章节的编写内容及说明如表 16-1 所示。

表 16-1 版本测试报告表

大纲	子章节	详细内容
测试简介	测试目的	本次测试的背景及主要内容
	测试资源	测试人员、本次测试开始和截止日期、花费工作日
测试环境	硬件环境	实际情况的详细列举,过低的配置、软件版本的不匹配、网络拓扑的错误都会
	软件版本	让提交的缺陷缺乏说服力,也会让开发人员对于某些缺陷是否由于环境因素导
	网络拓扑图	致而产生疑惑
测试方法	无	本次测试的功能点、各功能点对应的测试用例设计、测试用到的测试工具
测试用例	用例分析	测试用例维护记录
	用例执行情况	用例执行总数、通过用例数、未通过用例数、阻塞用例数 测试执行率=(已执行的用例数)/用例总数 测试用例效率=发现的缺陷总数/测试用例的数量
测试过程	缺陷统计	新建 bug 数、修复 bug 数、未修复 bug 数、bug 总数
	问题摘要	遗留问题、拒绝问题、挂起问题、长期验证问题、待评估问题
测试结果	资源占用	测试项目的启动、退出时间 测试项目的 CPU 占用率初始值、峰值(如果项目启动会有多个进程,则分多 个进程进行统计) 测试项目的内存占用初始值、峰值
	测试结论	测试结论不仅只是测试通过或不通过,应该使用详细的数据来支持测试结论, 需要列举的数据有测试用例通过率和遗留 bug 情况
备注	用例执行记录	插入测试用例的详细执行结果文档
	资源监控记录	说明资源占用监控的场景,详细列举各场景的监控时长、监控内容,场景操作

2. 总结测试报告

总结测试报告主要偏重于已测试版本的质量情况概况统计、缺陷分布统计、风险分析等内容。内容结构如图 16-4 所示。

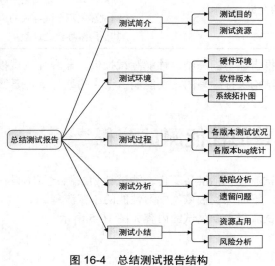

图 16-4 总结测试报告结构

总结测试报告每个章节的编写内容及说明如表 16-2 所示。

表 16-2　总结测试报告表

标　题	子　章　节	详　细　内　容
测试简介	测试目的	本次测试的背景及主要内容
	测试资源	测试人员、第一轮测试的开始日期和最后一轮测试的截止日期、总共花费工作日统计
测试环境	硬件环境	实际情况的详细列举，过低的配置、软件版本的不匹配、网络拓扑的错误都会让提交的缺陷缺乏说服力，也会让开发人员对于某些缺陷是否由于环境因素导致而产生疑惑
	软件版本	
	网络拓扑图	
测试过程	各版本测试状况	各测试版本的计划提交日期、实际提交日期、测试类型（回归或全量）、测试耗时、备注（被打回或提交补丁次数）
	各版本 bug 统计	各测试版本的新建 bug 数、修复 bug 数、遗留 bug 数，表格统计、线形图或饼状图辅助表示
测试分析	缺陷分析	缺陷的总体分布情况，以线形图或饼状图辅助表示 ①根据功能模块进行划分； ②根据严重、较严重、普通、轻微级别进行划分
	遗留问题	打开状态 bug、长期验证 bug、用户体验问题
测试小结	资源占用	测试项目的启动、退出时间 测试项目的 CPU 占用率初始值、峰值（如果项目启动会有多个进程，则分多个进程进行统计） 测试项目的内存占用初始值、峰值
	风险分析	测试进度、人员安排导致的风险 测试内容考虑范围之外导致的风险 测试环境不全面导致的风险 其他因素导致的风险

以上是对功能测试报告编写的总结，性能测试报告、兼容性测试报告因为内容的不同是不能套用以上测试报告的结构进行编写的，功能测试报告的编写就是要做到简约而不简单。

16.7　一个完整的性能测试流程

一个完整的性能测试流程包括准备工作、测试计划、测试脚本设计与开发、测试执行与管理以及测试分析等步骤。下面让我们依次学习性能的测试流程。

一个完整的性能测试流程主要测试的内容如图 16-5 所示。

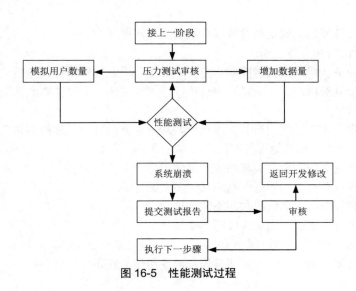

图 16-5　性能测试过程

16.7.1　准备工作

1）系统基础功能验证

性能测试在什么阶段适合实施？切入点很重要！一般而言，只有在系统基础功能测试验证完成、系统趋于稳定的情况下，才会进行性能测试，否则性能测试是无意义的。

2）测试团队组建

根据该项目的具体情况，组建一个几人的性能测试 team，其中 DBA 是必不可少的，然后需要一至几名系统开发人员（对应前端、后台等），还有性能测试设计和分析人员、脚本开发和执行人员。在正式开始工作之前，应该对脚本开发和执行人员进行一些培训，或者应该由具有相关经验的人员担任。

3）工具的选择

综合系统设计、工具成本、测试团队的技能来考虑，选择合适的测试工具，最起码应该满足以下几点：

（1）支持对 Web（这里以 Web 系统为例）系统的性能测试，支持 HTTP 和 HTTPS 协议。

（2）工具运行在 Windows 平台上。

（3）支持对 Web Server、前端、数据库的性能计数器进行监控。

4）预先的业务场景分析

为了对系统性能建立直观上的认识和分析，应对系统较重要和常用的业务场景模块进行针对性的分析，以为接下来的测试计划设计做好准备。

16.7.2　测试计划

测试计划阶段最重要的是分析用户场景，确定系统性能目标。

1）性能测试领域分析

根据对项目背景、业务的了解，确定本次性能测试要解决的问题点，是测试系统能否满足实际运行时的需要，还是目前的系统在哪些方面制约系统性能的表现，或者，哪些系统因素导致系统无法跟上业务发展。确定测试领域，然后具体问题具体分析。

2）用户场景剖析和业务建模

根据对系统业务、用户活跃时间、访问频率、场景交互等各方面的分析，整理一个业务场景表，当然其中最好对用户操作场景、步骤进行详细的描述，为测试脚本开发提供依据。

3）确定性能目标

前面已经确定了本次性能测试的应用领域，接下来就是针对具体的领域关注点，确定性能目标（指标）。其中需要和其他业务部门进行沟通协商，以及结合当前系统的响应时间等数据，确定最终我们需要达到的响应时间和系统资源使用率等目标。比如：

（1）登录请求到登录成功的页面响应时间不能超过 2s。

（2）报表审核提交的页面响应时间不能超过 5s。

（3）文件的上传、下载页面响应时间不超过 8s。

（4）服务器的 CPU 平均使用率小于 70%，内存使用率小于 75%。

（5）各个业务系统的响应时间和服务器资源使用情况在不同测试环境下，各指标随负载变化的情况等。

4）制定测试计划的实施时间

预设本次性能测试各子模块的起止时间、产出、参与人员等。

16.7.3　测试脚本设计与开发

性能测试中，测试脚本设计与开发占据了很大的时间比重。

1）测试环境设计

本次性能测试的目标除了验证系统在实际运行环境中的性能外，还需要考虑到不同的硬件配置是否会是制约系统性能的重要因素。因此在测试环境中，需要部署多个不同的测试环境，在不同的硬件配置上检查应用系统的性能，并对不同配置下系统的测试结果进行分析，得出最优结果（最适合当前系统的配置）。这里所说的配置大概是如下几类：

（1）数据库服务器。

（2）应用服务器。

（3）负载模拟器。

（4）软件运行环境，平台测试环境测试数据，可以根据系统的运行预期来确定，比如需要测试的业务场景，数据多久执行一次备份转移，该业务场景涉及哪些表，每次操作数据怎样写入，写入几条，需要多少的测试数据来使得测试环境的数据保持一致性等。可以在首次测试数据生成时，将其导出到本地保存，在每次测试开始前导入数据，保持一致性。

2）测试场景设计

通过和业务部门沟通以及以往用户操作习惯，确定用户操作习惯模式，以及不同的场景用户数量，操作次数，确定测试指标，以及性能监控等。

3）测试用例设计

确认测试场景后，在系统已有的操作描述上，进一步完善为可映射为脚本的测试用例描述，用例大致内容如下：

用例编号：查询表单_xxx_x1（命名以业务操作场景为主，简洁易懂即可）。

用例条件：用户已登录、具有对应权限等。

操作步骤：

（1）进入对应页面。

（2）查询相关数据。

（3）勾选导出数据。

（4）修改上传数据。

4）脚本和辅助工具的开发及使用

按照用例描述，可利用工具进行录制，然后在录制的脚本中进行修改，如参数化、关联、检查点等，最后的结果使得测试脚本可用，达到测试要求即可。

16.7.4　测试执行与管理

在这个阶段，只需要按照之前已经设计好的业务场景、环境和测试用例脚本，部署环境，执行测试并记录结果即可。

（1）建立测试环境。

按照之前已经设计好的测试环境，部署对应的环境，由运维或开发人员进行部署、检查，并仔细调整，同时保持测试环境的干净和稳定，确保不受外来因素影响。

（2）执行测试脚本。

这一点比较简单，在已部署好的测试环境中，按照业务场景和编号，按顺序执行已经设计好的测试脚本。

（3）测试结果记录。

根据测试采用的工具不同，结果的记录也有不同的形式。现在大多的性能测试工具都提供比较完整的界面图形化的测试结果。当然，对于服务器的资源使用等情况，可以利用一些计数器或第三方监控工具来对其进行记录，执行完测试后，对结果进行整理分析。

16.7.5　测试分析

（1）测试环境的系统性能分析。

根据我们之前记录得到的测试结果（图表、曲线等），经过计算，与预定的性能指标进行对比，确定是否达到了我们需要的结果。如未达到，查看具体的瓶颈点，然后根据瓶颈点的具体数据，进行具体情况具体分析（影响性能的因素很多，这一点，可以根据经验和数据表现来判断分析）。

（2）硬件设备对系统性能表现的影响分析。

由于之前设计了几个不同的测试环境，故可以根据不同测试环境的硬件资源使用状况图进行分析，确定瓶颈是在数据库服务器、应用服务器抑或其他方面，然后针对性地进行优化等操作。

（3）其他影响因素分析。

影响系统性能的因素很多，可以从用户能感受到的场景分析，哪里比较慢，哪里速度尚可，这里可以根据 2\5\8 原则对其进行分析。

（4）测试中发现的问题。

在性能测试执行过程中，可能会发现某些功能上的不足或存在的缺陷，以及需要优化的地方，这也是执行多次测试的优点。

16.8 本章小结

　　本章主要是对软件测试与发布的学习，针对黑盒测试、白盒测试、单元测试、集成测试等测试方法的讲解，可以让读者对测试方法的分类以及测试用例的设计有深入的了解与认识。软件测试是软件开发周期中必不可少的一环，只有进行合理的软件检测，才能尽可能多地、尽可能早地发现系统或者软件的不足与漏洞，这样才能减少软件上线运营出现这些漏洞造成的损失。进行软件测试时，使用的测试方法与测试用例不是一成不变的，要根据实际的需求进行选择与设计，这样才能更好地实现测试效果。